生态美学与生态批评的空间

Space for Ecoaesthetics and Ecocriticism

主　编　曾繁仁　谭好哲
副主编　陈　炎　王汶成　程相占(执行)

山东大学出版社

图书在版编目(CIP)数据

生态美学与生态批评的空间/曾繁仁,谭好哲主编.
—济南:山东大学出版社,2016.10
ISBN 978-7-5607-5658-5

Ⅰ.①生… Ⅱ.①曾… ②谭… Ⅲ.①生态学—美学
—文集 Ⅳ.①Q14—05

中国版本图书馆 CIP 数据核字(2016)第 280653 号

责任策划:武迎新
责任编辑:武迎新 郑琳琳
封面设计:牛 钧

出版发行:山东大学出版社
社 址 山东省济南市山大南路 20 号
邮 编 250100
电 话 市场部(0531)88364466
经 销:山东省新华书店
印 刷:山东华鑫天成印刷有限公司
规 格:720 毫米×1000 毫米 1/16
18.5 印张 303 千字
版 次:2016 年 12 月第 1 版
印 次:2016 年 12 月第 1 次印刷
定 价:36.00 元

序

曾繁仁

2015年10月25～26日，由国际美学学会（International Association for Aesthetics）、中国山东大学文艺美学研究中心、韩国成均馆大学东洋哲学系BK21PLUS事业团联合主办的“生态美学与生态批评的空间”（Space for Ecoaesthetics and Ecocriticism）国际研讨会在山东大学中心校区成功召开。来自美国、德国、芬兰、日本、韩国、香港、澳门、台湾以及中国大陆等九个国家与地区的近百名代表，围绕着“生态哲学与生态文明”、“生态美学与环境美学”、“生态批评与生态文学”等三个议题展开了热烈讨论。会议语言以汉语和英语为主，同时也容纳德语和韩语，是一次真正意义上的国际学术研讨会。

这次会议的主题是我本人受到诸多启发后提出并经会议筹备各方同意后确定的。首先是受到鲁枢元教授的著作《生态批评的空间》的启发；再就是2016年5月接受朱寿桐教授的邀请到澳门大学中文系访学，在与朱老师及该系研究生座谈时，朱老师与同学们谈到生态文学与生态美学在现代文学与古代文学之中的运用，给我很多启发，并提出“生态美学的空间”这个论题；再就是作为学术论题，从海德格尔开始提出“在之中”这样的空间问题，直到当代生态批评与环境批评的“地方”论题，都涉及空间问题，包括参加这次会议的各位专家在内的众多学者已经在“空间”问题上做出众多研究和贡献。“空间”本来就是生态美学与环境美学的必然论题。

而且，“空间”还具有跨界的性质。本来生态美学、生态文学就具有跨界的内涵，而“空间”更加包含了不同学科、不同地区、不同时段等跨界的丰富内容，同时还包含学术对话的深刻内涵。作为生态问题的研究者，我们尽管见解各异，但我们是生态理论研究的共同体，我们都生存在生态理论研究的共同空间之中。“建设美好空间”是我们生态美学与生态文学研究的终极目标，其核心内涵是人与自然的美好共生。为了这个美好共生，全人类均须付出辛勤劳动，我们作为研究者将以我们的学术工作贡献于人类美好空间的建设。

山东大学文艺美学研究中心一向高度重视学术研究的国际化水准和实质性国际交流，过去10年中一直将生态美学作为中心的主攻方向，分别于2005年、2009年、2012年召开过三次与生态美学相关的大型国际会议。与前三次国际会议相比，这次会议体现出如下两个新特点：

一是办会层次更高。这次会议的主办方之一国际美学学会是国际美学界的最高学术机构，其活动代表着国际美学的最新动态与最高水平。国际美学学会现任主席高建平教授、上届主席美国马凯特大学哲学教授柯提斯·卡特(Curtis L. Carter)先生一同参会并分别发表大会开幕致辞、大会发言和闭幕致辞，对于山东大学文艺美学研究中心生态美学研究的丰硕成果及其国际影响力给予高度评价，并为生态美学的未来发展提出了富有洞察力的建议。曾经担任国际美学主席的美国学者阿诺德·伯林特(Arnold Berleant)教授本来计划应邀参加这次会议，后因故未能成行，但他向大会提交的论文对于中国生态美学进行了认真思考和讨论，这也让我们很感激。

二是与生态文明的联系更加紧密。2005年8月19～21日，山东大学文艺美学研究中心主办了一次重要国际会议，"当代生态文明视野中的美学与文学"国际学术研讨会，与会中外代表共有170多名。这就是说，早在2005年，山东大学就提出要将美学与文学置于"生态文明"的视野中进行研究。但是，这次会议明确将"生态哲学与生态文明"作为会议的首要议题，邀请北京大学等国内著名高校的相关专家专门就生态文明进行研讨，从而为生态美学研究确立了更加明确的主攻方向。

山东大学文艺美学研究中心初步确定了"十三五"期间的主攻方向和研究课题，主攻方向为"文艺美学基础理论研究与中国当代生态文明建设"。这次盛会的成功非常及时地为这一主攻方向提供了开阔而深入的参照，对于中心未来五年的发展具有重大意义。我们愿意以这次会议的丰硕成果作为新的起点，努力创造出更加富有学术价值的成果。希望得到学术界同仁的更多支持和帮助。

2016年10月

目录

“天人合一”:中国古代“生态—生命美学”

曾繁仁*

摘要:“天人合一”是中国古代具有根本性的文化传统,涵盖了儒释道各家,包含着上古时期祭祀文化内容。阴阳相生说明中国古代原始哲学是一种“生生为易”的“生态—生命哲学”,以“气本论”作为其哲学基础;“太极图式”则是儒道相融的产物,概括了中国古代一切文化艺术现象;而中国古代艺术又是一种以“感物说”为其基础的线性的时间艺术,区别于西方古代以“模仿说”为其基础的团块艺术。

关键词:天人合一;生态—生命美学

我们正在研究的生态美学有两个支点:一个是西方的现象学。我认为现象学从根本上来说是生态的,因为它是对工业革命主客二分及人与自然的对立的反思与超越,从认识论导向生态存在论。另一个支点就是中国古代的以“天人合一”为标志的中国传统生命论哲学与美学。“天人合一”是在前现代神性氛围中人类对人与自然和谐的一种追求,是一种中国传统的生态智慧,体现为中国人的一种观念、生存方式与艺术的呈现方式。它尽管是前现代时期的产物,未经工业革命的洗礼,但它作为一种人的生存方式与艺术呈现方式仍然活在现代,是具有生命力的,是建设当代美学特别是生态美学的重要资源。下面就从中国古代“天人合一”的“生态—生命美学”的角度讲一下自己的看法。

* 曾繁仁,山东大学文艺美学研究中心教授,名誉主任,博士生导师,主要从事生态美学、西方美学、文艺美学与审美教育等方面研究。

一、"天人合一":文化传统

"天人合一"是中国古代具有根本性的文化传统,是中国人观察问题的一种特有的立场和视角,影响甚至决定了中国古代各种文化艺术形态的产生发展和形态面貌。它最早起源于新石器时代的"神人合一";西周时代产生"合天之德"的观念,表现于《诗经·大雅》"烝民"之中,所谓"天生烝民,有物有则","天监有周,昭假于下";战国至西汉产生"天人合德"(儒)、"天人合道"(道)、"天人感应"(民间)的思想;董仲舒在《春秋繁露》中提出"天人之际,合二为一";宋代张载提出"儒者则因明至诚,因诚至明,故天人合一"。

"天人合一"中的"天"在甲骨文中宛如一个保持站立姿势突出头部的人。天,巅也,即指人的头部。到了周代,"天"字从象形变成指事,成为人头顶上的有形的自然存在,即天空。在前现代时期,"天"始终笼罩着神性的色彩。"人"字在钟鼎文中是侧面站立的人形。这样,"天人合一"就成为人与天空即人与世界的关系。这种关系不是西方的认识论或反映论关系,而是一种伦理的价值论关系,是指人在"天人之际"的世界中获得吉祥安康的美好生存。在这里,"天人之际"是人的世界,"天人合一"是人的追求,吉祥安康是生活目标。张岱年认为,中国传统哲学中本体论与伦理学有着密切的关系。"天人合一"既是对于世界本源的探问,更是对于人生价值的追求。"天人合一"又保留了原始祭祀祈求上天眷顾万物生命的内容。

"天人合一"观中的"以德配天"观念具有浓郁的生态人文精神。《易传》中提出天、地、人三才之说,又说"夫大人者,与天地合其德",包含人与天地相合之意。《中庸》对人提出"至诚"的要求,只有"至诚"才能"赞天地之化育,则可以与天地参"。西周以来逐步明确提出"敬天明德"与"以德配天"思想。以上说明,"天人合一"观包含要求人类要以至诚之心,遵循天之规律,不违天时,不违天命,才能达到"天人合一"的目标。这是一种古典形态的生态人文精神。

"天人合一"包含着浓郁的古典形态的"家园"意识。"家"在甲骨文中是屋顶下的豕即猪,说明早期农业文明时期对于人畜兴旺的向往。中国古代还有"天圆地方"、"天父地母"这样的比喻,并以风调雨顺、五谷丰登与人丁繁茂作为生活目标。年画中的"牧牛图"、"年年有鱼"、"五谷丰登"都能说明这一点。

对于"天人合一"这一命题,学术界争论较多,主要是对"天"的理解上,有自然之天、神道之天与意志之天等不同的理解。冯友兰认为:"在中国文字中,所谓天有五义：曰物质之天，即与地相对之天；曰主宰之天，即所谓皇天上帝，有人格的天；曰命运之天，乃指人生中吾人所无可奈何者，如孟子所谓‘若夫成功则天’之天是也；曰自然之天，乃指自然之运行，如《荀子·天运篇》所说之天是也；曰义理之天，乃谓宇宙之最高原理，如《中庸》所说‘天命之为性’之天是也。”[①]我们这里基本上采用先秦时期，特别是“易传”中有关“自然之天”的解释，但在前现代时期“天”还包含某种神道与意志的内容。从中国古代文化传统来看，“天人合一”是中国古代农业文化的一种主要传统，是中国人的一种理想与追求。钱穆先生说，“天人合一”是中国古代文化的归宿处[②]，这是符合实际的。即便是认为“天人合一”具有极大随意性的刘笑敢先生，也认为明清各家认为“天人合一”是最后的原则、最高的境界和最高的价值。[③] 何况，大家都知道，司马迁将中国古代文人的追求概括为“究天人之际，通古今之变，成一家之言”，说明“天人合一”是中国古代文人穷尽一生的目标。而从古代社会文化与艺术的实际情况来看，对“天人合一”的追求的确是中国文化的主要传统。譬如，甲骨文中的“舞”字就是两人手持牛骨翩翩起舞，显然是巫师在祭祀中向上天祈福；中国传统建筑中的法天象地，如北京天坛即为明清两代祭天之所，祈谷殿为春节皇帝祭天求谷之处，而圜丘坛则为冬季祭天之所，两坛间的神道为通天之路，充分展现了天人合一观念；陕北秧歌在整齐的舞队之首有一人打伞一人打扇，显然是在祈雨；春节对联中的“瑞雪兆丰年”等。特别是《乐记》中的“大乐与天地同和”的“和”字，成为中国古代音乐美学中最重要的理论，包含着浓郁的生态审美智慧。修梅林通过对于“和”之甲骨文的分析提出，“从‘和’字文化内涵上说，它意味着人与自然、社会之间关系的和谐，其中浸润着原始先民于篱栅之内安居足食、陶然怡乐的心理谐和感，正所谓‘天时、地利、人和’的综合感受”[④]。

以上说明，“天人合一”是一种文化传统，说明中国传统艺术发源于远古的巫术，中国古代的文化艺术中几乎都不同程度地包含着人向天的祝祷与祈福的因素，也就是包含着一定程度的“天人关系”的因素。所以研究中国古代美学首先要从“天人合一”这一文化传统开始。而西方特别是欧洲人的文化传统，是古希腊以来对于“逻各斯中心主义”的一种追求。特别是工业革命以来，由于唯科技主义的发展，使得“逻各斯中心主义”发展成为一种明显的“天人相对”的“人

---

① 冯友兰：《三松堂全集》第2卷，河南人民出版社2001年版，第281页。

② 参见钱穆：《中国文化对人类未来可有的贡献》，《中国文化》1991年第1期。

③ 参见刘笑敢：《天人合一：学术、学说和信仰》，《南京大学学报》2011年第6期。

④ 修海林：《“龢”之初义及其文化学研究》，《中央音乐学院学报》1990年第4期。

类中心主义”。康德的“人为自然立法”，是一种典型的“天人相对”与人对于自然的战胜观念。只是在20世纪以后，西方才随着对于工业革命的反思与超越，逐渐以“天人合一”代替“天人相对”。海德格尔于1927年及其后以“此在与世界”的在世模式与“天地神人四方游戏”代替“主客二分”。当然，海氏这一思想受到中国老子“域中有四大人为其一”的影响，是中西互鉴与对话的结果。还需要说明的是，西方现代现象学将西方工业革命之“天人相对”加以“悬搁”而走向“天人”之“间性”，为西方后现代哲学的“天人合一”打下了基础。

“天人合一”作为中国的文化传统的另一个证明就是这一思想涵盖了儒释道各家。儒家倡导“天人合一”，更偏于人；道家倡导“天人合一”，则偏向于自然之天；佛家也倡导“天人合一”，但偏向于佛教之天。总之，都是在“天人”的维度中探索文化艺术问题。正因此，李泽厚先生后期提出审美的“天地境界”问题，认为蔡元培的“以美育代宗教”命题的有效性，就是中国古代的礼乐教化能够提升人的精神达到“天地境界”的高度，这样就将“天人”问题提到美学本体的高度来把握。他说：“天地境界的情感心态也就可以是这种准宗教性的悦志悦神。”[①]总之，我认为，从审美和艺术是人的一种基本生存方式来看，“天人合一”作为一种文化传统，是中国古代审美与艺术的基本出发点，这是没有问题的。

二、阴阳相生：生命美学

“天人合一”与生命美学有什么关系呢？这就要从人类学的角度来看中国古代原始哲学，它是一种“阴阳相生”的“生”的哲学。所谓“天地合而后万物兴也”，兴者，生长也。《周易》是中国最古老的占卜之书，也是最古老的思维与生活之书，是一种对事物、生活与思维的抽象，是一种东方古典的现象学。所谓“易者简也”，将纷繁复杂的万事万物简化为“阴”与“阳”两卦，阴阳两卦相生相克，产生万物，所谓“生生之为易也”，“天地之大德曰生”。《周易》是中国哲学的源头，也是中国美学的源头，其核心观念就是“生”。与之相关的是老子所言“道生一，一生二，二生三，三生万物，万物而负阴抱阳，冲气以为和”，核心也是一个“生”字。王振复说，“天人合一”的“一”说的就是“生”，生命也。他说：“试问天人合一于何？答曰：合于‘生’，‘一’者，生也。”[②]所以“天人合一”作为美学命题所指向的就是“生生为易”之中国古代特有的生命美学。这里，“生”成为中国古

① 刘悦笛主编：《美学国际——当代国际美学家访谈录》，中国社科出版社2010年版，第77页。

② 转引自王振福：《中国美学范畴史》第1卷“导言”，山西教育出版社2006年版，第6页。

代生态与生命美学的另一个关键词。所谓"生",《说文解字》谓:"生,进也,象草木出土上,下象土,上象出,凡生之属皆从生。"我国现代美学的两位著名代表人物方东美与宗白华都倡导生命美学。宗白华 1921 年就指出,生命活力是一切生命的源头,也是一切美的源头;方东美于 1933 年出版《生命情调与美感》一书,阐发了中国古代生命美学的特点。

"天人合一"之走向生命哲学与美学有一个中间环节"气"。老子《道德经》中所谓"负阴抱阳,冲气以为和",即言天地间阴阳二气冲气以和,诞育万物,阴阳二气为"天人"之中间环节。这里出现了中国古代特有的"气本论生命哲学与美学"论题,形成中国古代相异于古希腊物本论形式美学的气本论生命美学。"气本论生命哲学与美学"首先出现在道家思想当中。前已说到老子《道德经》中"冲气以为和"的思想。庄子则言"人之生,气之聚也。聚则为生,散则为死。若死生为徒,吾又何患！故万物一也"(《庄子·知北游》)。这里,庄子明确地将"气"与生命加以联系,认为"通天下一气耳",万物都根源于"气",都处于"气"之聚散的循环之中,所以"万物一也"。管子也提出"有气则生,无气则死"(《管子·枢言》)。

综观"气本论生命美学"有这样几个基本观点:其一是"元气论"。中国古代哲学与美学认为,"气"是万物之源,也是生命之源。南宋真德秀说道:"盖圣人之文,元气也,聚为日月之光,耀发为风尘之奇变,皆自然而然,非用力可至也。"[①]对"气"之形态,唐人张文在《气赋》中作了形象的描述。形容气之形态为"辽阔天象,中虚自然","聚散无定,盈亏独全","惟恍惟忽,玄之又玄",是一种无实体的混沌之态,其作用是"变化千体,包含万类","其纤也,入于有象;其大也,入于无边",无论是日月星辰、山河树木、虹楼辰阁、春荣秋壑、早霞晚霭、圣人遇之而为主、道士得之而成仙——总之,一切天上人间之生命万象均由"元气"化出,元气乃宇宙之本、生命之源。具体到文学作品即是曹丕之"文气论"与刘勰《文心雕龙》之"养气说"。曹丕在《典论·论文》中指出:"文以气为主,气之清浊有体,不可力强而致。譬如音乐,曲度虽均,节奏同检,至于引气不齐,巧拙有素,虽在父兄,不能以移子弟。"说明文章的生命力量都在于"气",这是一种先天的禀赋,不为后天所强,即便是同曲度同节奏的音乐,也因先天禀气之不同而有不同的生命个性。这是以生命论之"文气说"对作品风格与创作个性的深刻界说。而刘勰则在《文心雕龙》"养气"篇中对作家论进行了深入的论述。他说:

---

① 转引自夏静:《文气话语形态研究》,商务印书馆 2014 年版,第 142 页。

"纷哉万象，劳矣千想。玄思宜宝，素气资养。水停以鉴，火静而朗。无忧文虑，郁此精爽。"这里强调了在纷纭复杂的文学创作活动中必须珍惜元神，滋养元气，保持平静的心态，培育强化精爽的创作精神。这是十分重要的作家论，强调了对于元神与元气的滋养，以"停"与"静"来排除干扰，保持生命之本然状态，从而使作品充满"精爽"之生命之气。

以上论述了"元气"在生命论美学中的重要地位，说明审美与艺术的根本是保有纯真之元气，为此除先天之禀赋外，还要通过养气之过程培养元神元气，使文学艺术作品充满生命活力。另外一个重要观点是，中国古代哲学与美学中借以产生生命活力的"气交"之说。所谓"气交"，是指万物生命与艺术生命之产生是由天与地、阴与阳两气相交相合而成。提出"气交"的是《黄帝内经》，"六徽旨大论"借岐伯与皇帝的对话讲了"气交"之说。"岐伯曰：言天者求之本，言地者求之位，言人者求之气交。帝曰：何谓气交？岐伯曰：上下之位，气交之中，人之居也。故曰：天枢之上，天气主之；天枢之下，地气主之；气交之分，人气从之，万物由之。"说明"天人之际"正是通过天与地、上与下、阴与阳的相交才产生包括人在内的生命，这就是"万物由之"。但其源头则可以追溯到《易传》，所谓"天地交而万物生也，上下交而志同也"，这就是著名的"泰卦"，阴上阳下，阴气上升，阳气下降，两气相交而生万物，两气相交就是"天人合一"。《易传·系辞上》还有言："一阴一阳之谓道，继之者善也，成之者性也。"说明阴阳相对生成生命之气，形成特有的一呼一吸之生命特征。而两气相交的前提是阴上阳下各在其位，要做到这一点必须要求圣人、大人与君子做到"致中和"，与天地合其德，与日月合其明，与鬼神合其吉凶，从而"天地位焉，万物育焉"。

这里需要进一步解释一下《周易·坤卦》文言六五的爻辞，所谓"黄中通理，正位居体，美在其中，而畅于四肢，发于事业，美之至也"。这是《周易》集中并直接论美的一句话，说明六五处于坤卦上卦之中位，是一种执中，所以有"居位正体黄中通理"之美。而"居位正体"也可以解释为"执中"，是一种乾坤各在其位，从而天地相交，即气交，而万物诞育繁茂。所以，在中国古代"天人合一"之哲学与美学看来，只有"执中"、"中和"才是一种反映万物繁茂与诞育的生命之美。所谓"保合太和乃利贞"，由此，阴阳相生的生命之美就有着另一种深化，就是一种对于"生"的善的祝福，就是《周易·乾卦》所言"乾，元亨利贞"四德之美。元者善之长也，亨者嘉之汇也，利者义之和也，贞者事之干也，包含着中国古代吉祥安康的善的祝福。在艺术中特别是民间艺术中，大量存在这种善的祝福。春节张贴可怖的门神例如钟馗等等，就包括避邪趋善的内涵，还有倒贴"福"字意味着"福到"等等。"气本论"生态—生命美学在绘画理论中的体现就是"气韵生动"的提出。晋代谢赫在《古画品录》中所言六法之首为"气韵生动"。清唐岱在《绘事发微》中对"气韵生动"作了进一步的阐发。他说:"画山水贵乎气韵生动。气韵者,非云烟雾霭也,是天地间之真气,凡物无气不生……气韵由笔墨而生,或取圆浑而雄壮者,或取顺快而流畅者,用笔不痴不弱,是得笔之气也。用笔要浓淡相宜,干湿得当,不滞不枯,使石上苍润之气欲吐,是得墨之气也。"这里提出生命之真气通过笔墨的强与弱以及浓与淡的对立对比而表现出来,正是"一阴一阳之谓道"在艺术创作中的表现。《庄子·刻意》篇中讲到"吹呴呼吸,吐故纳新,熊经鸟申,为寿而已矣",说明通过导引之术的吹呴呼吸与吐故纳新得以强化和延长生命寿限。而艺术创作中通过阴与阳、笔与墨、浓与淡、疏与密同样是一种生命气息的导引,可以表现出一呼一吸、吐故纳新的有节奏的生命活动。所以宗白华说:"所谓气韵生动,即是一种有生命的节奏和有节奏的生命。"①

生命美学成为中国传统美学与艺术的特点,成为其区别于西方古典形式之美与理性之美的基本特征。但20世纪以降,在西方现象学哲学对主客二分、人与自然对立的工具理性批判的前提下,生命美学也成为西方现代美学特别是生态美学的重要理论内涵。包括海德格尔在《物》中论述的物之本性是阳光雨露与给万物以生命的泉水,梅洛—庞蒂对身体美学特别是"肉体间性"的论述,伯林特对"介入美学"的论述,卡尔松对生命之美高于形式之美的论述等等,说明中西美学在当代生命美学中相遇了。笔者认为,当代生命美学就是生态美学的深化,为中国古代生命美学的发展开拓了广阔的空间。

三、"太极图式":文化模式

"天人合一"在中国传统艺术中成为一种文化模式,中国传统艺术都包含着一种"天人关系",如形与神、文与质、意与境、意与象、情与景、言与意等等,构成形神、文质、意境、意象、情境、言意等等特殊的范畴,内中均包含"天人合一"之因素。这些范畴绝不能像解释西方"典型"范畴那样,将之简单地理解为共性与个性的对立统一等,而是具有更为丰富复杂的东方哲学与美学内涵。它们只能以中国古代特有的文化模式"太极图式"加以阐释。

宋初的周敦颐援道入儒,在继承改造道教试图通过炼丹以求长生不老之术

① 宗白华:《中国现代美学家文丛·宗白华卷》,浙江大学出版社2009年版,第268页。

的基础上，画出新的"太极图"，写出"太极图说"，成为宋明理学重要的宇宙观，也成为中国传统文化艺术中极为重要的"太极图式"，构成一种特有的中国传统文化的"太极思维"。这种"太极图式"难以西方"对立统一"与"形而上学"等理论观点予以阐释，而必须回归到中国传统文化的语境中才能理解。有些大理论家走以西释中之路，以西方哲学阐释"太极图式"，显然是牵强的，离开了中国古代的文化语境。这种"太极图式"起源于中国古老的以图像和符号为其表征的"卜筮文化"与"卜筮思维"，经过儒道等传统文化的改造浸润熏陶而更显精致化，并带有一种东方的理性色彩，成为中国古代特有的生命论美学的文化与思维方式。很明显，周敦颐继承了《易传》有关"太极"的观念："是故易有太极，是生两仪。两仪生四象，四象生八卦，八卦定吉凶，吉凶生大业。"(《周易·系辞上》)周敦颐在此基础上加以发挥，形象而生动地阐释了"太极图式"这一生命与审美思维模式的内涵。首先是回答了什么是"太极"，所谓"无极而太极"。这里的"极"是"至也，极边也"之意。"太极"即指"没有最高点，也没有任何极边"。所以不是通常的"主客二分"，却是万事万物生命的起源，是"道法自然"之"道"，"一生二"之"一"。其次，探讨了太极的活动形态，所谓"太极动而生阳，动极而静，静而生阴，静极复动。一动一静，互为本根"。这就形象地阐释了老子《道德经》所谓"负阴而抱阳，冲气以为和"，说明"太极"是一种阴阳相依相存相融、交互施受互为本根的状态。这实际上是对生命诞育发展过程的模拟和描述。生命诞育发展过程就是天地、阴阳、男女互依互存、互融交互施受的过程，有如活生生的"人"与生气勃勃的自然万物。由此，导致万物与人的诞育，所谓"二气交感，化生万物，万物生生而变化无穷焉。惟人也得其秀而最灵"。说明"太极"之阴阳二气交感是万物生命产生的根源，而"人得其秀而最灵"。最后归结为在这种"太极化生"的宇宙大化中，圣人所起重要作用即为"定之以中正仁义"、"无欲故静"、"与天地合其德"等等，最后是"原始反终，故知死生之学，大哉易也，斯其至矣"。这就是"易学"关于生命的产生与终止，循环往复、无始无终的"太极图式"，是一种对生命形态的形象描述，几乎概括了中国古代一切文化艺术现象。其中包含了天与人、阴与阳、意与象的互依互存互融，是一种活生生的生命的律动，即所谓"大美无言"、"大象无形"、"象外之象"、"言外之意"、"味外之旨"、"味在咸酸之外"、"情境交融"、"一切景语即情语"等等，都是这种"太极图式"与"太极思维"的具体呈现，是中国古代"天人合一"生命论美学的重要特征。

由此可见，所谓"太极图式"实际上是一种东方古典形态的"现象学"。所谓"易者，易也；易者，简也"，将复杂的宇宙人生简化为"阴阳"两卦，演化为六十四卦,揭示了宇宙、人生、社会与艺术的发展变化,呈现一种生命诞育律动的蓬勃生机的状态,不是主客二分思维模式下的传统认识论所能把握的,就像诗歌之味外之旨,国画之气韵生动,书法之龙飞凤舞,音乐之弦外之音,书法之筋骨生命。中国传统艺术中的这种"天地氤氲,万物化醇"的太极之美是玄妙无穷、变化多端的。这种一动一静的太极图式表现在艺术中就是一种"一阴一阳之谓道"的艺术模式——绘画中的画与白、虚与实产生无穷生命之力。如:齐白石的"虾图",以灵动的虾呈现于白底之上,表现出无限的生命之力;戏曲中的表演与程式,一阴一阳产生生命动感,如川剧《秋江》的老艄公与陈妙常,通过其独到的表演呈现出江水汹涌之势等等。这种"太极化生"的审美与艺术模式,倒是与现代西方的现象学美学有几分接近。现象学美学通过对"主客"与"人与自然"二分对立的"悬搁",在意向性中将审美对象与审美知觉、身体与自然变成一种可逆的主体间性的关系,既是对象又是知觉,既是身体又是自然,相辅相成,互相渗透,充满生命之力、呼吸之气,如梅洛—庞蒂所论,雷诺阿在著名油画《大浴女》中表现的原始性、神秘性与"一呼一吸"之生命力。梅洛-庞蒂在《眼与心》中所说的"身体图示"倒很像中国的"太极图示"[①]。东西方美学在当代生态的生命美学中交融了。需要说明的是,"太极图式"作为古典形态的现象学毕竟是前现代农业社会的产物,尽管十分切合审美与艺术的思维特点,但历史证明它是不利于现代实验科学发展的,它与西方后现代时期对工业文明进行反思的现代现象学还是有所区别的。"太极图式"中不免混杂了迷信与落后的东西,须经现代的清理与改造。

四、"线性艺术":艺术特征

中国传统艺术由其"天人合一"之文化模式决定是一种生命的、线性的艺术、时间的艺术,而西方古代艺术则是一种块的艺术、空间的艺术。因为生命呈现一种时间的线性的发展模式,而线性的时间的艺术又呈现一种音乐之美的特点,如绵绵的乐音在生命的时间之维中流淌。在中国传统艺术中,一切空间意识都化作时间意识,一切艺术内容都在时间与线性中呈现。

关于中国古代艺术的线性特点及其与西方古代块的艺术的区别,宗白华说道:"埃及、希腊的建筑、雕刻是一种团块的造型。米开朗琪罗说过:一个好的雕刻作品,就是从山上滚下来滚不坏的。他们的画也是团块。中国就很不同。中

① [法]梅洛—庞蒂:《眼与心》,杨大春译,商务印书馆2007年版,第137页。

国古代艺术家要打破这团块,使它有虚有实,使它疏通。中国的画,我们前面引过《论语》'绘事后素'的话以及《韩非子》'客有为周君画荚者'的故事,说明特别注意线条,是一个线条的组织。中国雕刻也像画,不重视立体性,而注意在流动的线条。"[①]李泽厚则认为,中国艺术"不是书法从绘画,而是绘画从书法吸取经验、技巧和力量。运笔的轻重、疾涩、虚实、强弱、转折顿挫、节奏韵律,净化了的线条如同音乐旋律一般,它们竟成为中国各类造型艺术和表现艺术的灵魂"[②]。宗白华指出了中国古代艺术的线性特点,李泽厚则同时指出了中国古代艺术的线性和音乐性特点。其实,线性就是时间性,也就是音乐性。宗李两位的论述都是十分精到的。

对于中国传统艺术的线性特点我们按照宗白华的论述路径在中西古代艺术的比较中展开。首先是从哲学背景来看,西方古代艺术的哲学背景是几何哲学,而中国古代艺术的哲学背景则是"律历哲学"。宗白华说道:"中国哲学既非'几何空间'之哲学,亦非'纯粹时间'(柏格森)之哲学,乃'四时自成岁'之律历哲学也。"[③]所谓"律历哲学",是指中国古代拿音乐上的五声配合四时五行,拿十二律配合十二月。古人认为,音律是季节更替导致四方之气变化的表征,所以,以音律衡量天地之气,以候气来修订历法,从而使律历之学成为沟通天人的一个重要渠道。而古代希腊则因航海业的发达,使观测航向的几何之学成为希腊哲学的重要依据。由此,律历哲学成为中国古代"线的艺术"的哲学依据,而"几何哲学"则成为古希腊"块的艺术"的哲学根据。其次,从艺术与现实的关系看,古希腊艺术与现实的关系是一种对客观现实的"模仿",无论是柏拉图还是亚里士多德都对"模仿说"多有论述;而中国古代则是一种"感物说"。《乐记》有言:"乐者,音之所由生也,其本在人心之感于物也。"《周易》"咸卦彖"曰:"咸,感也。柔上而刚下,二气感应以相与。……天地感而万物生,圣人感人心而天下和平。观其所感,而天下万物之情可见矣。"由此可见,古希腊之"模仿说"更偏重在"客体之物",着眼于物之真实与否;而中国古代之"感物说"则更偏重于"主体之感",着眼于被感之情。总之,"物"而化为实体,"感"而化为情感。

从代表性的艺术门类看,古希腊代表性的艺术门类是雕塑,而中国古代代表性的艺术门类则为书法。中国书法是中国古代特有的艺术形式,发源于殷商之甲骨文与金文,成为中国传统艺术的源头和灵魂。李泽厚在谈到甲骨文时说

---

① 宗白华:《中国现代美学家文丛·宗白华》,浙江大学出版社2009年版,第268页。

② 李泽厚:《美的历程》,三联书店2014年版,第46页。

③ 《宗白华全集》第1卷,安徽教育出版社1994年版,第626~627页。

道：“它更以其净化了的线条美——比彩陶文饰的抽象几何纹还要更为自由和更为多样的线的曲直运动和空间构造，表现出和表达出种种形体姿态、情感意兴和气势力量，终于形成中国特有的线的艺术：书法。”①最后，从艺术中的透视来看，古希腊艺术特别是此后的西方古代绘画艺术集中于一个视点的焦点透视，而中国古代艺术特别是国画则是一种多视点的散点透视，是一种“景随人移，人随景迁，步步可观”，在人的生命活动中、在时间中不断变换视角。如《清明上河图》对汴河两岸宏阔图景的全方位展示，实际上是一种多视角，仿佛一个游人在汴河两岸行走，边走边看，景随人移，步步可观，构成众多视点，从而将汴河全景纳入视野，这其实是一种生命的线的流动过程。再如传统戏曲中虚拟性的表演，以演员边歌边舞的动作，即为舞动中的散点透视形象地表现了极为复杂的场景和空间，所谓“三五步千山万水，六七人千军万马”，“走几步楼上楼下”，“手一推门里门外”，“鞭一挥马上马下”等等，都是一种化空间为时间的艺术处理，在中国艺术中司空见惯。但西方只有到 20 世纪后半期现代美学与现代艺术才打破传统的焦点透视模式而走向散点透视，诸如西方现代派艺术，特别是绘画，当代西方美学领域也开始了将焦点透视作为“人类中心”、“视点中心”之表现的批判。总之，中西在绘画艺术视角之表现上又相遇了。当然，这并不能因此而模糊中西美学与艺术的区别。

时代的钟声已经敲响 21 世纪的大门，但传统文化遗产的继承创新仍然是永久的课题。中国古代“天人合一”的生态—生命美学尽管产生于古代，但作为一种思维方式与民族记忆却是活在当代的，特别活在世俗的生活之中，几乎无处不在。但仍然有逐渐流失的危险，我们也有改造创新的责任。记住历史，留住民族记忆，我们需要继续努力。

---

① 李泽厚：《美的历程》，三联书店 2014 年版，第 42 页。

"Harmony of Heaven and Man": Ancient Chinese "Ecological-Life Aesthetics"

Zeng Fanren

Abstract: The conception of "Harmony of Heaven and Man" is the foundation of traditional Chinese culture, which covers the three major schools including Confucianism, Buddhism and Taoism. The conception of the interaction between *yin* and *yang* indicates that ancient Chinese philosophy is an ecological-life philosophy concentrating on the conception of "creating life continuously," which takes the theory of ontological *qi* as its philosophical base. "Tai Ji Schema" is the production of the confusion of Confucianism and Taoism, which can sum up all cultural and artistic phenomena in ancient China. Meanwhile, ancient Chinese art is a kind of liner temporal art form based on the theory of "inspiration from natural objects," which is different from block mass art form based on the theory of "imitation" in the ancient West.

Keywords: Harmony of Heaven and Man; Ecological-Life Aesthetics

绿水青山就是金山银山

——环境与资源关系论纲

陈望衡*

摘要:当代的环境观念是在环境与资源的冲突中产生的,是工业社会对资源的掠夺造成自然环境特别是其中的生态平衡的破坏,促使了环境概念从资源概念中的脱离与独立。资源与环境关系观是人类文明观的集中体现。生态文明作为生态与文明共生的新文明,建构着新的环境价值观和环境审美观。就人类利益的总体言之,人类既要绿水青山又要金山银山;但在资源与环境严重冲突的情况下,人类宁要绿水青山也不要金山银山。资源与环境关系的正确处理,根本原则是:绿水青山就是金山银山,保住绿水青山,才建金山银山。

关键词:资源;环境;生态文明;环境审美

习近平总书记2013年在哈萨克斯坦纳扎巴耶夫大学回答学生提问时指出:"建设生态文明是关系人民福祉、关系民族未来的大计。我们既要绿水青山,也要金山银山。宁要绿水青山,不要金山银山,而且绿水青山就是金山银山。"这理念高度概括了我们国家在处理经济发展与环境保护关系上的指导思想,同时,也概括了我们国家在处理环境与资源关系上的基本立场,从环境美学的维度来理解习近平总书记的这个谈话,它对于建立当代自然环境的审美观具有重要的意义。

一

美国副总统阿尔·戈尔在为《寂静的春天》写的序言中这样说:"1962年,当

---

* 陈望衡,武汉大学城市设计学院、哲学学院教授。

《寂静的春天》第一次出版时，公众政策中还没有‘环境’这一款项。”他说：“资源保护——环境主义的前身——1960年民主党和共和党两党的辩论中就涉及到了，但只是目前才在有关国家公园和自然资源的法律条文中大量出现。”[①]这段话道出了一个重要问题：长期以来，“环境”这个语词虽然是早就有的，但是人们的“环境”观念却是近半个世纪才得以真正觉醒的。

人们在观念上重资源、轻环境是有原因的。在某种意义上，将环境视作一种自然资源未尝不可。自然资源按其对于人的价值与意义来看，可以分成两类：

第一类为满足人生活需要的资源，主要有空气、水、山岭、森林等。这类资源是环境构成的基础性因素。环境的首要性质是宜居。生态环境好，于宜居来说，无疑得摆在第一位。生态环境好，就感性直观来说，就是水好，空气好，山林植被好。这类自然资源还有一个优点：景观优美。一般来说，生态好，景观也就好。人类的审美，究其实质，是对生命以及生态的体认，生态好的自然，生命体征一般都非常鲜明，具体来说，就是绿水、青山、飞禽、走兽、鲜花、碧草……自古以来，自然界中最受到人类审美青睐的也就是这类自然。大量的山水诗、山水画都因此类自然而产生。环境的两大主要功能——“居”与“游”很大程度上依赖于这一类自然资源的优质。[②]

第二类主要为满足人类生产需要的资源。人类要生存，要发展，不能仅仅接受自然现有的恩赐，还要进一步向自然索取，这索取的重要体现就是从自然界获取生产性的资源，然后将这些资源打造成人类所需要的物质。

生产性资源与生活性资源有区分，也有叠合。区分，表现为不同的价值物，比如矿藏，它是生产性资源，不是生活性资源。叠合，表现为同一价值物。比如河流、森林，既是生活性资源，又是生产性资源。

两类资源中，第一类资源关涉到的是人生命的保存与发展，成为环境的自然基础；第二类关涉的是人类财富的积累和文明的进步，它是资源的主体。

关于资源与环境的关系，我们首先要充分认识到它们作为人类价值的统一性，这种统一在于它们都是人类所需要的，我们既需要环境，也需要资源。

我们现在强调保护环境，不能理解成什么资源也不能开发。

第一，就建设环境来说，一个显然的事实是，如果什么资源也不开发，没有一定的财力作支撑，没有现代新能源，没有高科技作手段，我们怎么能建设高质

---

① [美]蕾切尔·卡逊：《寂静的春天》，品瑞兰、李长生译，吉林人民出版社1997年版，第9页。

② 参见陈望衡：《环境美学》，武汉大学出版社2007年版，第112～135页。

量的生活环境？我们怎么能让人类生活得更幸福、更美好？

第二，就文明发展的规律来看，文明是递进的，生态文明是在工业文明的基础上发展的，看起来它是对工业文明的退步，似是向农业文明甚至原始文明的复归，其实不是。在哲学上它完全遵循着否定之否定的规律，似是复归、倒退式地向上发展，向前推进。生态文明只能产生在工业文明的基础上，而不能产生在原始社会，也不能产生在农业社会。生态文明是人类的进步，而不是人类的倒退。

第三，就审美来说，生态审美不是对文明的否定，而是一种新的文明的建设。这种审美准确地说为生态文明审美，而不是生态审美。比如，现在许多人强调原生态的美、荒野的美，美国生态伦理学家罗尔斯顿提出“哲学走向荒野”，现在也有美学家提出“美学走向荒野”。荒野的美被提到至高无上的地位。但一个不可忽视的事实是，现在我们高度重视原生态的自然环境是立足于工业文明基础之上的，正如吃惯了大鱼大肉的人才对青菜萝卜觉得特别可口一样，只有人类的文明达到了一定的高度，这“荒野”才显得特别可贵，才放射出极为迷人的光辉。荒野的美，不是荒野本身就具有的。如果是它本身就具有的，为什么此前人们一直视而不见？从本质来看，荒野的美也是一种文明的美——生态文明的美。没有生态文明的视角，哪有荒野的美！

客观地说，人类对资源的开发具有积极与消极两个方面的意义。从积极的方面说，正是通过自然这类资源的开发，人类才创造了自己的文明，并且将文明不断地推进到新的阶段。从消极的方面说，它的确造成自然环境的一定的破坏。

资源开发对环境破坏，在某种意义上是资源内部的破坏，具体来说，是生产资源对生活资源的破坏。这种破坏似是自然所致，实是人的行为所致，而人之所以这样行为，是价值观念出了问题。并非所有的资源开发必然会造成对环境的破坏。所以根本问题是人类要调整好自己的价值观念。

从人类的生存与发展的全局来看，“既要绿水青山，又要金山银山”[①]。

二

当代环境观念是在环境与资源的冲突中产生的。

---

① 笔者曾在《培植一种环境美学》(《湖南社会科学》2000年第5期)中说：“‘既要金山银山，又要绿水青山’越来越成为人们的共识，这应该说是人类的一个很大的进步。”

从历史来看,生态环境的破坏并不始于今日,它有一个漫长的历史过程的。

众所周知,文明始于对自然的认识与改造,当人类对自然界实施改造时,某种意义上自然界原有的生态就开始遭到了破坏,只是这种破坏对于强大的自然界来说,微不足道。然而,在局部地区,它的破坏仍然引起了自然界的"抗议"与"报复",如恩格斯在《自然辩证法》中所说:"美索不达米亚、希腊、小亚细亚以及其他各地的居民,为了得到耕地,毁灭了森林,但是他们做梦也想不到,这些地方今天竟因此而成为不毛之地,因为他们使这些地方失去了森林,也就失去了水分的积聚中心和贮藏库。"①

生态环境的破坏,在工业文明的后期,具体来说在20世纪加剧了。20世纪60年代,美国学者雷切尔·卡逊曾经就滴滴涕这一剧毒农药的使用所造成的严重危害,写过一本有名的书《寂静的春天》。雷切尔之后,诸多的科学考察报告和著作揭示了地球生态失衡的严重性。就这些年人们特别关注的全球变暖问题来看,由于气温的上升,北极的冰融化加剧,海水上涨,已经导致北极熊、海豹、诸多海鸟栖息地急剧缩小,某些物种已经或濒临灭绝。这种变化对于人类的生存的影响已经有所显示,更多危险还处于不可知的潜在状态。"一些顶级的科学家告诉我们,除非我们果敢而迅速地行动起来,大规模削减导致全球变暖的污染,不然,在下一个10年里,我们就将跨进无路回头的严峻险境!"②

人类当下生存的困境与危险,必然直接联系到环境,环境的问题必然追溯到人类对地球资源的掠夺。人类对地球资源近乎疯狂的掠夺,问题又出在哪里呢? 只能是在人类的观念上。

工业社会,一种自文艺复兴生长出来的人文主义膨胀到了极致,它与文艺复兴旨在反对神本主义的人文精神完全不相融合,这种观念的内容可以归纳为两个方面:一个方面,认为人是地球上至高无上的主人,有权尽情掠取享受地球上的一切资源;另一方面,认为这地球上的资源是无限的,可以供人类任意浪费挥霍。这种主义,我们姑且名之为"极端的人本主义"。在极端的人本主义观念的指挥下,凭借高科技的威力,自然界的生态平衡趋于被打破,地球上诸多原本宜于人生存的自然条件发生变化,这个地球已经在一定程度上不那么宜居了。

为对抗工业文明的弊病,一种名为"深层生态主义者"的声音出现了,这种

---

① 《马克思恩格斯选集》第4卷,人民出版社1995年版,第383页。

② [美]阿尔·戈尔:《濒临失衡的地球——生态与人类精神》,陈嘉映等译,中央编译出版社1997年版,第5页。

声音的基本观点就是将人类文明看成是“地球这个行星的艾滋病病毒”[1]，将地球上的生态问题的严重出现归罪于人，这是有道理的，但是解决此问题的方式过于极端。怎么能将人类比喻为地球上的“艾滋病病毒”呢？正如阿尔·戈尔所说，“这种内在的比喻只会导向唯一的药方：从地球上消灭人”[2]，这显然是荒谬的。

两种主义——“极端的人本主义”和“深层的生态主义”，均行不通。唯一的出路只能是人文主义与生态主义的统一，这种统一所创造的文明即生态文明。

生态文明观既不是“极端的人本主义”所标榜的人是这个世界上唯一的价值主体，也不是“深层生态主义”所主张的“地球高于一切”[3]，而是要恰当地处理好人的利益与生态的利益的关系，实现二者的统一。

所谓“统一”，就是生态平衡，基于地球上生态平衡破坏的情况不同，可以分类处理：生态问题严重的地方，要调整文明建设思路，牺牲人的某些利益，坚决地让位于生态利益，力促生态恢复；生态状况良好的地方，要确定生态与文明共生战略，坚决防止生态破坏现象出现。

生态文明共生是生态文明建设的基本原则。所谓“共生”，就是自然的向人生成和人的向自然生成。这个过程中，生态与人出现了可贵的互动：一方面，人的目的性（文明建设的意志）合乎了生态发展的规律，具有合规律性；另一方面，自然的规律性（其中最重要的是生态平衡的规律）肯定了人的意志，具有合目的性。这种合规律性与合目的性的统一，即生态主义与人文主义的统一。由于有了生态与文明的相向互动，生态主义就不是自然的生态主义而成为人文的生态主义；人文主义也就不再是社会的人文主义而成为生态的人文主义。生态与人文的这种统一的最高成就，就是生态文明。

生态文明的主体是人，也只能是人。生态文明不是让人生活得不好，更不是如深层生态主义中某些人所主张的让人去死[4]，而是让人类生活得更好，所以，生态文明建设不仅主体是人，目的也是为了人。与工业文明的人主体之不同在于生态文明主张的人主体是融入了生态利益的，或者说是以保护生态平衡为前提的，是人与生态的共生共赢。生态文明有一个重要的原则——生态公正

---

① [美]阿尔·戈尔：《濒临失衡的地球——生态与人类精神》，第167页。

② [美]阿尔·戈尔：《濒临失衡的地球——生态与人类精神》，第167页。

③ [美]阿尔·戈尔：《濒临失衡的地球——生态与人类精神》，第167页。

④ 深层生态主义有一个名为“地球高于一切”的团体，其领导人之一 M. 罗塞尔说：“你们听说过自然之死，这真的会发生。但是，如果砍掉食物链上最高的一环，自然界就能重新建构——而这最高的一环就是我们自己。”（[美]阿尔·戈尔：《濒临失衡的地球》，第167页）

原则。生态公正不仅保证人的权利与价值，也保证物的权利与价值。生态公正的基本原则有环境正义的原则。1991年，美国“第一次全国有色人种环境领导峰会”(People of Color Environmental Leadership Summit)提出环境正义的17条原则，其主要内容就有“保证地球母亲神圣、生态系统的统一，所有物种的依赖性和免受生态破坏的权利”[①]。

人类的全部历史都是人与自然的互动，即作为规律的“真”的与作为意志的“善”的互动：一方面是“真”的向“善”生成，另一方面又是“善”的向“真”依归。是“真”和“善”的统一，这个统一的成果就是“美”。

人类的全部历史都是美的创造的历史。值得强调的是，这个统一，在人类已往的文明中，并没有能够全部做到，均是部分地做到了，又部分地违背了。生态文明是人类新的文明，它在实现真与善的统一上，立足于人类已有文明特别是工业文明的基础上，它有一个过去的文明从来没有提出的原则——生态平衡的原则。生态平衡原则必然给人类的审美带来新的视界、新的标准、新的方式。生态的美既联系于生命的美、自然的美，但绝不是生命美、自然美，它是一种新的美。

生态文明时代，人类必然以新的观点、新的方式实现自然对人的两种基本价值：环境价值和资源价值。人不是从此不要从自然索取资源了，这项活动永远需要，只是这项活动不应是对环境价值的破坏，而应是环境价值的新的实现。同样，环境的生态保护不应成为消极的被动的保护，它应与环境的文明建设结合起来，既是生态的又是文明的环境以更适合于人性的方式出现在地球上。

三

在生态文明时代，不是资源而是环境成为人类对地球价值认识的总体性概念。在工业文明时代，人类对地球价值的认识主要为资源。地球上的一切，无不被看作资源。而在生态文明时代，也许由于工业文明已为人类积聚了相当的财富，人们对财富的贪欲较之工业文明时代有所降低，由于环境问题的严重性，人们的环境意识大为提升。基于环境问题的全人类利益一致性和生态问题的全球一体性，环境概念可能成为人类对地球价值认识的总体性概念。与其将地球看作资源，意在开发，还不如将地球看作家园，意在珍惜。

---

① 参见贾卫列等：《生态文明建设概论》，中央编译出版社2013年版，第28页。

地球的资源价值仍然在，但对人，不是最高价值，环境才是最高价值。在人们的观念中，“资源”不再是为统属“环境”的总体性概念，而是“环境”成了统属“资源”的总体性概念。在人们的实践中，所有对地球资源的开发性活动，均需按程序先做环境评估，根据其对环境影响决定是否开发以及如何开发。

生态文明时代，环境作为人类对地球价值的总体性概念，其价值非常丰富，择其要者，有生存价值、生活价值、经济价值、生态价值和精神价值。精神价值中，有科学认识价值、道德启迪价值、历史信息记录价值和审美愉悦价值，等等。

在环境的诸多价值中，生存价值是最为根本的最重要的，它关系着人能否生存。工业社会前，环境没有遭到严重的破坏，生态平衡比较良好，人类感觉不到来自环境的生存威胁；进入工业社会后，随着生态平衡的破坏，诸多生物已经灭绝或濒临灭绝，人类也明显地感受到了生存的威胁。人类的环境意识的觉醒突出体现在对于环境的生存价值的重视。相较于资源于人的价值，环境的生存价值无疑重要得多。“皮之不存，毛将焉附。”生命都保不住，要财富何用？正是在这个根本点上，人们理直气壮地说“宁要绿水青山，不要金山银山”，或者说“保住绿水青山，才要金山银山”[①]。

环境的诸多价值中，精神方面的价值，如历史信息记录价值、审美价值等，无可替代；更重要的，作为人文，不可计量，也就无法拿来与资源作比较。从本质来看，资源是一个经济概念，它是可以折换成金钱来衡量的，而环境则是人文概念，它是不可以折换成金钱来估算的。“金山银山有价，绿水青山无价。”[②]

环境于人的功能主要是用来为人提供生存生活的场所的，是居，而不是游，更不是借此来做旅游生意大赚其钱。环境具有部分的经济价值，但它是有限的，其规模止于保护。对于环境，保护永远第一。人类财富的获取，不能依赖开发环境的经济功能。我们的口号是：“保住绿水青山，才建金山银山。”

保护和建设美好的环境，其根本上是让人更好地生存、生活乃至发展。人的生存与发展与别的生物的生存与发展是相关的，彼此存在着不可分离的生态关系。一个美好的环境不仅是有利于人生存、生活与发展的环境，而且也是有利其他生物生存、生活与发展的环境。调节人与物的利益的原则，为生态平衡原则。

---

① 陈望衡：《我们的家园：环境美学谈》，江苏人民出版社 2014 年版，第 24 页。

② 笔者曾在《环境美学》中说：“任何自然物的经济价值都是有限的，而自然物的审美价值是无限的。”（第 46 页）在论文《环境美学的当代使命》（《学术月刊》2010 年第 7 期）中，笔者批判对资源竭泽而渔而不惜环境的现象，再次指出“资源是经济的概念，它的价值是可以用金钱换算的；环境，从本质上来看是人文概念，它的价值是不可以用金钱来换算的”。

人类对于价值的认识，向来主要以财富计，而财富以金钱计，故而重视资源价值，忽视环境价值。其实，“绿水青山就是金山银山”，环境也是有价值的，而且“绿水青山远胜金山银山”，因为绿水青山来自天赐的自然。

生态文明时代，在审美上一个突出的现象是，对于自然的审美意识凸现为对环境的审美意识。自然与自然环境是两个不同的概念。自然概念中可以没有人，而自然环境概念中必然有人。当人对于自然的审美联系到人自身的生活包括物质生活和精神生活时，他实际上是在对自然进行环境的审美了。虽然这种审美早在人类文明出现之初就出现了，但只有到生态文明时代，它才发展成一种成为时代审美主潮的审美方式。

马克思说：“忧心忡忡的穷人甚至对最美丽的景色都没有什么感受；贩卖矿物的商人只看到矿物的商业价值，而看不到矿物的美和特征，他没有矿物学的感觉。”[①]马克思在这里说的“最美丽的景色”、“矿物的美和特征”均可以理解为环境的美。他说了两类人对于环境的美没有感受，虽然一穷一富，但在对待自然环境上有一个共同点，那就是功利。饥肠辘辘的人们不会去欣赏食物美。为了生存，穷人是可以不惜破坏自然环境的。基于此，我们能理解那些无奈砍伐自家门前的风水树去卖钱换粮食的人们。对于贩卖矿物商人来说，他们看不到矿物的美，不是因为生存不下去，而是因为贪欲，在他们眼中，矿物都是金钱化身，矿物意义就在于它能变换成金钱，哪还有矿物的美呢？马克思说的这两种现象，在生态文明时代都不应该让它存在。要让穷人有别的手段富起来，能欣赏、能热爱、能珍惜绿水青山。对于富人，要制约他们的贪欲，释放他们的审美潜能，因而同样能欣赏、能热爱、能珍惜绿水青山。实际上，这种对于自然环境的审美意识的高扬，乃是生态意识的最切合人性的觉醒。

这样，自然环境的全部价值展现为无比灿烂、无比迷人的美，人类对于环境的家园情怀、资源情怀、生态情怀，化为审美情怀。环境审美的意义前所未有地展现出来，热爱、珍惜自然环境美，也就是热爱、珍惜自然环境。

---

① 《马克思恩格斯全集》第42卷，人民出版社1979年版，第126页。

Thoughts on the Relationship Between Resource and Environment

Chen Wangheng

Abstract: Environmental ethics nowadays is generated in the conflict between environment and resource. Natural environment, especially ecological balance, has been damaged due to the plunder of resource by industrial society, which brings the separation and independence of notion of environment from resource. The concept of the relation of resource and environment is the epitome of human civilization. As the new civilization of co-existence of ecology and civilization, ecological civilization is constructing the new environmental values and environmental aesthetics. As far as the benefit of mankind is concerned, both nature and treasure are crucial to human being; however, while facing the conflict of resource and environment, nature comes before treasure. The right way to deal with the relation of resource and environment is based on the fundamental principle of protecting nature and making treasure at the same time, since nature is the true treasure.

Keywords: resource; environment; ecological civiliza-tion; environmental aesthetics

生态视野中的梵净山弥勒道场与傩信仰

——兼谈人类纪·精神圈·宗教文化

鲁枢元*

摘要:联合国教科文组织“人与生物圈”计划早期圈定的自然保护区武陵山脉的主峰梵净山,具有两个十分显著的特色:一是山林与自然资源保护良好,二是宗教文化源远流长。这里既是佛教“第五圣地”的弥勒净土坛场,又是世界上最原始的宗教“傩信仰”的策源地之一。

较之其他生物,人类的优越和幸运在于他拥有了地球的“精神圈”;然而,人类社会如今面临的种种足以置自己于死地的生态困境,也正是由于人类自己营造的这个“精神圈”出了问题。“心灵环保,世界和谐”,心态决定生态,心境牵动环境;大自然雾霾的源头是人类心灵的雾霾,人类必须先解决好内在的心态问题,才能更好地处理外在的生态问题。

多数宗教文化都是与自然界以及人的自然天性相互融渗的,东方宗教与原始宗教更是如此。营造人类纪的生态社会,修补地球生态系统的精神圈,梵净山佛教文化中的“弥勒道场”与流行于梵净山周边的原始宗教“傩文化”,恰好可以作为具体的案例。

关键词:生态;梵净山;弥勒道场;傩文化;精神圈

作为联合国教科文组织“人与生物圈”计划早期圈定的自然保护区,武陵山脉的主峰梵净山具有两个十分显著的特色:一是山林与自然资源保护较好,核心保护区仍然保留着原始生态状况,仍然存活着世界罕有的濒危物种,如植物中的珙桐、水杉。即使在农家的庄院里,仍可以寻觅到稀有物种千年古树金丝

* 鲁枢元,黄河科技学院特聘教授、生态文化研究中心主任,中国文艺理论学会副会长,中国“人与生物圈”国家委员会委员。

楠。动物中则有云豹、白颈长尾雉，尤其是黔金丝猴，在梵净山的林地深处尚保存有近800只。二是宗教文化源远流长，至今长盛不衰。这里既是堪称佛教“第五圣地”的弥勒净土坛场，又是世界上最原始的宗教“傩信仰”的策源地之一。庙堂教义与自然崇拜在梵净山并行不悖，形成宗教文化领域的一道奇观。

2015年3月，我随中科院《人与生物圈》杂志社组织的专家组考察梵净山地区的生态保护状况。我发现，梵净山的自然环境保护与其宗教文化的兴盛之间存在着相互支撑的关系。深山密林成为宗教人士修行的首选之地，保护良好的自然环境促生了种种宗教门派的兴盛与和谐相处；不同宗教文化交织而成的精神网络强化了当地民众万物有灵的宇宙观，造就了当地民众敬畏自然、养护自然的生态观念，使人与自然得以共生共存。正是由于浓烈的宗教文化氛围，才使大片森林免于像五八年“大跃进”那类狂热政治经济运动制造的生态浩劫。

关于生态与宗教的关系，是一个宏大的研究课题，这里我只能结合自己在梵净山有限的所见所闻，谈一点体会。

中国佛教协会副会长学诚大法师指出：梵净山佛教自唐宋开始传入，由周边向中心地区推进发展，到明朝万历年间达到鼎盛。是时高僧云集，如妙玄、明然、深持、隆参等曾驻锡于此，特别是破山弟子敏树和再传弟子圣符、天隐等大建法幢，传为佛门佳话。梵净山宋元时代即为梵天净土，明代初年形成弥勒道场。到了明末王朝南逃期间，一大批南明官员“逃禅”隐居到梵净山区域，如南明兵部尚书吕大器、礼部尚书郑逢元等都曾隐居梵净山周围，或缁衣尽孝，或披剃出家，给梵净山弥勒道场的振兴注入了新的活力。近来，江口梵净山佛教协会会长释祖德法师等人，曾在梵净山麓的太平乡白鹤山上发现两座保存完好的弥勒佛道场遗址，再度证明梵净山弥勒古佛道场曾经辉煌鼎盛于明、清之际。

“弥勒”为梵文，全译“梅达丽”(Maitreya)，又译为“慈”，为释迦世尊同时代人。弥勒菩萨是文殊、普贤、观音、大势至诸菩萨的同事，在佛教中是一个极其特殊的人物，不仅大乘信仰他，小乘也信仰他。弥勒以慈悲为怀，是仁爱的化身，他亲近自然中的各个物种、所有生灵，是一位“深绿的自然环保主义者”。佛经中曾流传这样一个故事：往古洪水暴发，一切修行之人无法乞食，眼看就要饿死。此时山林中还剩下一群白兔，兔王担心僧人饿死、法幢崩溃，便率其子孙不惜生命自投火中，将烧熟的兔肉供养僧人。弥勒亲睹此景，悲不能言，心痛欲碎，于是自己也投入烈焰中与兔子们生死与共。弥勒成佛后便立下“断肉戒”，开创了古印度修行者食素的先河。在《弥勒菩萨本愿经》中，弥勒还曾立下宏大誓愿：令国中人民绝无污垢瑕秽，国土异常清净，人民丰衣足食，生活安宁幸福，使婆娑世界早日变成净土，即后人所说的“弥勒净土”，又叫作“兜率天”。[1] 这块净土，当然也是一个没有污水、没有雾霾、没有贪腐、没有强权、人与自然高度和谐的生态世界。

2014年7月，铜仁市成功举办了以“铜仁生态美·梵净天下灵”为主题的“中国梵净山生态文明与佛教文化”论坛。与会的中外佛教文化研究专家达成一系列“梵净山共识”，其中首要的一点就是：“心灵环保，世界和谐。”心态决定生态，心境牵动环境。大自然雾霾的源头是人类心灵的雾霾，人类必须先解决好内在的心态问题，才能更好地处理外在的生态问题。与会代表一致认为，“以佛教文化为代表的东方智慧，是一剂疗救生态危机的良药”。这里所说的“心灵”、“心态”、“心境”，也正是地球“精神圈”的核心内涵。弘扬弥勒净土的宗教文化，改善世人的心灵境界，无疑也是在修补日渐破损、糜烂的地球“精神圈”。

如果说“弥勒道场”是一种富于学理性的庙堂宗教文化，那么至今流布于梵净山周边地区的“傩文化”则是一种操作性极强的山野宗教文化。二者的差别虽然显著，但用意又大致相同，无外乎驱邪纳吉、禳灾解难、祈祷家族兴旺、呵护心身康健、保佑地方平安。不同之处在于：弥勒道场重在个人内心世界的修行，傩坛重在道器与巫术的施展运用。以往，包括学界人士多尊佛贬巫，这是有欠深究的。从人类学的角度看，巫教还应是佛教以及其他许多宗教的源头。甚至还不止于宗教，巫教作为原始宗教还是哲学、医学与文学艺术的源头之一。也正因为如此，傩文化作为原始的山野宗教文化也就与天地自然保存了更为密切的关系，展现出人的精神世界与地球生物圈之间种种奇妙的景观。

有学者认为，傩文化起源于远古时代部族的“祭祖”与“祭土”活动。最初的傩神就是本民族的始祖神，苗语称“Ned nuox”（汉语音译为“奶傩”），木雕偶像为老年女性形象。[2] 另有学者认为傩文化源于对“社神”的崇拜。“社”即“神土”，“皇天埅土”中的“埅土”。“土地”作为神灵在最初的傩文化中占据重要地位，而“社坛”也总是要设置在祖田、村头、山石、溪流旁，多由石块垒成。社坛旁更要有老树，如枫树、榆树、梓树、银杏树等，体现了先民对于大地的崇拜。“女性始祖”加上“神圣大地”，不能不叫人联想起古代希腊神话中的大地女神“盖娅”，并更深一层联想到林恩·马古利斯（L. Margulis）与詹姆斯·洛夫洛克（J. E. Lovelock）共同提出的在当代生态学研究中具有里程碑意义的“盖娅假设”。

傩文化中的设坛降神、镇魔驱鬼、禳灾祈福有着繁复的仪式与高难度的法

---

① 参见弥勒净土学会网站印如居士的文章《弥勒兜率净土的由来》。

② 参见吴国瑜：《傩的内涵与外延刍探》，《贵州傩文化》2014年第2期。

术，本文自难一一述及。但其原始性，即与自然界近乎天然的关系至今仍保留着。这从施法者操持的某些法器中不难看出。

比如“面具”的制作。傩坛使用的面具与京剧的脸谱不同，它几乎就是面具所代表的那位神祇的灵位与替身，是拥有神性的。因此，它的制作也就非同寻常。面具的材料取自树木，比如杨树或银杏，雕刻成形后要举行“收猖”与“点光”仪式。天黑以后，执事人和端公(即法师)等人一齐上山，按八卦方位站定，所有人一律噤声，端公则手持瓦罐满山搜索，听有什么生物鸣叫，最好是老虎、豹子之类猛兽的吼叫，端公立即吹“猖哨子”，将那叫声收于罐中。同时锣鼓铳炮齐响，灯笼火把通明，表示已经“收猖”成功。回到村里，听金鸡报晓，便为面具“点光”。用公鸡血，兑朱砂、金粉等矿物质，以面具神的品位高低为序，分别点涂七窍，陈列于“本社嚎啕神位”木主之前。最后，将猖罐埋在社坛的泥土之中，此时的傩面具才具备了神灵的威严与法力。[①]

又如“符箓”的制作。在傩文化中，“符箓”是沟通人、鬼、神的重要信息渠道，不但有寓意复杂的内涵、形制不一的格式，即使在书写的工具和材料方面也有严格的要求。画符所用的颜料朱砂，具有镇邪作用，在鬼怪那里是神火轮，以辰州深山中所产为佳；纸，宜用草本植物为原料手工制成的黄表纸、朱砂笺，机制纸禁用；毛笔，以狼毫制作的为宜，羊毛次之，钢笔、铅笔、圆珠笔绝不可用；墨，要用松烟烧制的，且必须是新磨的墨汁，不能用玻璃瓶、塑料瓶装墨汁；砚台，须石砚，越古老越好。磨墨的水以露水最佳，雨雪之水皆为天水，又称“阳水”，亦佳。井水、山泉水为地水，又称“阴水”，也是可以使用的。[②] 概而言之，符箓的材质必须贴近自然、取自自然，进而与自然融为一体。这样做的用意应是让符箓从大自然中获取无尽力量，从而拥有出奇制胜的神效。这个过程中显然还残留着人类原始思维、自然崇拜的遗风，一张傩文化的符箓，如此便成为一个融“天地神人”于一体的能量场。

新中国成立后，长期推行“信仰唯一化”，将宗教文化视为“封建迷信”加以取缔。其实，无论是佛教文化还是类乎傩文化的民间宗教，都在某种程度上表达了普通百姓一心向善的意向、惩恶扬善的愿望，这对于营造一个社会的精神生态都会产生良好的作用。正如前人大副委员长许嘉璐先生在视察梵净山后指出的，旧世界范围看，当下人心面临的冲击与毁坏、道德的沦丧是一样的，解脱之道也是一样的，最重要的是要把梵净山的精神文化弘扬下去。新时期以

① 参见王兆乾：《安徽贵池的傩面具与面具戏剧》，《贵州傩文化》2014年第2期。

② 参见钟玉如：《辰州符·傩文化的灵魂》，《贵州傩文化》2014年第2期。

来，佛教文化已经得到政府的嘉许与支持，傩坛、傩戏、傩技之类的民间宗教活动也不再受到限制。我们在江口县梵净山区的寨沙侗寨曾遇到一位名叫舒六妹（男）的老人，他是一位端公、傩坛法师，从17岁从业，掌握有“画符”、“念咒”、“上刀山”、“下火海”、“演傩戏”等绝技。如今他已经87岁，还不时接受乡民的邀请设坛施法，据他自己说还很灵验。政府对这样的活动似乎也不再强行干预。

但目前值得引起警惕的倒是另一种倾向，即所谓“文化搭台，经济唱戏”，把发展文化的目的限定在经济利益的获取上，古刹名寺成了招揽游客的卖点，傩戏、傩技成了吸引眼球的杂耍，各个旅游点上都在摆摊上刀山、趟火海、下油锅，这就大大消减了宗教文化的精神意义与生态价值。宗教文化作为精神文化，其根本价值就在于精神自身。这是一种内在的自足的价值，重在净化、提升自我的精神，进而改善一个时代、一个地区的文化风貌与精神生态，这比起增加地区GDP的一个半个百分点，其实要重要得多。

然而，不止中国，目前地球上的所有国家仍然陷于“经济高速发展”的迷思之中，认为只有快速开拓的市场、大量集聚的财富，才是人类社会幸福美满的保证。所谓“全球化”，正是为此设计并强力推行的一个发展模式、一种时代走向。

按照日裔美籍学者弗朗西斯·福山（F. Fukuyama）的说法，“全球化”就是由高新科技支撑下的跨国资本对全球市场的占领，主要是经济的一体化与文化的普适化。[①]

与此相对，一个新的提法在国际学术界浮现出来，那就是“人类纪”。作出这一判断的是两位科学家：一位是诺贝尔奖得主鲍尔·克鲁岑（P. Crutzen），一位是地壳与生物圈研究国际计划领导人兼国际全球环境变化人文因素计划（IHDP）执行主任威尔·史蒂芬（W. Steffen）。他们认为，自工业革命以来，人类对于自然环境的影响力已经超过了大自然本身的活动力量，人类正在快速地改变着这个星球的物理、化学和生物特征。“人类纪”与人类社会发展初期平静的日子有着根本性的区别，如今人类面临着的将是人类自己引发的全球性环境动荡。最为显著的表征就是全球性生态危机的日益严峻，包括已经开始了的地表温度上升、淡水资源枯竭、极地冰川融化、海平面抬高、土壤沙化、海水酸化以及由此引发的动植物种群的全线溃败乃至灭绝。

---

① 参见[美]弗朗西斯·福山：《大分裂》，刘榜离、王胜利译，中国社会科学出版社2002年版，第318页。

"人类纪",与以往人们所熟知的"寒武纪"、"泥盆纪"、"侏罗纪"、"白垩纪"相比,本该是一个地质学的术语;然而在今天,"人类纪"已经涵盖了地球上人类社会与自然环境交互关联的各个方面,包括地球上不同国家、不同种族共同面对经济、政治、安全、教育、文化、信仰的全部问题。也就是说,"人类纪"已经不仅仅是一个地质科学概念,同时也成了一个人文学科概念,一个跨越了人与自然的多学科概念,一个全体地球人类都必须密切关注的整体性概念。从这个意义上说,"人类纪"才是真正意义上的"全球化",一种充盈着浓郁生态学意味的"全球化"。

"人类纪"与以往的"寒武纪"、"泥盆纪"、"侏罗纪"、"白垩纪"之所以截然不同,就是因为人类成了这个地质时代的主体。而"人"与以往的"三叶虫"、"恐龙"、"剑齿象"的不同,就在于人类拥有自觉的意识亦即独立的精神。人类发展至今,"人类的精神状况"对地球生态系统的影响越来越强大。尤其是近 300 年来,人类的精神已经渐渐成为地球生态体系中一个几乎占据主导地位的决定性因素,在构成地球生态系统的"岩石圈"、"水圈"、"大气圈"、"生物圈"之上,实际上已经构成了一个"精神圈"。

生态学家善于用"多层同心圆"的系统模式描摹地球上的生态景观,将这个独特的天体划分出许多层"圈",如岩石圈、水圈、大气圈、生物圈等。从"人类纪"的视野看,在地球上已经生成了另一个"圈",一个以人的欲望、意志、思维、判断、理念、信仰为内涵的"圈"。这个虚悬着的"圈",就是地球生态系统中的"精神圈"。

20 世纪 30 年代,长期在中国从事地质生物考古学研究的法国思想家夏尔丹(T. de Chardin)曾经使用过"精神圈"这一概念。他说,地球上"除了生物圈外,还有一个通过综合产生意识的精神圈"[①]。"系统论之父"贝塔朗菲(L. V. Bertalanffy)虽然没有直接提出"精神圈"的概念,实际上他已经把人类独自拥有的"语言—符号系统"看作地球生态系统中的一个至关重要的层面,一个高踞于生物圈之上的精神层面。[②] 人类在地球上取得统治地位,人类社会在地球生物圈内获得超越一切生物种群的发展,凭借的就是他所拥有的这个一家独大的"精神圈"。"人类纪"的生成也正是得力于这个威力强大的"精神圈"。

较之其他生物,人类的优越和幸运在于它拥有了地球的"精神圈";然而,人类社会如今面临的种种足以置自己于死地的生态困境,也正是由于人类自己营

① 参见[德]G. R. 豪克:《绝望与信心》,李永平译,中国社会科学出版社 1992 年版,第 218 页。

② 参见[奥]冯・贝塔朗菲:《人的系统观》,张志伟等译,华夏出版社 1989 年版,第 85 页。

造的这个“精神圈”出了问题。当代人沉湎于构造一种世俗的、物质的安全感，来代替已经失去的精神上的安全感。我们为什么活着？我们精神上的实际状况如何？这类问题渐渐被搁置起来，最终完全被消解掉了。

宗教，在人类精神生活中占有重要地位，是人类自身创造的一种古老的精神文化。宗教文化是人类精神层面的一种奇妙的符号系统，属于地球“精神圈”的重要构成因素。人类纪时代精神圈的“荒废”与“破损”，也与宗教文化在现代社会的衰落相关。生态运动兴起以来，学界流行这样一种观点：文化与自然总是对立、对抗、势不两立的。其实并非绝对如此。纵观人类文化发展的历史，既有与自然分离对抗的文化，也有与自然亲近和谐的文化。具体说，大多数宗教文化都是与自然界以及人的自然天性相互融渗的，东方宗教与原始宗教更是如此。营造人类纪的生态社会，修补地球生态系统的精神圈，有必要对宗教文化作出新的阐释。

梵净山佛教文化中的“弥勒道场”与流行于梵净山周边的原始宗教“傩文化”，恰好可以作为具体的案例。

A Study of Fanjing Mountain Maitreya Monastery and Nuo Belief from an Ecological Perspective

—On Anthropocene, Noosphere, Religious Culture

Lu Shuyuan

Abstract: Fanjing Peak Nature Reserve in Wuling Mountains early delineated by Man and the Biosphere plan of UNESCO which has two significant features: forests in mountain and natural resources are well-reserved; the religious culture has a long history. It is the fifth holy land of Maitreya Monastery, and one of the birthplaces of primitive religion Nuo worship in the world.

Thanks to “noosphere”, humans are luckier than other creatures on the earth, however, the human society is now facing the ecological predicament resulting from the “noosphere” which has something wrong. “Mental Fitness,

Harmonious World." Mind decides ecology and the state of inner heart affects the external environment. Natural fog and haze originates from human psyche. In order to deal with external ecological problems better, human must solve the problem of inner mind first.

Most of the religious culture is in harmony with nature and human nature, and much more are Oriental religion and primitive religion. Constructing the ecological society of the anthropocene, mending noosphere of ecological system on the earth, Maitreya Monastery in Buddhism culture and the primitive religion of "Nuo Culture" surrounded Fanjing Mountain, can be used as a specific case.

Keywords: ecology; Fanjing Mountain; Maitreya Monastery; Nuo Culture; noosphere

将生态艺术视为“自然的女儿”

[德]瓦西里·雷攀拓 著　沈苏文 译*

摘要：生态艺术并非只是保护环境和自然，而是一种对待生命的普世人文观念。它代表着对生命规范的要求，揭示了生命的严肃性、大自然的壮观美丽，是一种乌托邦式的“重新绿化地球”。它将人们的目光吸引到生命中日益稀少的亮点之上 。生态艺术反对将世界变异化、弯曲化、抽象化，反对把人们能感知到的真实世界解体化、微小化。它体现了针对当今艺术的另一种态度。生态艺术应该还原自然的神圣价值，赋予人们面对大自然时的敬畏、谦卑、知足的意识并将其付诸实践中。

关键词：生态艺术；神圣价值

德国伟大的诗人弗里德里希·席勒在《漫步》(1795)一诗中遗憾地表示，人类在城市生活中找到了理智的自由(政治自由)，但是却疏远了自然，丢失了自然。在城市里人们有的是安全感，而在乡村人们有的则是归依感。

人类最初生活在田间、村庄、农舍、河流、山脉、森林之间，自然是人类日常的栖息所在。而当统治者/国王和其随从迁入固定的居所之后，在其周边第一座城市出现，这样的景观从此就不复存在。生活在城市里的人们只能隔着距离观望村庄、农田、山川和草地。因此，他们开始描绘自然，用绘画再现自然，以便在他们的居所中能重新感受到自然。而这些作品及绘画，我们称之为“风景画”。

风景画并不只是对身边自然的一种感知，而是一种精神的产物。它产生于观察自然、反思自我的情绪氛围中。它是自然的写照，思考的力量和精神活动

---

* 瓦西里·雷攀拓(Wassili Lepanto)，德国著名生态画家，德国海德堡大学教授。

将自然转化为风景画。因此，从广义上来说，风景画是一种经过思想过滤、价值评估、情绪渲染的自然再现。可以说，风景画的根源并非来自自然，而是来自于人类自身。伟大的德国诗人歌德在罗马观赏克劳德・洛兰和尼古拉斯・普桑的绘画时说：如果人们能关注、重新感觉和体会那些被画家们发现和多多少少模仿的自然，必将使心灵得以充实和净化，这也最直观地诠释了自然和艺术的作用。那些被观赏者感知到的充满美感、内容丰富的画面，赋予人们平静宁和、皤然醒悟的境界。

小说《奥兰多・弗理奥索・冯・阿里奥斯托》(1516)就给我们提供了最好的例子。这篇小说经典地描述了中世纪到文艺复兴的过渡时期。中世纪骑士奥兰多在历经艰险后失去了理智，独自徒步穿越荒野。按照当时宫廷对骑士的传统要求，为了得到最高荣誉，骑士必须向世界证明自己以成为传说中的英雄。而小说用事实证明了以这种方式是无法找到人生的目标，也就是发现自我的。最终奥兰多通过外部的奇迹治愈了癫狂，看到大自然的优美，他恢复了平静和安宁。无所适从、彷徨疑虑的人们在优美的大自然中重新找到了丢失的和谐。

为了消除人与自然的隔阂、再现自然，人们在宫廷和城市里设计建造了花园和绿化设施。它们给人类带来安宁，留住了自然物语。而绘画正是为了向人们传递大自然的声音。早期文艺复兴时期的意大利艺术理论家莱昂・巴蒂斯塔・阿尔贝蒂(1404～1472)也早就指出了绘画艺术的“神奇力量”和自然作用与画家行为之间的关联。而文艺复兴时期的伟大的画家莱昂纳多・达・芬奇(1452～1519)也说道：绘画艺术是大自然的女儿或孙女！因为一切有形可见的事物都来源于大自然，同样绘画艺术也产生于大自然。达・芬奇认为，画家的使命就是再现整个世界，通过自身的秉性和神圣精神给观赏者再现世界的本质和刹那间的和谐。由艺术家设计和再创作的风景画不再是纯自然的翻版，而是融入了美学、创意和道德理念。每当艺术家描绘自然并将自然转化成风景画作品，即通过创作达到“天人合一”的境界时，那么他就尽到了社会和自然赋予他的职责。艺术家代表自然向他的同胞明智地再现了真实世界。因此，艺术在各个时期帮助人类了解生命，它赋予人类对美的感受，如果没有艺术人类的生活将会是多么的贫乏。

这一切在19世纪中叶的工业时代都改变了。随着启蒙运动的深入，通过唯资本论、自然科学和哲学的传播，认识论实证主义和唯物主义得以发展。经济、自然科学、科技理论与资本主义的发展相结合。在史无前例的工业化和资本积累的快速发展中，自然作为唾手可得的资源成为最快最有利可图的牺牲品。遮天蔽日、冒着黑烟和粉尘的大烟囱揭示了这种发展的来势汹汹和巨大的破坏性。基于人工劳作的进步被大肆宣扬(当时人们每天工作 13～14 小时),自然不再被视为重要的栖息地,不再被看作与人类休戚相关的场所。在 20 世纪之交工业革命的进一步发展过程中情况变得更加糟糕:基于机器、马达、汽车、飞机、电报、收音机、电气化的发明,第一座摩天大楼的建造,科技的标志性胜利,世界的面貌发生了根本性的转变。

那时提倡的学说是:人类不应把家安于自然,而应根植于科技的人工艺术。人类的本性源于技术。艺术家们面对着这样的选择:要么顺应技术和科学的理性解析,要么进行自觉抵制。技术主义和唯美主义迫使当时的艺术屈服于科技及其产物。当时人们宣称人类与自然相比能创造出更美更重要的艺术作品。代表当今文明的机器,引发了一场头脑风暴。1924 年,勒·柯布西耶写道:创造了机器的人类犹如天神一样完美。象征主义诗人波德莱尔在他的散文诗里这样梦想理想之城:这座城市位于海边,全部的建筑都采用大理石,城里的人们如此憎恨植物,以至于他们将所有的树木都连根拔起。这正是我想要的风景!一个只有光线和矿石的景观。如今,在地球的很多地方触目所及的所谓"风景"已经不再是大理石建筑,而是水泥建筑。换句话说,波德莱尔提前完成了现代工程师的工作。"我无法忍受桀骜不驯的流水,我要看到它们被套上枷锁,被驯服在码头边几何图形的砖墙内。"稍晚时期的荷兰画家皮特·蒙德里安梦想一个具有完美技术的城市,所谓的大都市科技,犹如弗里茨·朗在电影《大都会》里所示的"完美的反自然"。当时的艺术只有在这种敌对自然的环境中生存发展。和他同时代的设计师布鲁诺·陶特 1919 年在他的著作《阿尔卑斯建筑》中建议:沿着蒙特罗萨到卢加诺湖,在所有的阿尔卑斯山顶上用钢筋、水泥和彩色玻璃建造巨型建筑,以使自然达到现代技术的水平。

那些艺术家的绘画主题不是其感知到的真实世界,不是自然的对应物,而是支离破碎的片段,是对自然的断章取义。如瓦西里·康定斯基的画作,色彩和线条是如此的互不相关,以至于最后只剩下由点、圈、线、面组成的抽象结构。立体主义、未来主义、达达主义、超现实主义(故意塑造的幻灭式的反艺术)以及结构主义导致了这一时期的艺术风格是建筑式、技术式的,这种抽象的艺术形式直到 20 世纪中叶都占据着主导地位。二次世界大战后又发展出了其他众多形式的艺术,但都归于空洞无物的表现形式。比如:抽象绘画、抽象表现主义、非形式主义、塔希主义(又称斑点派)、行为绘画、色块绘画、新建构主义。简而言之,形式主义,即矩形、螺旋形、圆形、移动的元素,大众产品和媒体产物以及来自超市的各类食品包装(如番茄罐头、可口可乐瓶等)都属此类。接下来是行为艺术、激浪派艺术、机械主义、视频行为艺术、装置艺术、地景艺术、环境及新达达主义,其展现的不是麻木不仁,就是难以理喻、厌恶反感(约斯特·赫尔曼德)。相对于东方(指俄罗斯和东欧)就事论事、“求实”的艺术,这些西方艺术形式更多地反映了人类在精神领域日益增长的优越感、西方社会的越来越自由化。

20世纪七八十年代正是我上大学的时候。作为学生,我经常听教授们讲述被视为至高无上的抽象艺术。我们谈论形式和色彩的纯粹性、原创性、认同性,谈论理念和表象、艺术家的自主和自由。起初,我也被这些现代理念和抽象艺术流派所感染,但是后来我慢慢地认识到:如果经过艺术创作的自然被弯曲、被伤害、被否定,甚至最后被排除在外,那么这不是我要走的路,我难以理解这种所谓的艺术。特别是每当我在郊外、在海德堡看到那些深深打动和感染我的美景时,我对那些把自然描绘成纯粹的平面和几何型(如皮特·蒙德里安多次描画的风车)的行径感到异常痛心。事实上地球已经被线条和平面几何化、直线化,被轧平并覆盖上了水泥,这些行为当然激起了大家的愤慨。

我意识到:艺术对于我们现在身处的糟糕环境难辞其咎。每当我把目光投向身边的大自然,我就能深切地感知到大自然那种平抚和解放人类内心、使人类超越自我并将其与所有创造物连接在一起的力量。我意识到一朵野花、一块荒石、一块森林里的木头、一段树桩、一棵小草或者一朵浮云都有其超越自身的意义,它们从古至今一直象征着更高层面的、更普遍的需求,它们由内而外地呼唤着自然的统一、宇宙的和谐。在描绘这些自然景物时我认识到:只有将有形的部分清晰地表达出来,深入事物的内在部分,才能透过现象看本质,达到所要追寻的理想。我感知到:通过和有形部分的内在对话能够显示藏在表象背后的无形世界。简而言之,整个世界甚至对我们的心灵而言都是一种难以名状的对话 。整个宇宙充满了意义,充斥着各种表象。只有强烈地感知一切事物的存在,接触事物的本质,沉浸到事物的内在,我们才能真正到达彼岸,了解那些未知的、无形的宇宙的昭示。

有了这些感悟,古老的村庄、庄稼地、受保护的部落,那些存在于大自然中的美景成为我绘画的主题。黄色、棕色、绿色、蓝色和白色在我的画作里随处可见,正如自然界四季轮回的色彩。它们或主动、或被动、或生动活泼地被组合在一个画面空间,与大地的色彩融合,凸显了彼此的和谐共处。饱满、温暖、明亮的色彩强调了自然的力量、大地的深沉、存在的严肃性和生命的喜悦。为了形象地表明自然规律，我运用了简洁明快的创作手法。我的这些画作并非只是自然的翻版，而是一种比喻。它们显示了取材于自然，同时将现实进行艺术化灵活转换的专业创作手法。因此，这是一个按照自然的内在规律构建的文化景观，即是生态的而非独断妄为的。我把我的画作看成是我对主流艺术即抽象主义和形式主义的一种反驳，也是对破坏自然的一种反击。

1970～1980年的十年被视为德国对文化和文明的反省时期。我们厌倦了现代建筑，反对一味地追求增长，反叛肆无忌惮的资本主义，抗议东西方国家的核军备战略，似乎第三次世界战争即将爆发一样。与此同时，我们追求伦理价值、友爱团结、谦让、理解、责任、道德和美德。另一方面，1972年罗马俱乐部（欧洲社会批评家组成的社团）对地球遭受毁灭性破坏进行了报道：逐渐死亡的森林、被污染了的海洋河川、被化学物浸染的土地和很大程度上被破坏了的大气层 。

受到惊吓的人们开始疏离当局政治，转而通过在教堂祈祷、和邻居交往、与他人保持联系来寻求帮助。人们提出了自己的想法并积极处理日常生活问题——学校、家庭、工作、健康，同样也维护和平。人们组建了小型社团、公社，部分人迁居农村。如同有些城里的居民在自家的院子里种植庄稼一样，人们试图过上自给自足的生活。这样，出现了新的生活模式并导致了和平和生态运动的发展。

出于对自然遭到破坏的担忧和为了表明我的立场，我发表了长达44页的题为"为人类的艺术或是为生态的艺术"的学术报告（1983）。在报告中，我提出了七个更新艺术的观点，并特别指出：生态艺术并非只是保护环境和自然，而是一种对待生命的普世人文观念。它代表着对生命规范的要求，揭示了生命的严肃性、大自然的壮观美丽，是一种乌托邦式的"重新绿化地球"，它将人们的目光吸引到生命中日益稀少的亮点之上 。生态艺术反对将世界变异化、弯曲化、抽象化，反对把人们能感知到的真实世界解体化、微小化。它体现了针对当今艺术的另一种态度。

除了在国内外举办画展之外，我还就生态艺术的意义发表了随感。生态艺术反对当今解剖式地切割世界，它的发展是基于大同世界的观点。它趋于持久、大众、永恒、人与自然紧密相连、世界和睦相处；它追求超越自我的永恒世界观，追求真与美；生态艺术引导人们更亲近大自然，它是对以往错误的一种纠正。

一幅画、一首诗、一个音列、一件成功的艺术作品，它们都能唤起人类心灵深处与自然规律(如昼夜交替、四季轮回、斗转星移)的共鸣。

生态艺术家知道,他周边的事物并非是偶遇的陌生的人物事件,而是一个富有情感的整体。他知道自然界的每个单独事物和他自身是紧密相连的。他深深地意识到人类作为大自然的一分子应该停止凌驾于自然之上。重要的是自然,是其优美的风貌和各种存在的形式。生态艺术家满怀恭敬、爱意和宗教式的谦卑接近自然。对世界的爱促使生态艺术家去发现、去创作。他真挚地爱着这个世界,绝非玩世不恭;他感到有一条内在的纽带连接着他与自然,他们相互融合;他心意坚定地要捍卫自然,自然界发生的一切都触动着他的心灵。

生态艺术的表达方式是新颖的、现代的。区域空间、拜占庭画的线性形式(比如拉文纳的马赛克)以及基于文艺复兴初期的形式是其主要的表现方法。同时,在描画房屋、田野、居所时生态艺术在空间和视角上最好地诠释了立体主义和构成主义的影响。大面积的单一颜色并非只是为了表现色彩(如抽象艺术那样),而是象征了自然和生命的对应物,它们是整体的一部分并独具重要性。生态艺术最重要的创新意义在于:每一个体都具有整体的象征意义,在其表现形式中突出了宇宙的完整性,也就是说,并非如印象派画家那样支离破碎地表现世界。

就生态艺术及其美学作品而言,先验性的事物背景被当作真实的感受,其精神吸引力得以再现,自然要素重新恢复了其象征意义并更具表现力,更能触动人们的心灵。那些仿佛永远消失了的原始画面又被重新赋予了内在的辉煌。生命之源不再枯竭,反而在生态艺术家笔下喷涌流淌。人们的感知越发深刻,世界更显灿烂。生态艺术家通过他们审美的目光重新塑造了被现代人类损毁的世界。

在饱受磨难的20世纪末、21世纪初回顾欧洲千年的艺术历史,我衷心地希望:如同艺术在各个发展时期所发挥的作用一样,比如中世纪时期艺术帮助人们超越现状(那时人们认为现世的生命只是一种对来生的准备),文艺复兴时期艺术帮助人们根据新的科学知识来了解宇宙生命(比如地球是圆形的而非扁平的),启蒙运动时期艺术帮助人们用知识和理性解释一切、改善一切,浪漫主义时期艺术运用诗歌将生命诠释得更轻松和神秘,19世纪的现实主义和自然主义提醒人们工业化所带来的困境并要求社会的公正,表现主义警告人们即将到来的世界战争,今天生态艺术应该是:

——帮助保护自然和环境免遭破坏和损毁;

——把自然作为人类的避难所,作为医治反自然生活方式的良方宝剂;

——帮助人类重新绿化地球；

——使土壤更肥沃、环境更宜居；

——当然，首先生态艺术应该还原自然的神圣价值，赋予人们面对大自然时的敬畏、谦卑、知足的意识并将其付诸实践；

——通过重新估值土地、农田，还原农业文化对人类所具有的原始意义，目的是让全世界的人们都有干净的饮用水，有充足的粮食，完成从奢华的城市生活到朴素健康的乡村生活的过渡；

——最终目的是把回归自然的乡居生活升华为生命之源。因为土地是有限的，而我们人类只要还生活在地球上，就必须永远依赖这片土地。

结　语

生态艺术的风景画所要表达的并非是感念怀旧，而是“崇尚宇宙这幅自然之画，相信古老内在的必然性，相信和谐有序的整体世界，相信自然精神和宇宙神圣的永恒创造力”(亚历山大·冯·洪堡)。

Ecological Art as "Daughter of Nature"

Wassili Lepanto

Abstract: In Ecological Art we pledge a connection with the art of the 19th century before this became separated from nature through science and technology. It is our hope that through Ecological Art a fundamentally new way of thinking and a new evaluation of nature, earth and land will emerge, thus reawakening a love of nature in mankind. This love will motivate people to preserve nature and protect it from destruction. As long as human beings live on this planet, they depend on it and on the harvests from its soil. However, Ecological Art is not just protection of nature and the environment, but is an ethical position towards life. It reveals life in all its seriousness and the beauty of nature. It is the re-greening of the earth in a utopian sense.

Keywords: Ecological Art; divine value

阿诺德·伯林特的环境美学与中国庭园

文洁华*

摘要:我将于本文中对美国美学家阿诺德·伯林特(Arnold Berleant)收录在其2012年著作《超越艺术的美学:近期杂文集》中的一篇文章《中国庭园的自然与栖居》进行分析。除了对伯林特关于主客体关系、身体反应、审美体验以及中国庭园环境等方面的思想进行回顾之外,本文还对其基于中国庭园的自然以及扬州个园的真实案例的阅读心得,与当代儒家学者唐君毅先生的中国建筑美学研究进行比较研究。唐君毅在其颇具影响力的著作《中国文化之精神价值》中,提出了传统中国建筑与庭园设计的形而上学表征,以及人与自然或道之间的互动关系。对上述两本著作的比较研究显示,伯林特关于主体解读的特点与唐先生关于中国庭园的具身化(embodiment)观念,如"藏"、"息"、"修"、"游"等十分接近。两部著作的对应性也让我得以检视比较美学及其回响。

关键词:中国庭园;自然;栖居;游

一、引　言

我将于本文中对美国美学家阿诺德·伯林特(Arnold Berleant)收录在其2012年著作《超越艺术的美学:近期杂文集》中的一篇文章《中国庭园的自然与

* 文洁华,香港浸会大学研究院行政副院长、人文及创作系教授。

栖居》进行分析。[①] 除了对伯林特关于主客体关系、身体反应、审美体验以及中国庭园环境等方面的思想进行回顾之外，本文还对其基于中国庭园的自然以及扬州个园的真实案例的阅读心得，与当代儒家学者唐君毅先生的中国建筑美学研究进行比较研究。唐君毅在其颇具影响力的著作《中国文化之精神价值》[②]中，提出了传统中国建筑与庭园设计的形而上学表征，以及人与自然或道之间的互动关系 。对上述两本著作的比较研究显示，伯林特关于主体解读的特点与唐先生关于中国庭园的"具身化"(embodiment)观念，如"藏"、"息"、"修"、"游"等十分接近。两部著作的对应性也让我得以检视比较美学及其回响。

二、伯林特的"审美参与"说

在其早期著作《美学再思考》[③]中，伯林特阐述了所谓"审美参与"(aesthetic engagement，又译为"齿合美学"或"审美介入")的概念。伯林特意识到，艺术不仅只是简单地包含客体，同时也由体验发生的情境所构成 [④]，因此他指出许多用以描述审美关系的二元对立概念，都具有一种哲学的而非审美的基础，比如表层与实质、形式与内容、幻觉与现实、观众与艺术品(即主体与客体)、美与用以及利害性与无利害性等。另外，伯林特亦提出，这些二元对立导致碎片化以及背离性的美学探究。[⑤] 尽管艺术语言已经改变，人们依然会认同，我们需要能够同时涵盖当代艺术与传统艺术里的、更为广泛的理论语言。[⑥]

在讨论景观美学之前，我想以绘画为例阐述我对中国美学的基本理解。伯林特和中国美学都强调了审美体验的整体性和统一性、艺术的可识别性以及与其他活动并没有本质差异的普遍属性等。伯林特关于"连续性与参与性"的概念将艺术整合到全方位的、个人的与文化的体验当中。审美感知亦被并入到诸如社会的、历史的以及文化的因素里。不同的意义、联想、回忆等也都会渗透到感性意识中。这些审美观念与早期中国美学的讨论相当契合。比如顾恺之流

---

① Arnold Berleant, *Aesthetics Beyond the Arts: New and Recent Essays*, GBR: Ashgate, 2012, pp. 131-147.

② 唐君毅:《中国文化之精神价值》,(台湾)正中书局 1979 年版。

③ Arnold Berleant, *Rethinking Aesthetics*, GBR: Ashgate Publishing Ltd., 2004.

④ Arnold Berleant, *Rethinking Aesthetics*, p. 35.

⑤ Arnold Berleant, *Rethinking Aesthetics*, p. 18.

⑥ Arnold Berleant, *Rethinking Aesthetics*, p. 33.

传了几个世纪的绘画学说，也认为艺术应该包含“连续性与参与性”[1]。顾恺之在人物绘画中强调了对主体与环境关系描述的重要性。另外，他还认为艺术家也应关注绘画主体（尤其是历史或传奇人物）的个性与所属的社会阶层，以及主体与其他人物的相互关系。主体的反应、影响主体身体行为的社会限制或仪式、主体与其他人物出现的场所以及相关设置与环境等都同样重要。为了实现上述原则，顾恺之认为艺术家应该努力观察、学习、分析以及理解他们笔下的主体人物，因为主体实质以及相关的艺术化变形只能通过深入的学习才能得以把握。

上述方法在顾恺之的绘画长卷《女史箴图》中得以体现。[2] 这幅著名的中国书画作品在某段场景中描绘了皇帝满腹狐疑地盯着坐于床上的嫔妃。画中题跋写道：“出其言善，千里应之，苟违斯义，同衾已疑。”这幅作品也成为儒家规范妇道的教育文本，与伯林特的“安居”(dwelling)概念十分类似。安居在审美情境中以及在更广阔的社会化与个人化前提下，描绘了艺术之所为，与其在更大世界中的意义、感知、意识以及知识，简而言之，即人类整体之间的基本联系。

当谈到艺术作为一种原始存在境况的整体，且这种整体性优先于所有分崩离析之现象时，伯林特采用了“具身化”(embodiment)这一概念，指涉一种思想分裂行径之前的存在状态。这种分裂既包括从身体的疏离意识、从感觉远离思想，也包括从世界疏远人之自身。[3]

三、道家的审美经验

在这一意义下，伯林特意图唤起道家的审美经验。我的理解是，道家哲学中首要的主体性原则便是“无为”，意思是审美主体得以超越人类认识论的功能局限，走向形而上学的道之领域。得道之后，人类思想会停止所有“知”的行为，随气韵、形而上学的要素以及生活的根基自由而行。此时主体便与其他事物一起，呈现出自身的原始质感。主体和环境的统一性便达到道家庄子之所谓“心

---

① Michael Sullivan, *The Arts of China*, Los Angeles: University of California Press Ltd., 1984, p. 131.

② 可从 http://www.ceiba.cc.ntu.edu.tw/fineart/database/chap18/18-03-06x.jpg & http://www.guoxue.com/nl/syxy/007.jpg 获取详情。

③ Arnold Berleant, *Rethinking Aesthetics*, p. 106.

斋”(calmness of mind)的状态。[①]

“无为知主。体尽无穷,而游无朕。尽其所受乎天而无见得,亦虚而已。”也就是说,最高境界的人运用心智时诚如一面镜子,忠实直观地反映万物而不隐不匿。因此,完美的心智能够在不受现实干涉的情况下映照现实。在超然之道的境界里,物不再是客体,而是一种“理想状态”。它使其形式本身,因宁静而见真实中,因为美感与审美愉悦而获得释放。新儒学学者唐君毅先生的传统中国美学,与西方知识论中认知力将物感知为客体不同,其在观念中,主体与客体的关系类似于“主与宾”的角色。[②]主客体的统一性或邂逅具有以下几种特征:

(1) 强调获得人类整体形式时与自然的沟通。

(2) 指涉思维的统一性方式,区别于西方主流美学所强调的教条主义以及主观因素。

(3)审美体验在呈现出“先在的内部结构”的基本过程里发生,这种“先在的内部结构”先于艺术对象(及其文本)、作者、观者等关系形式的物化过程而存在。

(4)认为生命的延续是一种重生的循环过程,即道家所谓的气之循环。

(5)在统一性的要求下,人应该适应自然,包括人的身体与周遭当前的环境,从而指向一种存于自然变化与自我精神变化之间的和谐关系。

这一传统智慧也体现在伯林特的《美学再思考》当中,后者认为在审美语言的参与或介入中,艺术的功能是一种积极因素。[③] 正是在这一意义上,伯林特的观点让我们想起了道家哲学。它认为,直觉概念是许多东方艺术的典型特征,这一观点显然是对的;通过检视直觉的众多属性,我们可能会逐渐体会到艺术过程如何介入到现实体验之中,而且直觉的存在还告诉我们,还原和分裂不可能抑制艺术的发生。[④]因此,直觉的观念是连接伯林特关于中国美学的解读与新儒家学说的审美体验之整体性的关键共性。事实上,伯林特的直觉概念非常适合于解读中国庭园的审美体验。正如伯林特所言:

(1)在水平与垂直的体验维度上跨越时空时,直觉包含了对形式动态本质的吸收。

(2)直觉是一种整体的想象(vision),并非一种转瞬即逝的印象。

---

① Chan Wing-tsit (trans. and compiled), *A Source Book in Chinese Philosophy*, New Jersey: Princeton University Press, 1963, p. 207.

② 参见唐君毅:《中国文化之精神价值》,第 187 页。

③ Arnold Berleant, *Rethinking Aesthetics*, p. 109.

④ Arnold Berleant, *Rethinking Aesthetics*, pp. 91-92.

(3)艺术(在这里指的是庭园)并非一种已完成的物体或一种已经完成的直觉过程,相反,它是一种即将形成的状态,犹如艺术家塑造出一种路径,供观者在其中完成个人化的探险之旅。

(4)审美直觉反映了个人意识与艺术品的逐渐融合,或谓之借由人与物的交互体验形成的亲密纽带。[①]

在这本著述中,伯林特认为直觉的审美在艺术领域中是一种普遍的启发,并指出东方哲学似乎已经以最开放的方式讨论过直觉审美的特征了。他指出,艺术与世界之间存在一种特殊的交互方式,只有通过直觉的原动力才能最好地把握。同样,他还认为检视直觉的各种属性有助于理解艺术如何通过美感经验的锐利度、清晰度以及直接性或实时性,参与到现实之中。本文将以漫步于中国庭园的体验作为对直觉的真正形式,伯林特在较近的论文中也谈及过这一问题。他对直觉属性的解读如下:

(1) 直觉引导眼睛、耳朵和手,穿越感知经验的表层。这时的快感主要在于注意力本身,而不是注意的方向或内容。所有感觉的直觉都处于意识的前沿。

(2) 这是我们在这里所回顾的直觉的所有阶段——感觉阶段、形式阶段、创造阶段、欣赏阶段、本体论阶段——的焦点,或者用伯林特的话总结起来,便是人类整体处于原始状态或处于统一的有机体、一种体验统一的具身化存在意义。

(3) 审美体验是一种感性统一,将对象与知觉主体联系在一起。[②]

上述观点与唐君毅先生关于审美体验统一性的观点不谋而合。

在其近期收编在《超越艺术的美学:近期杂文集》的一篇文章《理解景观的艺术》中,伯林特指出当代学者已经将美学引入到日常生活的环境以及比较美学的研究当中,因此深化并拓展了环境美学的领域。这里,伯林特特别提到了四重奏式的阅读,即从鉴赏的意义上整合艺术、环境、景观、以及知识等。[③] 他认为,景观鉴赏是对当代西方哲学中关于体验的主观性等主流观点的重要挑战,尤为突出的是,唯有人类才可创建景观,否则“景观”只是简单的地理区域。鉴赏活动涵盖了全部的感官意识,以及身体化的动态式参与。[④]

我将伯林特对于身体与景观之关系的解读进行如下总结:

---

① Arnold Berleant, *Rethinking Aesthetics*, pp. 95-98.

② 参见 Arnold Berleant, *Rethinking Aesthetics*, pp. 92-98.

③ 参见 Arnold Berleant, *Aesthetics Beyond the Arts: New and Recent Essays*, pp. 107-109.

④ 参见 Arnold Berleant, *Aesthetics Beyond the Arts: New and Recent Essays*, p. 68.

(1)伯林特首先定义了感知距离,并提出在相应的空间内感知距离的相关要素,包括光线、颜色、形状、图案、运动等。人也具有登高与下降、回转与扭曲以及遭遇阻挠与自由通行的意识。

(2)通感在伯林特的身体体验意识中具有重要作用。引入通感概念,融合在景观鉴赏中的对形式与实时体验的直观性分析,是一种人体感觉参与的完整性交互活动。(这一点与直觉概念相关,伯林特将景观鉴赏作为一种过程,通过这一过程以及身体与空间的渗透,人得以成为周边环境的一部分。)

(3)感觉的分化只在审美体验之后才发生,而这种整合的、统一整体的审美体验则需要在反思与分析过程中才能得以产生。①

这些身体体验的定义与唐君毅先生的统一性概念相似。用伯林特的话说,"(景观)鉴赏进入到直观认知的体验,并认识到这种介入是完整性的参与。其审美性是指使场所变得鲜活的东西"②。

四、中国庭园的自然与栖居

伯林特对中国庭园显示出了特别的兴趣,并将之准确描述,包括帝王、富商官宦的大型私家园林以及小型的城市花园与学者或退休官员的私人乡村寓所等现代形式。具有百年历史的中国庭园已成为公共财富,其中一些还被认定为世界遗址。③ 这里,我以位于中国江苏扬州的个园作为例子,说明伯林特对中国庭园极为细致的解读。2015 年 3 月,我带着对伯林特关于中国庭园研究的思考访问了个园,按照中国传统文人的建议,3 月是游览扬州最好的时节。

根据官方资料介绍,个园在明代被称为"寿芝园"④。1818 年,两淮盐商黄至筠购入明代寿芝园,并在旧址进行重建,将之整修为私人园林。园名源于"竹"字,"个"代表了人的品格,这一点与伯林特认为中国庭园设计中隐含着道德意义相同。⑤ 在中国,竹之形寓意为笔直与持久,因此代表了诚实、公平、谦虚、正直以及忠诚等个性。个园主人的名字"至筠"也带有"竹"的意味,这也是他将此庭园命名为"个"的原因,而个园的"园"则指的是庭园。

个园占地面积达到了 2.5 公顷(约 6.2 亩),主要由竹和石头组成。不同色

① 参见 Arnold Berleant, *Aesthetics Beyond the Arts: New and Recent Essays*, p. 69.
② 参见 Arnold Berleant, *Aesthetics Beyond the Arts: New and Recent Essays*, p. 70.
③ 参见 Arnold Berleant, *Aesthetics Beyond the Arts: New and Recent Essays*, p. 77.
④ 参见 http://en.wikipedia.org/wiki/Geyuan_Garden (2014 年 9 月 13 日)。
⑤ 参见 Arnold Berleant, *Aesthetics Beyond the Arts: New and Recent Essays*, p. 141.

调与形状的石头垒成了代表四季的景观，所以石头园被命名为“四季假山”。这一做法非常符合伯林特关于典型中国文人庭园的描述。通过比较个园与伯林特对中国庭园的描述，更能显示出二者的共通之处：

“中国庭园的整体规划一般来说都是不规则的，其形状由各个离散的部分构成。不论从其轮廓而言，还是从其内在的细部结构来说，一般很难从其中发掘出几何形式。除了某些亭台楼阁与厅堂呈现出直角轮廓以外，有时则是笔直的围墙。”

“学习、沉思、对话的结构占据了庭园大部分面积，有许多达一半。它们谨慎地融入到景观之中，被树木与灌木围绕，并通常借有顶棚的步道连接。此外同样重要的是，假山与植物在半封闭的自然区域点缀其中。”

“中国庭园里总有水的设计，通常是在庭园中央的大型池塘，有时候也在一些由步行小桥横贯的狭窄水道连接的小型水池里。池塘与水道往往被灌木丛和树林所围绕，水面经常被荷花覆盖，其下点缀着不停游动、或大或小的各色金鱼。”

“中国庭园是具有风度与细节的自然雕塑：中国人认为庭园设计是‘道之创造力的集中表现’。”

“风景由墙壁隔开，并通过门廊与连接亭台楼阁的通道串联在一起。观者沿着一条迂回的路径徘徊其中，从部分遮蔽的区域移步到下一个区域，沿途经过各个景点。”

“这些庭园通常尺度较小，所以通过从外部‘借’景的方式有可能拓展其空间感，比如添加树木、远山、寺庙、佛塔等以丰富庭园的氛围。”

“庭园结构的这些特点传达出连续感。当一个人沉思漫步于庭园之中，他也成为景观与自然的一部分。自然成为栖居之所，栖居于自然之中。”

“散步于中国庭园好似展开一幅滚动画卷，甚至形成人入画中的沉浸感。”

“当人缓慢而沉思着移步于各个连续变化的景点之间，树木与植被的意义强化着人的意识。”

“最特别的是，中国古典庭园为人的参与而形塑。这种形塑要求漫游的人在场，以表完整而充盈。”

“尽管中国庭园鼓励反思、沉思的情绪，但并非指被动或休止的状态。这是一种巡回的沉思状态，是一种深思熟虑的实时性存在，它在散步、留心、聆听、冥想以及身体感知庭园中，在各种瞬间变化的环境体验等活动中形成。”

“基于其布局以及形式的规划，而非各种构成元素之间的协调变化，中国庭园表现自然韵律的能力得到了强化。”[①]

五、唐君毅之“游于艺”：中国美学及其艺术化表征

在此，我想借唐君毅先生优美的“游于艺”概念对比伯林特的解读。唐先生在关于景观鉴赏的观念中，提到了四种概念，谓之“藏”、“息”、“修”、“游”。唐先生的精辟分析增进了我们对伯林特中国山水美学的理解以及鉴赏。再者，唐先生之《中国文化之精神价值》一书可被视作伯林特景观美学的中国式表达。唐先生提出在中国山水之中的“游”之概念，它既是一种身体的参与，同时也是一种心智与精神的体验，表征在中国建筑形式之中，比如塔、殿、庭园以及室内环境。唐先生道：“塔非不高卓也，然人可拾级而登，以远望四方，则其高卓，乃可游之高卓也。中国之宫殿，未尝无上达霄汉者，然高大者必求宽阔……则建筑之伟大而可游者也。”[②]唐先生认为与西方的教堂和城堡相异，中国建筑实现了观者于空间之悠游，即使庭院深深且帘幔重数。[③] 随后唐先生讨论了中国建筑之回廊，认为徘徊在房屋周围，沿着回廊漫步其间，在“游”之时亦实现了人之藏、修、息、游。“游”之概念还有一层形而上的意义，它呼应了经验世界与精神世界虚实相涵的道家概念。唐先生在“游”的概念之外，进一步提出了藏、修、息等，强化了观者内在感受与山水优游时外在空间的统一性。[④] 他说道：“然凡虚实相涵之处，皆心灵可优游往来之处。而此中美感之所自生，亦即在此心之无所滞碍，玲珑自在，以优游往来。故吾谓中国建筑之美，在其表现一可游之精神。”[⑤]

优游于中国庭园，忘却自我，泯人杂念谓之“藏”；体现着人的道德生活状态谓之“修”；走走停停以放松身体谓之“息”；步行于审美的自然或人造之庭园空间谓之“游”；而后才得以完成山水鉴赏。除此之外，唐先生也认为这种体验超越了西方美学中严格的主客二元对立。当心智远离庭园，优游至道之境界再返回之时，观者获得了完整的认知，自我充盈、滋养与充实。[⑥] 唐先生认为美感体

---

① 参见 Arnold Berleant, *Aesthetics Beyond the Arts: New and Recent Essays*, GBR: Ashgate, pp. 132-142.

② 唐君毅:《中国文化之精神价值》，第 303 页。

③ 参见唐君毅:《中国文化之精神价值》，第 304 页。

④ 参见唐君毅:《中国文化之精神价值》，第 305 页。

⑤ 唐君毅:《中国文化之精神价值》，第 316 页。

⑥ 唐君毅:《中国文化之精神价值》，第 316 页。

验超越我们平常感知限制的能力。在道的领域,这种超越丰富了观者对艺术作品的流动特质进行审美鉴赏时的结果。中国水墨山水画是这一观点的绝佳例证。

在其关于中国庭园的文章中,伯林特认为道家哲学是理解中国文人庭园的关键所在。[①] 伯林特认为,中国庭园代表了道家无为观念的景观形式。唐君毅则认为道家的"游"之概念,是庭院美学的重要因素,因为它集合了身体的物理自由与心灵形而上的超越。此外个园恰当地印证了伯林特的观察,即庭园所有要素与设计都是为了呈现自然和谐的目的。用他的话说,要体验景观美学便要"遵循自然之道,让自己融入四季、植物以及宇宙的内在节奏之中,才能实现内心与外在现实的合一"[②]。在我看来,伯林特的景观美学与中国美学,实以不同的语言,表述了相同的旨趣。

Notes on a Chinese Garden: Comparative Response to Berleant's Environmental Aesthetics

Eva Kit Wah Man

Abstract: This presentation is a philosophical reflection on and a comparative study of Arnold Berleant's recent essay, "Nature and Habitation in a Chinese Garden" included in *Aesthetics beyond the Arts*. It reviews Berleant's notes on the subject and the object relation, the bodily reaction, and the aesthetic experience evolved when situated in the environment of a Chinese garden. His reading of the nature and habitation in a Chinese garden is examined, and compared with the related comprehension of contemporary Confucian scholar Tang Chunyi. Tang proposes a metaphysical manifestation in the design of traditional Chinese architectures and gardens and the interactive relation between man and Nature in his influential work, *The Spiritual Values of Chinese Culture*. The comparative notes expand the

① Arnold Berleant, *Rethinking Aesthetics*, p. 136.

② Arnold Berleant, *Rethinking Aesthetics*, p. 136.

reading of Berleant on the subject, which is suggested by Tang's notions of "hiding" "maintaining" "resting" and "travelling" in a Chinese garden. Parallel correspondences are reviewed between the two readings, which invite comparative aesthetics and critical responses from the author.

Keywords: Chinese garden; nature; habitation; travelling

道家的生态美学

——以老子思维解读石涛的《庐山观瀑图》

[韩]郑锡道*

摘要：本文以老子的思维解读石涛(1641～1720?)的《庐山观瀑图》后，把《庐山观瀑图》作为典型例子阐释了东亚传统绘画所蕴含的道家生态美学思想。"画"本身作为一个完整的整体，是我们观看的对象；而不是解读诠释的对象；换句话说，画是用来欣赏的，不是读的。不过东亚传统绘画中，尤其是采用山水素材的绘画，我们对此类画的解读并不陌生。因为从素材到表现形式，此类绘画和当代哲学思维都有着很深的渊源。可以说，东亚传统山水画就是"视觉性思维空间"。包括老子的道家哲学思维对传统山水画也有很大影响，因为从特定绘画中能窥伺可称之为道家情趣的诗情画意。所以从整体来讲，道家思维和山水精神很容易结合。但这些不单单是情趣问题，这些以老子的思维作为诗意基础的东亚绘画蕴含着画家们希望融入自然韵律的东亚固有的生态美学。

关键词：石涛；《庐山观瀑图》；老子；道家；生态美学

本文尝试以老子思维来解释石涛(1641～1720?)[①]的《庐山观瀑图》，以《庐山观瀑图》为象征性素材来解读传统绘画中所蕴含的生态美学的道家性格。石

---

* 郑锡道，韩国成均馆大学校儒学教授。

① 石涛既是清代代表性的文人画家，也是著名绘画评论家。石涛，本名为朱若极，法号"道济"，号"大涤子"、"苦瓜和尚"、"清湘陈人"等。著有《庐山观瀑图》、《黄山图卷》、《黄山八胜书册》等作品以及关于绘画创作理论的《苦瓜和尚画语录》。

涛的《庐山观瀑图》来自当时已经定型的绘画素材《观瀑图》,并非个人独创。[①]但是可以从定型的《观瀑图》中窥见以长图为底的造型和凸显中心的构思,以及在梦幻的心境中超越形式的契机。

绘画是须持有整体观念来欣赏的对象,而不是分解来欣赏的。简单地说,图是用来看的而不是用来读的。但至少在东亚传统绘画之中,以山水为素材的图画试读并不陌生。因为从素材到表现方式,都与当时的哲学性思维存在着深刻的连贯性。也就是说,东亚的传统山水画,特别是文人的水墨山水画,可以看作是"视角性思维的空间"。

之所以说包括老子的道家在内的哲学思维对传统绘画有着很大影响,是因为在特定图画中可以窥见道家思想的诗性情绪和对自然的顺应。所以就整体而言,道家思维和山水精神很容易结合。但这不只是因为这种情绪问题,而是在于老子哲学中内含着此种以诗性情绪为基础的东亚固有美学思维。

一、诗性(隐喻性)空间感(意象)和超越性(提喻性)空间感(意境)

作为传统山水画的素材,外部自然并非人类意志积极介入、变形管理的实用性对象,而是诗性的体验对象。自然的秩序是人类社会秩序和以此为基础的人性完全的规范,绘画中是造型秩序的典范。从石涛的《庐山观瀑图》中可以看出没有经过特别变形的雄伟自然景象。虽然通过水雾自然会省略中景,但在整体上没有伪造本来的景观而直接再现原有景观,通过这一点可以知道,不管是写生实景还是观念的调整,都是在直接接受外部自然。

石涛的《庐山观瀑图》可以分解为,庐山的瀑布和围绕瀑布的大大小小的山峰以及两个人。由此画面构成可以看出,石涛基本上是遵循自己绘画论的,即《苦瓜和尚叔语录》中的"境界"一章中提及的"把(画面)分成三部分,但要求上、中、下自然连接"[②]。在此基础上,仔细调整画面左右的均衡。往上矗立到天空

---

① 《观瀑图》是由瀑布和人物构成的图画主题之一,从唐代开始入画。其根据来源于唐代诗人李白(701~762)所作的《望庐山瀑布》诗:"日照香炉生紫烟,遥看瀑布挂前川,飞流直下三千尺,疑是银河落九天。"该主题画作曾经很流行。石涛的《庐山观瀑图》也是直接接受已有的绘画素材。

② 《苦瓜和尚画语录·境界第十》:"分疆三叠者,一层地,二层树,三层山,望之何分远近,写此三叠奚翅印刻。两段者,景在下,山在上,俗以云在中,分明隔做两段。为此三者,先要贯通一气,不可拘泥分疆。三叠两段,偏要突手作用,才见笔力。即入千峰万壑,俱无俗迹。为此三者入神,则于细碎有失,亦不碍矣。"

的香炉峰和在其下画出的根本捉摸不出深度的往下垂落的瀑布，因为各自志向方向的不同而形成均衡。且这种均衡在近景的两个人物中也反复重现着，和以上志向性的香炉峰一样，一个人站着往高处望着瀑布，另一个人坐着他前面望着画面的右下方。在最前边坐下的人物则随着香炉峰，起到抓住中景中的石头和近景的树木都靠左边斜均衡的作用。

《庐山观瀑图》的画面构图既遵守了定性框架，又不乏超越框架的个性。但即便如此，并没有完全脱离既存的山水画和《观瀑图》的构成。那么在石涛《庐山观瀑图》内在的、真正超越形式的契机体现在什么地方呢？可以从“意象”和“意境”中找到。作为东亚传统美学的独特概念范畴，“意象”和“意境”都被理解为来自老子的思维。通行本《老子》第二十一章中，老子提出了与可视性形象不同的“象”。老子的“象”概念就是东亚传统美学概念范畴“意象”的起源。在第一章和第十五章中出现的“妙”概念就是“意境”的起源。

意象是诗性隐喻的形象，这超过形象既非可视性也伴随指向本质之感，多样解释的可能性和开放含蓄的内容，可翻译为“诗性(隐喻性)空间感”。石涛《庐山观瀑图》的下方坐着一位老者，在其旁边，有一棵向老者视线相反方向倾斜的歪歪曲曲的树木。如果我们看到树木的时候，使用“老树”的拟人化的表达方法，也就是从树木固有形象中感知到特殊的“岁月”、“时间”、“悔恨”、“桎梏”等，这就是(这棵树木固有的、特殊的)意象。

老人和树木是隐喻性沟通关系。表面的形象对老者与树的生存时间，其根源上是统一地进行了充分暗示。因随瘠薄的土壤长大而歪歪曲曲且还向一边斜得看着危险的孤立的一棵树和在此前坐着的老人，不是对比或对照而是以某种“类似性”为媒介一起出现的。只要放大看树木和老人的部分场面的话，会联想出生命之悲欢、岁月的桎梏等。

但是，在整个画面中蕴含的情绪是特别脱俗于世外的。[①] 因此，同样能感知到脱俗等情绪的原因是有意境的。虽然是一般化的素材，在以个性表现为基础来造型时，会在这生发出超过定型化的个别事物的形象的提喻性情绪。所以意境可理解为超越性(提喻性)的空间感。东亚传统艺术上有没有艺术性，会根据

① 脱俗性是《庐山观瀑图》的主题，上端的李白题跋中也直接显示了这一点。(《庐山谣》：我本楚狂人，凤歌笑孔丘。手持绿玉杖，朝别黄鹤楼。五岳寻仙不辞远，一生好入名山游。庐山秀出南斗傍，屏风九叠云锦张。影落明湖青黛光，金阙前开二峰长，银河倒挂三石梁。香炉瀑布遥相望，回崖沓嶂凌苍苍。翠影红霞映朝日，鸟飞不到吴天长。登高壮观天地间，大江茫茫去不还。黄云万里动风色，白波九道流雪山。好为庐山谣，兴因庐山发。闲窥石镜清我心，谢公行处苍苔没。早服还丹无世情，琴心三叠道初成。遥见仙人彩云里，手把芙蓉朝玉京。先期汗漫九垓上，愿接卢敖游太清。)

意境来判断。若以此限定绘画，意境可说是东亚特有的绘画性。

以意境起源的“妙”，为无法用语言表现的与众不同的情绪特殊性有着很深的关系。就算没有费力追求奇妙感，平凡的素材在通过奥妙的表现时也会有意境。而在有意境的个别绘画中，意境并非孤立地存在。但意境和意象带有的部分与关系性的形象有所不同，它是超越各个形象且是媒介绘画空间和生活空间与众不同的情绪总体。石涛的瀑布图画中，意境显得格外脱俗。这种脱俗性就算可以和生活空间维持一定的空间可能性。

画面中基本上会形成绘画性的空间感，其意境超过有限的物理性的画面，且伴随着无限的思维可能性。更简单地说，绘画的意境是某种绘画性深度的体现，其中绘画性深度包括物理性空间感，通过省略和对比，来强调个别事物之间的协调及独特的节奏和音韵，也就是说，空间性和实践性的形成具有协调性特点。

石涛的图中，意象和意境有着典型的调和性特征。其中，水（意象）、时间性与山（意象）和空间性方面是相通的。直插云霄的香炉峰峰顶就像蒸笼一样往上突出，且上面像一个切面一般平坦，与周边峰顶的适当省略形成对比，突显峰顶的鹤立鸡群。这层峦叠嶂的群山画面与下面的瀑布和往上突出的香炉峰形成视觉对比。志向上面（高度、固定性、空间性）的峰顶和志向下面的瀑布，尤显格外生动，这源于中景云雾的高度和深度，给人以似瀑布般从云层下坠之感。通过意境，观赏者会有超越实景和绘画空间之臆想。

二、水之道，水之德

借李白诗的表现手法来诠释，庐山的瀑布便是把“河流”垂直悬挂山前的形象，尤为贴切。平平的大地流淌着的水流，遇到悬崖流向急剧变化，瀑布便是水的（流向）瞬间的断绝。在水平性潮流上演绎出垂直落下转至视觉和听觉的共感的场景。所以瀑布的景观到现在都是观光的对象。

江河被认识，是因为人们常将其比喻为时间。用眼看不见的时间通过水来暗示时间流淌。那么水的急剧断绝或空间性转移的瀑布，与图画中的瀑布之间会有什么样的意义？流动在较平坦地带的水又与潮流链之间的关系如何？瀑布可以看作或被认为和时间的本质所体现出的意义很近。

石涛的庐山瀑布所呈现的是水流突然从天上掉下的画面。由此可以联想到生命的始源，在这里我们可以关注到老子强调的溪谷。老子以“谷神”和“玄牝”来暗示时间和空间的开始和运行。[1] 老子所说的“谷神”和“玄牝”都是“道”的意象。用潮湿的溪谷和生殖的比喻来说明事物被道不断生成的过程。此外，溪谷是装水的容器，那么溪谷的水流淌出瀑布时便会形成水向下流淌的场景。其中水本来是曲线的，且随着水平性运动而运转。但在此画中瀑布的水流是直线垂直的，如此之水则显得更为直观。

老子提到“上善若水，水利万物而不争”[2]，这种拟人化的表现手法用以体现水的性质尤为贴切。由此可知，水的特质便是水使万物之间相互关联，在避免事物冲突的同时，即已发挥之间的互利性。水会对万物有用且不会争抢是一方的利他性。水从外表看是世界上最柔弱的存在，但以内部来看世上还没有能赢水的强大事物存在。[3] 那么在石涛的瀑布图中水是强调何种性质的呢？

虽可窥看水的场景，但在石涛的瀑布图中水只不过是强调垂直性高度之外，没有特别地表现出水的力量。石涛的瀑布可看出除了空间性相态，实际与水平性空间中流动的小溪或江水的形态没有什么不同。

石涛的瀑布在画面布局中，让其左右穿过巨石而形成巨长的隙，是以不断媒介背后山谷的空间性装置放置着。虽然水柱表现得没有太强烈，反而可看作是因为这样包括中景右侧强烈的石头的动势，由此中化最上方香炉峰感知到的坚硬性，在水里内在的柔韧适当漏出着。接着把遥望瀑布的人物之间的距离进一步拉开来，可使、预想瀑布本来的雄伟感。因在高远处看着更软的石涛的瀑布和老子的表现一样“有绵绵若存”但估算不出这一深度。不是通过硬气向上志向的，而是以柔软向下志向的水的性质和中景右侧斜的厉害的石头形成强烈对比。

包括人物的大小，把瀑布和人物的距离极大化而形成的意境，和老子的“大音希声”[4]的美学性思维有很深的关系。在绘画中论述音乐性看似奇怪，可实际上并非如此。其原由在于山水画的认同性基本上是从诗性音韵和节奏而来。石涛画的瀑布当然因为是图画而传达不了实际的瀑布声音，但是这一点就可说是和实际瀑布不同的来自图画瀑布意境的实体。石涛的《庐山观瀑图》因为无声瀑布的存在而形成特别的音律，这就是老子所说的“大音希声”的音律。超越音律的空间，从没有声音的瀑布发出的意境是某种寂寞感和沉默。从瀑布洒出的水柱声音有着压没周边所有声音且还原的趋向，从而缓解观赏者自己中心的

---

① 参见《老子》第六章。

② 《老子》第八章。

③ 参见《老子》第七十八章。

④ 《老子》第四十一章。

诗性思维(杂念)且把思维对象化的契机。图画瀑布本来没有声音。石涛的瀑布图中声音被观察者图画中的人物和瀑布的距离和周边险峻的石头的曲曲折折的节奏而消灭,全体风景而归于寂静。

三、关照和视点—观点:视觉性思维空间

《庐山瀑布图》中打破寂静的就是画面下端的两个人物。最前面坐着的老人目似无视瀑布,另外一人则抬头看着高而远的瀑布。由此可以推论画题本来就不是《庐山瀑布图》而是《庐山——“观”——瀑图》。相当于观察世界的主题在画中以图画的素材而预定。对此首先会有和查看现代纪念照一样的脉络方法。由此图画中的人物会有在瀑布的景观前记录瀑布和自己之间的时间性空间性切点并保管的意味。

但只要看近景的两个人物就可知道视线、纪念和记录等没有线层关系的一点。画中老人的视线向画面外水平地无限延长,在他前面站着的人物视线也存在越过瀑布垂直性地无限延长的趋势。两个人物最终以隐喻(拟人化)性空间表现(意象),各自“越高”“越长”地遥望瀑布,蕴含思维在之后的无限世界的意味和“越低”“越远”地遥望来思维命和生命循环的意味。

在话题中“观”意境介入着的也就并不是一开始就只画瀑布,连看瀑布的人都预定了的一点上,我们可以读出的意味就是“关照”。把观察的主题设定到图画“内”来描述实景的图画——当然就算它是观念山水,也可以使用描述的一说。在这观赏者的视线中,会有再次还原到实际景观的契机。观赏者的视觉中可感知到就像遥看看画的人一样的双重的视线。但可以说着只在观赏者有意图地这样设想的时候才有的特殊的视觉体验。

在一开始就把“观”瀑图当作图画主题来看,图画中的人物,特别站着遥看瀑布的人物,并不只是为了得到幻影性空间感而设定的。这不只是以“观察者”而存在的,而是以石涛图画“视点”而存在的。

图画中观瀑的人物相当于是图画外观赏者的透视。图画中因为以观赏者的透视、代理主题、图画视点来存在的人物,而观赏者超过图画瀑布能以幻影性体验实际景观的瀑布。只要联想出观赏者的“我”已经潜入图画来遥看瀑布的话,就如同图画空间还原到现实空间的体验。以观点上的人物为含蓄了脱俗世界和遥看这一切的主观认识的造型要素,最终超越遥看瀑布观赏者视线的可视性景观来引导非可视性思维的世界。

四、道家的生态审美精神

道家的思维和传统山水画的内容和形式互相行通的事实显而易见。就《庐山观瀑图》的画面而言，看似和道家的思维没有直接的历史连贯性，但其中蕴含的深层哲理可以读解为老子思维的最大体现，道家思维和山水画精神相通的。当然，在传统山水画中除了道家思维（精神）外，还蕴含儒家和佛家思想。传统绘画中，遥望自然的观点与道家思想有着很深的一致性。

通过传统绘画可窥出道家观点存在生态性观点。道家思想强调两个精神，即老子和庄子的“自然”和“自由”。自然和自由在对生成事物的根据不从外部而言，而被解析为本性和自拔性。这种道家“自然”和“自由”精神的基础上有着老子“道”的概念。老子“道”的概念是意象性概念，并和美学性思维也存在深刻的关联性。美学性概念的“道”是被老子比喻为圆木（朴）的“美的全一性”，即没有劈开的圆木一样总体是用语言规定并概念化的美。[①] 这种美的全一性概念即是老子对美德独特的生态观点。

《老子》第二章中提到“世间的美好，看似美丽，但其深层存在污点”。同时还说“世间一切善，看似为善，但其也存在恶”。可见，《老子》第二章强调世间万物存在着两面性，且将这种哲学观点加之阐释。从中蕴含更深层次的观点，即老子的生态观。只要以老子道里内在的美的全一性的生态性观点来看的话，已经被人类规定美丽的就和假设人类把植物和杂草区分并选来栽种的行为一样。因对人类没有好处而定为杂草且全部消灭的行为在生态性观点没有任何根据，以老子的观点来看的话，这最终是把美丽写为一体的，也就只是相当于破坏以全一性为基础的美的生态系的非自然行为。

生态性观点和以美的全一性的道概念为基础的道家（老子）审美精神被归结为“回归自然”。老子通过“圆木（朴）”、“婴儿”和“赤子”等比喻来批判了人为的观点和态度且强调了回归本来的自然（“复归于朴，复归于婴儿”《老子》第二十八章）。《庐山观瀑图》中瀑布和遥看瀑布的人物中显出的脱俗性和超越性最终还和老子的回归自然相通。作为意象性概念的老子的“道”本来就不是已存在的，而是“可能存在的”，也就是和个别的体验且境界连贯的概念。[②] 回归自然通过体道来认识“大象无形”和“大音希声”，意味着同化自然的韵律。

---

① 参见《老子》第三十二章。

② 参见《老子》第四十一章。

Taoist Ecological Aesthetics

—Reading Lushan Waterfall Figure from the Thought of Laozi

Jung, Seok do

Abstract: This article analyzes the Lushan waterfall figure of Shi Tao (1641-1750) from the thought of Laozi. The Lushan waterfall figures as a typical example explaining Taoist ecology esthetics which contains East Asian traditional painting. The painting itself as a complete whole is the object we are looking at, instead of the object of interpretation. The painting is used to look at, not to read. But in East Asian painting especially those adopting landscape painting material, we are not unfamiliar with the interpretation of suck kind of painting. Because from the material to the manifestation, it has deep roots with contemporary philosophical thinking. We can say that the East Asian tradition of landscape painting is "visual thinking space." We say that Laozi Taoist philosophy has great influence on the traditional landscape painting, because in particular painting we can see the so called Taoist poetic feeling. Therefore, overall speaking, Taoist thinking and spiritual landscapes are easily combined. But these are not just about the poetic feeling problem. These East Asian paintings based on Laozi Taoist contains the hope of painters who want to integrate inherent ecological aesthetics of East Asia into the rhythm of nature.

Keywords: Shi Tao; Lushan waterfall figure; Laozi; Taoist; ecological aesthetics

生态美学的升级与完形

袁鼎生*

摘要：生态存在与诗意栖居的统一，形成审美生态。审美生态是美学的逻辑，它在圈进环升中，展现了生态美学形成、升级与完形的图景。审美活动与生态活动的结合，初发审美生态，构建出共生论美学；形成了生态美学；艺术人生与绿色存在的统一，发展了审美生态，增长出整生论美学，升级了生态美学；天态审美与自然旋生的同一，完备了审美生态，托举出天生论美学，完形了生态美学。审美生态的递进，是一种自然化超循环，它成了生态美学生发的机理与机制，成了生态美学升级完形的内因与驱力。

关键词：审美生态；生态美学；一一旋生

何谓审美生态？答曰：整生与美生自然化和旋的结构，也是生态存在与诗意栖居的统一体。审美生态的持续圈进，长出生态美学的逻辑架构；审美生态的天然旋升，促使生态美学的理论系统第次升级，直至形成天生论美学。随着人类生态自然化的升级，天生论美学可能走出地球，甚或走出宇宙，在星际乃至天际审美文明的交往中，实现审美生态的永恒环进，形成自然旋升的美生质地。天生论美学，可集全时空、跨时空、超时空自然美生之大成，当能完备生态美学的理论基础。鸟瞰与想见审美文明史，审美生态的自然化旋进，成了生态美学生发的机理与机制，成了生态美学升级完形的内因与驱力。

审美生态的一一旋升，呈现出审美依生、审美竞生、审美衡生、审美共生、审美整生、审美天生的节点，有了谱系化的学科理论生态。在谱系中查阅与研究

---

* 袁鼎生，文学博士，广西民族大学文学院教授，云南大学人文学院博士生导师。

天生论美学，其来龙去脉自当一清二楚，承前启后也会明明白白，创新发展也就历历在目。

一、生态视域中的审美文明进程

生态观是一种活态观，是一种活态的科学观、世界观、宇宙观。生态哲学视域中的所有事物，都有生命的活性，都有生态发展性。人类美学也一样，生命的活性，是其基本属性；审美生态的旋进，是其基本的逻辑运动；美生性，是其普遍的本质要求。戴着生态的眼镜，看每个时代的美学，都可以视其为审美生态学，并能辨清它依次生发的不同形态，即依生论美学—竞生论美学—共生论美学—整生论美学—天生论美学等等；都可以看出它们逐级旋进的审美生态，即审美依生—审美竞生—审美共生—审美整生—审美天生；都可以看出这些审美生态一一旋生出的美生质地，即客体美生—主体美生—整体美生—系统美生—自然美生；整合上述视点，可以综合地看出审美文明的梯级性发展，看出它的非线性序进，看出其辩证中和的复杂性进程。

美学生态的上述演进，贯穿着正、反、合、转、旋的网络生态辩证法。正，对应自然依生论美学；反，对应自由主体的竞生论美学；合，对应间性主体的衡生论美学与整体共生论美学；转，对应系统整生论美学；旋，对应自然天生论美学。这说明，审美生态的旋升，作为美学逻辑的运进，是非线性生发的；美生，在审美生态的旋升中，结晶出不同级别生态美学的质地，是超循环进步的。审美生态与美生，从天成到天进，是历时空积淀的、螺旋状升华的，它们与世界大法的运进、自然公理的演替，同向而行，同式运转，形成了一致，实现了同构，内含了整生与美生的自然化和旋这一宇宙的最高规律和最终目的。

放大眼量，盘点审美文明的理论形态，其大致由美学、生态美学、美生学第次生成。具体言之，人类美学经过漫长的发展后，走进生态文明的时代，集万于一，形成了整体美学；整体美学在生态化的演进中，逐级发展出共生质生态美学、整生质生态美学、天生质生态美学，最后集大成为美生学。

审美文明的学科形态如许变化，其根由是逻辑结构—审美生态—的超循环运进。生存性与审美性的统一，是审美生态的简约规定。它依次发展为生态性与审美性的统一、生态绿性与审美诗性的统一、生态的自然根性与艺术的审美本性的统一、自然永生性与审美通生性的统一。这种种统一，在整生与美生自然化同旋的框架中，在审美文明自然化的系统内，呈现为不同生命之间的统一、不同生态之间的统一、不同生态结构与不同审美结构之间的统一；并从相互倾斜状态的依生性统一与竞生性统一，走向平等状态的衡生性统一，继而走向整体状态的共生性统一，进而走向系统状态的整生性统一，再而走向宇宙状态甚或宇宙系状态的天生性统一，形成了复杂性辩证运动的规程。正是审美生态结构关系的非线性序变，规约了审美文明理论形态的有机发展：生态美学形成于审美生态的绿性与诗性的共生阶段；它的发展、完形与转换，则分别对应了审美生态的绿性与诗性的整生、天生阶段。毋庸置疑，在审美文明的王国里，审美生态的进步，审美生态结构关系的变化，审美生态结构性状的转换，是按照审美依生、审美竞生、审美衡生、审美共生、审美整生、审美天生的规程次第展开的，系统地显现了生态美学在审美文明的怀抱里，逐级生长进而逐步提升逻辑结构的机理，系统地显现了生态美学在审美生态的自然化旋升中，递进发展持续完善美生质地，最后转换为美生学的规律。

二、生态美学在审美生态的衡生化共生化与整生化旋升中生发

正反合中的合，是传统辩证法质域的临界点。在合的位格上，人类美学一正一反生发的审美生态之逻辑，汇聚成现代间性主体的衡生论美学架构。它孕育出生态美学，开启了新的审美文明。由于间性主体生态论美学中的审美生态是一种审美衡生的逻辑结构，它所生发的生态美学，也就相应地增长出了审美共生的逻辑结构，有了整体美生的本质规定。生态美学进而在审美生态的系统化旋进中，成就了整生论美学。整生与美生等值，整生与美生互成共进，和转同旋，美生也就成了系统质，审美文明的发展由此进入了美生文明的新阶段。

（一）审美衡生的环进萌发生态美学

审美文明中的所有美学，尽管形态各异、五花八门，如从审美生态观的视角做关联性的考察，可见其有序发展的历史生态。古代的自然和谐美学，展示了人类生态对自然生态的依从、依存与依同，是一种依生论美学。近代的主体自由美学，揭示了人类对自然的征服、主宰、同化的行为与理想，凸显了双方的对立与对抗，是一种竞生论美学。现代的主体间性美学，表征了人与人、人类与自然平等并进的生态诉求，是一种衡生论美学。衡生论美学，是依生论美学与竞生论美学的历史中和，是此前生态论美学的集大成，是生态美学的生成前提，进

而使生态美学的升级完形乃至转型有了可能。

在间性主体美学的生态化进程中，出现了三种形态的衡生论美学：一是主体衡生论美学：二是客体衡生论美学；三是整体衡生论美学；即天人衡生论美学。它们的共同特征是强调生态与审美的匹配性统一，绿性与诗性的均衡性结合，人与自然的平等性对生，各成了生态美学重要的本质侧面，并构建了一个衡生论审美文化学科群。在这个学科群中，生态实践美学和生态美育学，偏重于人类的绿色审美生存；环境美学和景观生态学，偏重于世界的生态审美存在；生态批评学和生态文艺学，已经臻于绿与美并举、人类与自然共进的生态诗学。上述诸学科具备了不同层次和疆域的审美衡生质，已经成为生态审美文化的各种具体形态。从审美生发的关系角度看，各种局部形态的生态审美文化联盟，在生态人文观、生态科技观、生态文化观、生态文明观、生态审美观、生态世界观的共同指导下，可以汇聚升华为生态美学的一般形态，它们也就成了生态美学的共生体。这符合从具体到抽象、从个别到一般的本质生发规律，也符合从应用到基础的学科生发常态。

在生态论美学正反合的生发规程中，衡生论美学处在“合”的阶段。这种合，连续地构成两种方式与层次的合和：一是依生论美学与竞生论美学的合和；二是三类衡生论美学的合和，即各种局部性生态审美文化的合和。合是和的前提，由合到和，也就形成了共生，即共同生成了生态美学。中国古代儒家指出：“和实生物，同则不继。”[①]“中也者，天下之大本也；和也者，天下之达道也。致中和，天地位焉，万物育焉。”[②]这说明“和”是世界生发的规律，也是审美生态生发的规律。衡生论美学正是凭借合和特别是中和的品质，生发了生态审美文化众多的分支形态与丰富的内涵系列，共生出生态美学完整的本质规定。由此可见，生态辩证法内在于审美生态的非线性生发中，使其在正与反合和的环节，以及多样同趋与共通的当口，历史地萌发了生态美学。

（二）审美共生的圈进初成生态美学

初成的生态美学，以审美共生为机理，为机制，为标志，区别于其他形态美学的审美生态，形成了整体美生的本质规定。这从三个方面表现出来：一是生态性与审美性的平等共生；二是人类与自然的平等共生；三是物种内部以及物种之间的平等共生。这诸多共生的综合，形成了初级阶段的生态美学所特有的

① 《国语·郑语》，上海古籍出版社 1998 年版，第 515 页。

② 《礼记·中庸》，《十三经注疏》本，中华书局 1980 年影印本，第 1625 页。

审美共生的逻辑结构。

杨春时教授指出，生态美学的基础是主体间性。[1] 我认为，生态美学的第一个形态之所以形成审美共生的逻辑体系，之所以形成整体美生的理论质地，应当与主体间性哲学生态平等的主张有关。哈贝马斯说："纯粹的主体间性是由我和你（我们和你们）、我和他（我们和他们）之间的对称关系决定的。对话角色的无限可互换性，要求这些角色操演时在任何一方都不可能拥有特权，只有在言说和辩论、开启与遮蔽的分布中有一种完全的对称时，纯粹的主体间性才会存在。"[2]主体间性有一种动态的延展性，即"对话角色的无限可互换性"，它首先在人与人之间展开，继而在人类与自然之间生发，普遍地形成生态中和。这对于初起的生态美学产生了强大的哲学规范，使之形成了诸种平等主体性，形成了平等主体之间的均匀对生，形成了生态关系的统筹与兼顾，形成了生态结构的对称与平衡，形成了生态功能的匹配与协同。总而言之，有了主体间性哲学的指导，生态美学在多维生态审美文化的托举中，形成了审美共生的逻辑中和与运进，实现了生态哲理、生态伦理、生态诗理的共生性统一，具备了真善美益宜平衡共生的内涵结构，有了整体美生的质地，有别于以往的美学生态。

当然，初起的生态美学凸显审美共生的逻辑构造，形成审美共生的逻辑品位，更基于对各种生态审美文化共同内涵的概括、提炼与升华。各种具体形态的衡生论美学，在联盟的基础上增长了同一性，结成了生态审美文化学科群落。它们在相互联系中，普遍地形成了两种平等的审美对生关系：一种是人类审美生态与自然审美生态的平等对生，形成了双方的审美共生；另一种是艺术与生态的平等对生，也形成了双方的审美共生。生态美学在理论抽象中，总结、承传、发展与提升了这种共同质，自然更加子随母样，进而子超母样了。

在与母体的对生中圈进，生态美学发展了审美共生的逻辑。各种具体的衡生论美学组成的生态审美文化学科群落，是生态美学的母体与生境。生态美学与生境对生，将集约化的审美共生质，反哺生境，与生境一起，形成审美共生文化学科圈。从各种衡生论美学构成的生态审美文化学科群落，到审美共生文化学科圈，形成了生态美学两个层级的生境：一个是萌生生态美学的生境；另一个是生态美学生长于其中的生境。生境生发了生态美学，生态美学回馈了生境，提升了生境，进而表征了生境，并与生境在对生中耦合旋升，也就可以持续增长

① 参见杨春时：《主体间性是生态美学的基础》，《中国美学年鉴（2004）》，河南人民出版社 2007 年版，第 10 页。

② 转引自周宪：《20 世纪西方美学》，高等教育出版社 2004 年版，第 230 页。

系统的本质规定,进而向更高的审美生态进发,以趋向审美整生样态的生态美学,进而趋向审美天生制式的生态美学,最后转向审美完生格局的美生学。

基于审美生态的梯次性发展,审美共生萌发出审美整生的向性,生态美学可望系统地生发美生质,进而完形地融结美生质,也就有了形成基础形态的生态美学——美生学的潜能与前提。这说明,生态美学一经初成,就有了转成基础学科的向性。随着生态美学的升级与完形,这种转型的向性更为明晰。

(三)审美整生的旋进提升生态美学

审美生态从审美共生的链环旋向审美整生的链环,生长出新的理论架构,提升了生态美学的逻辑品格,形成了系统美生质地的生态美学。这起码有三个方面的缘由,或者说有三条路径:一是生态规律与目的跟审美规律与目的系统融会;二是人类生态与自然生态辩证和谐;三是生态美学与其环境、背景、远景耦合同运。

审美规律与目的跟生态规律与目的以及自然规律与目的实现同一,达成三位一体,是生态美学的本质规定性。这种同一的层级不同,审美生态的品质有别,生态美学的逻辑位格随之相异。生态、审美、自然的规律性与目的性,在共生的平台上同一,呈现整体美生的格局,可成审美共生逻辑的生态美学。当这种同一,发展出系统美生的局势,也就相应地形成了审美整生逻辑的生态美学。

人类生态与自然生态的统一,形成的生态和谐,是十分重要的审美生态,也是生态美学的本质要求。人类生态与自然生态平等对生,“天人合一”,形成生态中和,彰显整体审美生态,形成审美共生逻辑的生态美学。人类生态融入自然生态,在周进环升中,展开以万生一和以一生万的系统化对生,并以自然生态圈为底座,形成审美生态圈的旋升运动,生发非线性网态中和,实现动态平衡的系统美生,也就形成了审美整生逻辑的生态美学。

审美共生品位的生态美学学科圈,由相应的应用学科、历史学科、逻辑学科、比较学科、元学科的周走环进构成,已经有了超循环的整生性。当它与生态审美文化的生境圈、生态文化的环境圈、生态文明的背景圈、生态自然的远景圈对生耦合同运,在网络状的立体超循环中,形成诗态美生、真态美生、善态美生、益态美生、宜态美生、绿态美生、智态美生的大和,生发审美整生的逻辑结构,增长自然美生质,也就促进了生态美学的升级。

由共生到整生,是生态发展的必然;由审美共生到审美整生,是审美生态发展的必然;生态美学的升级,还在生态与审美生态的联动与旋升中实现。

整生质与美生质是互文的，成正比增长的，随着生态美学审美整生架构的自然化旋升，其系统美生化的指数与质地也在相应提升，以全质全性、通质通性、天质天性的美生为机理的完形生态美学也就从中生发了。

三、审美天生的旋进完形生态美学

“小荷才露尖尖角，早有蜻蜓立上头。”生态美学一经在审美整生的旋进中提升，也就有了审美天生的向性，展示了自然美生的高位、全位与本位诉求，凸显了学科逻辑完形的路径。审美天生，是生态、审美、自然的规律与目的，走向三位一体后，在一切时空中的本然运进，是审美本性与生态根性耦合并发，同抵质度、质界、时域的极致与无限，所达成的天然化同构。审美天生的旋进所形成的自然美生，可以走出地球，覆盖宇宙，甚或遍及宇宙系，也就有了全时空、跨时空、超时空的生发性。完形生态美学以其为质地，可以成为未来人类与地外智慧物种共创和共享的深绿色与天蓝色审美文化，可以称为星际乃至天际审美文明，或者说，它是一种可以超脱审美生命的大限，旋走于无极以成永生的审美文明。

审美天生与自然美生，互为因果，形成互文性，共同成为生态美学臻于完形的前提、机理与机制。地球审美生态的自然化旋升，初成审美天生，初成自然美生，初成完形生态美学。地球审美生态与地外审美生态的自然化融通，可拓展与提升审美天生与自然美生，可形成完形生态美学。在地球内外审美生态的自然化融通中，人类和其他智慧物种之间，实现审美天生意识的交流与交汇，形成宇宙智慧物种生态审美文明的自然化兼容、共通与共趋，达成通识的自然美生理想。如此，当可超越人类的审美生态，形成更为深邃广博的审美天生域；当可进一步超越宇宙审美生态，在宇宙系的时空内，实现审美通生，永葆自然美生，以期形成生态美学完备的本质规定，可大成完形生态美学。由此可见，审美天生走出地球时空，进入宇宙时空，进而向宇宙系时空拓进，在拓展与提升审美整生中，造就了审美天生，推进了审美生态的超常性发展。或更具体地说，审美天生游走无极，旋回于宇宙系，遍及世界的各个宇宙时空，也就完全彻底地实现了审美生态自然化，完全彻底地达成了自然美生，完形生态美学据此大成焉。不容置疑，审美天生是审美生态自然化的最高形态、最终结果；它完成了自然美生，是完形生态美学的生发缘由、生发机理、生发机制。

在审美天生中，发现超循环这一审美永生的机理，以形成宇宙系的审美环生的机制，实现审美生态的跨时空永旋，实现自然美生的超时空永进，是大成完形生态美学的关键，也是完形生态美学研究的最大难题。完形生态美学，首先是全时空美生的，继而是跨时空美生的，再而是超时空美生的。审美生态的自然化旋进，串起了这三大美生时域，实现了自然美生的完形。当学术的触角伸到宇宙，进而伸到宇宙系，一般的学术观察自当捉襟见肘，甚或呈现一片盲区，乃至显示一派白域，也就更加需要超常的学术想象了。这种学术想象的核心，应该包含深度直觉、圆通式顿悟、原创性灵感的高端形态。深度直觉的高端是一种通达物自体理域的玄奥直觉，它能直接觉识到世界的底层本质与无极本体，形成诸如万有引力、时空弯曲、宇宙大爆炸之类的尖端成果。由佛家的圆通式顿悟发展而来的旋通式顿悟，有如醍醐灌顶，可在瞬间以一通万，以万通一，万万一通，一一旋通，实现对世界运进之道的大彻大悟、全彻全悟、统彻统悟，顿时形成世界网络化联结的完形结构，立马构建世界整生化的关系模型。由原创性灵感升华而出的元创性灵感，是一种揭示世界基因与事物本原以形成学科基点的独创性与首创性灵感，可提出与通解世界的宗元性问题，可生发学科范式与元范畴。学术想象只有实现上述诸种创造性思维品质的顶端融结，才能从探求事物显态联系的白色研究，经由寻求世界本质关系之机理的灰色研究，进入由功能效应反观世界封闭性本质结构的黑色研究，抵达询问物自体永恒运转之初因的无色研究。世界要实现永生，文明要实现永生，进而实现审美永生，形成永进的自然美生，达成完形生态美学，就要在审美天生的探求中，超越热力学第二定律，超越系统的熵增原理，形成生态系统特别是审美生态系统超越生死轮回走向永生的可能。我认为，生生不息是超循环的依据，是审美生态的通理，是审美整生的常态，是审美天生的常势，是审美永生的常识，是宇宙系格局的审美环生的常局，是自然美生的普像，是超越热力学第二定律的大自然哲律，是生态哲学的最高范畴与最高定理。在这个世界中，存在着多个宇宙，形成了宇宙系，相应地构成了多种宇宙时空。审美天生的新境在其间次第洞开，序态旋运，置宇宙增熵于身后，审美永生也就有了可能。在这种跨时空旋运中，自然美生永远处在死亡与重生之时域的前端，也就有了超脱轮回的困局，有了不死的机缘。就我们存在的这个宇宙来说，就应当有着宇宙膜内外的不同时空。打一个比方吧，宇宙膜的内部时空，是房子墙壁之内的时空，宇宙膜的外部时空，是附诸房子墙壁之外的诸如阳台、屋顶晒台的时空。宇宙黑洞应有门窗的功能，可以让宇宙的物质与生命进出宇宙膜，形成同一宇宙内外两个部分的交往，进而形成宇宙系之间的审美生态交流。当某个宇宙趋于熵增的临界点，其审美生态可从黑洞逸出,寄生于处在减熵期的其他宇宙中。基于超循环运生的大自然通律,多个宇宙的增熵与减熵应有时空错位,形成非线性序发,宇宙系中的审美生态也就可能相互移生,友好迁徙,和谐跨居,也就可以在这种星际乃至天际的移生、迁徙、跨居中,形成超越时空的审美天生,躲过世界末日,实现生生不息,构成宇宙系格局的审美环生,也就可以永葆美生文明,生发完形生态美学的审美天生质地。审美天生质地的完形生态美学,其审美生态处在整生化、天生化、永生化耦合生发的高点位格,历史积淀深厚,审美交融广泛,生态中和全面,自然美生的质、域、时同趋无限,同抵无极,自当属于宇宙系一切生命特别是智慧生命共创、共享与共有、共存的理想性审美文明。

审美永生是在审美天生中实现的,是在宇宙系中审美环生的效应,是自然美生的常态。四者互为因果,互成机理,互生机制,可望辩证并进,生发宇宙系格局的审美生态。审美天生耦合世界整生、宇宙系环生,形成了最高境界的一一旋生,对应了大自然生生不息的圈升,显示了审美生态在整个宇宙系的周走圈升,构成了跨时空的审美旋生。显而易见,在审美天生中生发的跨时空审美环生,是审美生态天旋化的中枢,是自然美生完构化的核心机理,是生态美学完形化的关键性机制。概而言之,处在审美天生高端的贯通宇宙系的审美环生,起码有三方面的意义:一是宇宙系的智慧物种,各安审美生态位,共守审美生态序,实现宇宙系审美生态的统和生发,统和交往,构建审美大同;二是宇宙系的智慧物种,和衷共济,依据各个宇宙增熵与减熵的时空差,统筹安排审美生态的跨宇宙迁徙与合居,实现与大自然动态的和谐共运,通成审美永生;三是依据前两种和旋于宇宙系的审美环生,宇宙系文明物种的审美天生,遵循审美天生的基本规律与审美永生的终极目的,形成总体格局上的跨宇宙旋进,实现超时空的自然化美生。和旋于宇宙系的审美环生,是审美天生的自觉、自由、自然的形态,是维系宇宙系的审美生态动态有序的机制,是宇宙系的文明物种天然自律和天然通律的审美生态,是审美生态环游于无极的机理,是天然生发的审美生态在宇宙系超循环永生的智慧。这也决定了完形生态美学是一门极富理想性的人文学科,甚或“天”文学科。

站在当代审美文化的制高点上,回望与前瞻审美生态,观其螺旋升华的历程,始终未偏离生发美生质以成就生态美学的目标。审美依生、审美竞生、审美衡生孕育和萌发了生态美学,审美共生初成了生态美学;审美整生提升了生态美学;审美天生在多层次的地转天旋中,发展出大自然一切物种特别是智慧物种和旋于宇宙系的审美环生和审美永生的理想环节,完形了生态美学。世界一切和谐完生的物种特别是智慧物种，旋游于宇宙系时空，所形成的审美环生，是全时空、跨时空、超时空的审美天生，是永存和永发于无极的审美天生。它既是审美天生旋升的极点，也是全部审美生态一一旋升的极点，它在游走无极的永态美生中，完善了自然美生，完善了完形生态美学审美生态自然化的逻辑架构，成为生态美学规律系统的最高层次。

Upgradation and Completion of Ecological Aesthetics

Yuan Dingsheng

Abstract: The unity of ecological existence and the poetic habitation forms the aesthetic ecology. Ecological aesthetics is the logic of aesthetic. It shows the formation, upgradation and gestalt picture of ecological aesthetics in the ring. The combination of aesthetic activities and ecological activities, which has bred aesthetic ecology, built a symbiotic theory of aesthetics, and formed the ecological aesthetics. The unity of the art life and green existence, which has developed the aesthetic ecology, increased the whole ecological theory of aesthetics, and upgraded the ecological aesthetics. The sameness between natural aesthetics and spiral growth of nature, which has completed the aesthetic ecology, carried up the natural ecological theory of aesthetics, and gestated the ecological aesthetics. The progression of aesthetic ecology is a natural cycle, and has become a cause and a drive of the upgradation and gestation of ecological aesthetics.

Keywords: aesthetic ecology; ecological aesthetics; spiral growth

新美学视野下的“动物美”反思

祁志祥*

摘要：美只为“人”而存在，只有“人”才有审美能力，这是西方美学的传统观念。其实，站在万物平等、物物有美、美美与共的生态美学立场上重新加以观照和反思，就会发现动物也有自己的美和美感能力；人类依据快感将相应的对象视为“美”，按照同一逻辑，就不能不承认动物也有自己的快感对象，也有自己能够感受的“美”。不同物种的生理结构阈值可能存在交叉状态，这便会产生不同物种都感到快适的共同美；但不同物种的生命本性和生理结构本身是不同的，因而感到愉快的对象也不尽相同，天下所有动物都认可的统一的美是不存在的。动物与人类共同认可的美一般而言只能发生在引起感官快感的形式美领域。在动物美问题上，庄子、刘昼、达尔文、黄海澄、汪济生等人曾作过有益的探索，我们应在新的美学视野下对这种研究加以进一步深化。

关键词：生态美；适性美；快感美；动物美；人类美

美为“人”而存在，只有“人”才有审美能力，这是西方美学的一个传统观念。即便说起动物的美，西方美学也是站在“人”的立场来加以衡量的。比如博克分析说：“天鹅是众所公认的一种美丽的鸟，它的颈部就比它身体其余部分长，而它的尾巴却非常短……但是……孔雀的颈部是比较短的，而它的尾巴却比颈部和身体其余部分加在一起还要长。有多少种鸟都和这些标准以及你所规定的其他任何一个标准有着极大的不同，有着不同的而且往往正相反的比例！然而

---

* 祁志祥，文学博士，博士生导师，上海政法学院研究院教授，北京师范大学文艺学研究中心兼职研究员。

其中许多种鸟都是非常美的。"[①]这里说的"众所公认"的天鹅、孔雀等动物的美，都是人类认可的美。黑格尔认为："自然美的顶峰是动物的生命。"[②]动物美作为自然美的一个组成部分，是自然美中发展得最为充分的"顶峰"，但这种美只是契合人类喜好并为人所意识的美，而不是动物本身能够感受的美；由于动物是没有"自我意识"的，是"自在"的而不是"自为"、自觉的。[③] 如果有人认为动物有自己的美，动物也有审美力，也能欣赏自己的美，就被视为缺乏美学常识遭到嘲笑。直到当代，尼采还在说："没有什么是美的，只有人是美的：在这一简单的真理上建立了全部美学，它是美学的第一真理。""人把世界人化了，仅此而已。"[④]中国当代诞生的实践美学也认为：美离不开人类社会实践，"美的存在离不开人的存在"[⑤]。

其实，如果我们仔细推敲一下关于这种观点的论述，就会发现其中存在着不小的逻辑漏洞和人类中心主义缺失。比如，一方面说"美是视听觉快感"、"美是生活"、"美是典型"、"美是主客观的合一"，另一方面却否认动物有美，其实动物也有自己的"视听觉快感"，也有自己的"生活"、"典型"和"主客观的合一"，也有自己的美。可见这在逻辑上是不能自圆其说的。又如，说美是"令人愉快的对象"，是人的"社会实践"的产物，是"人的本质力量的对象化"，由此推导美只能属于"人"所有，这在逻辑上诚然没有问题，但客观上存在人类中心主义的毛病，导致对其他动物生命乃至自然万物的无视和践踏，与物物有美、美美共荣的生态美学观相悖。另有一些坚持"动物有美"的论者竭力说明动物具有的美是人所认可的美，而不是动物自己可以感受的美，流于简单化和庸俗化。总之，在美是否仅为"人"而存在、是否仅是"人"的专利、动物是否有美感能力和自己够受的美等问题上，我们必须破除既有成见，以新的美学视野重新加以反思，作出逻辑自洽的新的解释。

这个新美学视野是什么呢？就是"乐感美学"原理揭示的一个基本观点：

---

① [英]博克：《关于崇高与美的观念的根源的哲学探讨》，孟纪青、汝信译，《古典文艺理论译丛》第五期，人民文学出版社 1963 年版，第 41～42 页。

② [德]黑格尔：《美学》第 1 卷，朱光潜译，商务印书馆 1981 年版，第 170 页。

③ 参见[德]黑格尔《美学》，第 1 卷，第 170～171 页。另见朱光潜：《西方美学史》(下)，商务印书馆 1982 年版，第 489 页，译文与其《美学》译本有异，可参照。

④ [德]尼采：《偶像的黄昏》，《悲剧的诞生》，周国平译，三联书店 1986 年版，第 322 页。

⑤ 李泽厚：《美学四讲》，《美学三书》，安徽文艺出版社 1999 年版，第 470 页。

“美是有价值的乐感对象。”[1]这是笔者应用统计学的方法，在仔细研判古今中外涉及“美”的用法之后，归纳“美”这个词用的通常所指，得出一个关于“美”的统一语义的基本结论。有价值的乐感对象是相对于一切有感觉的动物生命主体而存在的。美并不是人的专利，动物也有自己的有价值的乐感对象，也有自己的美。站在物物有美的生态美学立场，破除人类中心主义的审美观，在追求人类认可的美的同时兼顾其他动物感受的美，在从而达到美美与共、共生共荣，就成为美学研究应取的态度。

当然，当我们说动物像人类一样具有感受美的能力和自己的美时，不是说动物与人类认可、感受的美是一样的。它们既有同，也有异。处于地球的同质环境中，不同物种的动物感官的生理结构阈值可能存在交叉、重合状态，这就决定了不同物种的动物体可能具有共同的乐感对象、共同认可的美。人类与其他动物共同认可的美只能发生在引起感官快感的形式美、官能美领域。比如人类喜欢的许多美食，恰好也是不少动物感到津津有味的；动物界钟爱的许多美饰、美声，恰恰也是人类所欣赏的；“牛听音乐能多出奶，孔雀听音乐能开屏”[2]，也是这种共同美的表征。但如果据此以为人类与其他动物喜爱的美是完全一样的，就以偏概全了。比如人的眼睛和耳朵能够看到、听到的是一定波长、频率之间的光波与音波，而猫却能看到人所看不到的，蝙蝠却能听到人所听不到的，猫、蝙蝠的视、听觉愉快对象肯定与人不一样。狗啃肉骨头摇头摆尾，熊猫吃坚硬的竹子其乐无穷，但人如果咬骨头、竹子就会磣牙；鸭钻阴沟觅食臭鱼烂虾津津有味，人看了就呕吐，吃了就会生病。不仅人与其他动物感官感到快适的形式美不同，即使在不同的动物之间，由于其生理结构不同，快感对象及其认可的美也不尽相同。此外，在引起中枢愉快的内涵美、精神美领域，其他动物是不可能感知并参与其中的。在承认动物与人类一样具有美感能力的前提下，从不同的物种属性出发揭示二者的差异，中外美学史上不乏相关论辩，它们给我们认识这个问题提供了教训，也积累了成果。

（一）从庄子到刘昼：论人与其他动物喜爱之美的异同

中国美学史上，最早承认动物有快感对象之美，并从物种天性出发强调动

---

① 详见祁志祥：《论美是普遍愉快的对象》，《学术月刊》1998 年第 1 期；《“美”的原始语义：美是“愉快的对象”或“客观化的愉快”》，《广东社会科学》2013 年第 5 期；《“美”的特殊语义：美是有价值的五官快感对象与心灵愉悦对象》，《学习与探索》2013 年第 9 期。

② 李泽厚：《美学四讲》，第 475 页。

物认可的美与人类不一样的，是庄子。深通相反相成辩证法的庄子指出："毛嫱丽姬，人之所美也，鱼见之深入，鸟见之高飞，麋鹿见之决骤。"[①]"咸池九韶之乐，张之洞庭之野，鸟闻之而飞，兽闻之而走，鱼闻之而下入，人卒闻之，相与还而观之。"[②]"民食刍豢，麋鹿食荐，蝍蛆甘带，鸱鸦耆（嗜）鼠。"[③]人类喜欢吃蔬菜和荤菜，而麋鹿喜欢吃草，蜈蚣喜欢吃蛇，猫头鹰和乌鸦嗜好吃老鼠。不同的物种喜爱的美味是不一样的，千万不要以此求彼，尤其不能以人类的审美标准去对待其他动物。庄子讲了个寓言故事，说明这个道理："昔者海鸟止于鲁郊，鲁侯御而觞之于庙，奏九韶以为乐，具太牢以为膳，鸟乃眩视忧悲，不敢食一脔，不敢饮一杯，三日而死。此以己养养鸟也，非以鸟养养鸟也。"[④]鸟性与人性不同，喜好的美食、美声、美居也不同，人类如果把自己以为美的东西对待鸟类的供奉，哪怕是出于一种善意，也会产生可悲的后果。

汉代的王充也涉及动物与人一样具有美感的问题，不过，他只看到二者之同，未看到二者之异，反映了他思维方式一贯的机械唯物论缺失，比庄子倒退了许多。王充列举历史上的动物美感论断说："传《书》曰：'瓠芭鼓瑟，渊鱼出听；师旷鼓琴，六马仰秣。'或言：'师旷鼓《清角》，一奏之，有玄鹤二八自南方来，集于廊门之危；再奏之而列；三奏之，延颈而鸣，舒翼而舞，音中宫商之声，声吁于天……'《尚书》曰：'击石拊石，百兽率舞。'此虽奇怪，然尚可信。何则？鸟兽好悲声，耳与人耳同也。禽兽见人欲食，亦欲食之；闻人之乐，何为不乐？然而鱼听仰秣、玄鹤延颈、百兽率舞，盖且其实。"[⑤]王充认为动物也能感受美，这是值得肯定的；又指出禽兽能够乐人所乐，这也符合部分事实。但他认为禽兽"耳与人耳同"，动物感受的美与人感受的美是完全一样的，则是以偏概全的经不起事实检验的臆断。

北齐刘昼没有沿着王充的思路走下去，而是重返庄子，进一步阐释动物美感与人类美感的同中之异："鸟兽与人受性既殊，形质亦异，所居隔绝，嗜好不同，未足怪也。"[⑥]"累榭洞房，珠簾玉扆，人之所悦也，鸟入而忧；耸石巉岩，轮菌纠结，猨狖之所便也，人上而慄；《五韺》《咸池》《箫韶》，人之所乐也，兽闻而振；

① 《庄子・齐物》。
② 《庄子・至乐》。
③ 《庄子・齐物》。
④ 《庄子・至乐》。
⑤ 王充：《论衡・感虚篇》。
⑥ 刘昼：《刘子・殊好》。

悬濑碧潭，波澜汹涌，鱼龙之所安也，人入而畏。”[1]在这里，人类千万不能以自己的喜好为中心，无视其他动物认可的美，甚至自以为是地以自己认可的美取代其他动物认可的美。

(二)从达尔文到普列汉诺夫:西方美学关于动物美感的分析

西方美学史在动物有自己的美这个问题上，18世纪英国的哈奇生和法国的伏尔泰较早有所涉及。哈奇生说:“我们既然不知道在动物中有多少不同种类的感官，我们就不能断定自然中有任何一种形式之中没有美，因为对于旁的动物的感觉力，它也可能产生快感。”[2]伏尔泰曾假设站在动物的角度揣度说:“如果您问一个雄癞蛤蟆:美是什么？它会回答说，美就是他的雌癞蛤蟆，两只大圆眼睛从小脑袋里突出来，颈部宽大而平滑，黄肚皮，褐色脊背。”[3]

对这个问题作出丰富而深刻论析的是19世纪初的生物学家达尔文。达尔文指出，美是“人”以及其他“低等动物”的视听觉快感对象:“人和低等动物的感官的组成似乎有这样一种性质，使鲜艳的颜色、某些形态或式样以及和谐而又节奏的声音可以提供愉快而被称为美。”[4]“最简单的美的感觉——即是从某种颜色、形态和声音所得到一种独特的快乐”，“在人类和低于人类的动物的心理里”是客观存在的。[5] 动物具有对“色彩”、“形状”、“声音”的“美感”或“审美观念”:“美感——这种感觉曾经被宣传为人类专有的特点，但是，如果我们记得某些鸟类的雄鸟在雌鸟面前有意地展示自己的羽毛，炫耀鲜艳的色彩，而其他没有美丽羽毛的鸟类就不这样卖弄风情，那么当然，我们就不会怀疑雌鸟是欣赏雄鸟的美丽了……非常喜欢以色彩鲜艳的东西装饰自己玩耍地方的集会鸟，以及以同样的方式装饰自己窝巢的某些蜂鸟，都明显地证明它们是有美的概念的。至于鸟类的啼声，也可以这样说。交尾期间雄鸟的优美的歌声，无疑是雌鸟所喜欢的。假如雌鸟不能够欣赏雄鸟的鲜艳的色彩、美丽以及悦耳的声音，那么雄鸟使用这些特性来诱惑雌鸟的一切努力和劳碌就会消失，而这显然是不可设想的。”[6]“审美观念——有人宣称过，审美的观念是人所独具的。我在这里用到这个词，指的是某些颜色、形态、声音，或简称色、相、声所提供的愉快的感

---

① 刘昼:《刘子・殊好》。

② 北京大学哲学系美学教研室编:《西方美学家论美和美感》，商务印书馆1982年版，第100页。

③ 北京大学哲学系美学教研室编:《西方美学家论美和美感》，第125页。

④ [英]达尔文:《人类的由来》(下)，潘光旦、胡寿文译，商务印书馆1986年版，第880页。

⑤ [英]达尔文:《物种起源》，周建人、叶笃庄、方宗熙译，叶笃庄修订，商务印书馆2009年版，第220页。

⑥ [英]达尔文:《人类原始及类择》，马君武译，商务印书馆1957年版，第146～147页。

觉，而这种感觉应该不算不合理地被称为美感；但在有文化熏陶的人，这种感觉是同复杂的意识与一串串的思想紧密地联系在一起的。当我们看到一只雄鸟在雌鸟面前展开它的色相俱美的羽毛而唯恐有所遗漏的时候，而同时，在不具备这些色相的其他鸟类便不进行这一类表演，我们实在无法怀疑，这一种的雌鸟是对雄鸟的美好有所心领神会的。世界各地的妇女都喜欢用鸟羽来装点自己，则此种鸟羽之美和足以供装饰之用也是不容争论的。我们在下文还将看到，各种蜂鸟的巢、各种凉棚鸟的闲游小径都用各种颜色的物品点缀得花花绿绿，颇为雅致；而这也说明它们这样做绝不是徒然的，而是从观览中可以得到一些快感的。……对于从视觉和听觉方面所取得的这类快感，无论我们能不能提出任何理由来加以说明，事实是摆着的，就是，人和许多低等动物对同样的一些颜色、同样美妙的一些描影和形态、同样一些声音，都同样地有愉快的感受。"[①]"彼等(雄鸟)以极殊异之声乐或乐器取媚雌类。彼等有各种肉冠、肉垂、肉瘤、角、气囊、顶结、裸羽轴、羽球、长羽等为装饰，突起于身体之一切部分。嘴及头上无毛处以至羽毛，常具极美丽之颜色。雄类为求媚之故，或跳舞，或于地上及空中作滑稽之态。"[②]"大多数动物美之好尚，乃仅限于异类之吸引。许多雄鸟在配偶期内所发甘美之歌声，必为雌鸟之所赞赏……若雌鸟不能鉴赏其雄类之美色、装饰即声音，则雄鸟所显示之努力与苦心，所以展布其美好于雌类者之前者，皆无所用；实乃不能承认之事。"[③]"许多种(鱼)惟雄类饰以鲜美颜色；或雄类较雌类更为鲜美。雄类有时具诸附属物，对于彼寻常生活似无所用，若孔雀之羽毛然。……求偶与展示美色更显著之一例，乃卡彭尼所举中国之雄赤鲤鱼；……其雄类之颜色最美丽，胜过雌类。当生殖季节，彼等为占有雌类之故相竞争，展开其具斑点且以光线装饰之诸鳍。卡彭尼称其与孔雀尾无异。"[④]"(哺乳动物)各种毛冠、毛丛及毛衣之限于牡类，或在牡类较牝类更发达者，虽有时为对竞争诸牝类防御之用，而在多数例中似仅为装饰品。鹿之支角及一定羚羊之美角，虽原为攻击或防御武器，然亦有理由测度其一部分乃为装饰故起变更。……一定猿类无毛部分……颜色神鲜艳。……颜色若殊异且著者，直至将近成熟时乃发达，且被阉割即失去之，则吾侪可断言其为装饰故由雌雄淘汰

---

① [英]达尔文：《人类的由来》(上)，第135～136页。该书此前译为《人类原始及类择》第1册(马君武译，商务印书馆1930年版，第146～148页)，译文有异，如"审美观念"译为"审美感觉"等，可参照。

② [英]达尔文：《人类原始及类择》第6册，第1页。

③ [英]达尔文：《人类原始及类择》第1册，第147页。

④ [英]达尔文：《人类原始及类择》第5册，第97～105页。

获得。”①

动物对美色、美声的展示与欣赏，集中出现在求偶季节。雄性动物向异性显示、炫耀色相音声之美，而异性也懂得接受，这说明动物是有审美力的：“就绝大多数的动物而论，这种对美的鉴赏，就我们见识所及，只限于对异性的吸引这一方面的作用，而不及其他。在声音一方面，许多鸟种的雄鸟在恋爱季节里所倾倒出来的甜美的音调也肯定受到雌鸟的赞赏，这方面的例证甚多，亦将见于下文。如果雌鸟全无鉴赏的能力，无从领悟雄鸟的美色、盛装、清音、雅曲，则后者在展示或演奏中所花费的实际的劳动与感情上的紧张岂不成为无的放矢，尽付东流？而这是无论如何难于承认的。”②“许多种鸟的雄性之间的最剧烈竞争是用歌唱去引诱雌鸟。圭亚那的岩东鸟、极乐鸟以及其他一些鸟类，聚集在一处，雄鸟一个个地把美丽的羽毛极其精心地展开，并且用最好的风度显示出来；它们还在雌鸟面前做出奇形怪状，而雌鸟作为观察者站在旁边，最后选择最有吸引力的做配偶……我实在没有充分的理由来怀疑雌鸟依照它们的审美标准，在成千上万的世代中，选择鸣声最好的或最美的雄鸟，由此而产生了显著的效果。”③

由于性的原因，动物之间种种美的“表演”和“欣赏”主要出现于繁育时节。比如有些鸟类，“一到春天，他们的任务是，找个显著的地点止息下来，把爱情的全部曲调毫不保留地全部倾倒出来，而雌鸟呢，从本能上就懂得这副曲调，一经听到，就赶到这场合来，进行她们配对偶的选择”④。一种叫“比百眼雉”的公雉有一身构图非常精美的羽毛，“一到求爱的季节，公雉确乎把它们抬出来卖弄一番……等到求爱季节一过，这一套却又全都收拾了起来”⑤。某些雄鸟用来媚惑异性的种种生理结构，会在繁殖季节发展起来，但“如果公的经过阉割，这些结构就会消退，或终身不会出现”⑥。

达尔文还以那些通过鸟兽吞食排泄的方式将种子散布开来的植物其果实往往都是颜色十分艳丽的事实来说明，果实色彩的艳丽是鸟兽以其审美力加以选择的结果：“花是自然界的最美的产物，因为有绿叶的衬托，更显得鲜明美艳而易于招引昆虫。我做出这个结论，是由于看到一个不变的规律，就是凡风媒

---

① ［英］达尔文：《人类原始及类择》第8册，第82～83页。
② ［英］达尔文：《人类的由来》（上），第136页。
③ ［英］达尔文：《物种起源》，第104页。
④ ［英］达尔文：《人类的由来》（下），第567页。
⑤ ［英］达尔文：《人类的由来》（下），第935页。
⑥ ［英］达尔文：《人类的由来》（下），第931页。

花从来没有鲜艳的花冠。有几种植物经常生有两种花：一种是开放而具有色彩的，以招引昆虫；另一种却是闭合而没有色彩，也不分泌花蜜，从不被昆虫所访问。所以我们可以断言，如果在地球上不曾有昆虫的发展，植物便不会生有美丽的花朵，而只开不美丽的花，如我们在枞、橡、胡桃、榛、茅草、菠菜、酸模、荨麻等所看到的那样，它们全赖风媒而受精。同样的论点也可以应用在果实方面。成熟的草莓或樱桃，既可悦目又极适口。卫矛的华丽颜色的果实和冬青树的赤红色浆果，都很美丽，这是任何人所承认的。但是这种美，是供招引鸟兽的吞食，以便种子借粪便排泄而得散布。凡种子外面有果实包裹的(即生在肉质的柔软的瓤囊里)，而且果实又是色彩鲜艳或黑白分明的，总是这样散布的。"[①]

达尔文还批判了"生物是为了使人喜欢才被创造得美观"的传统信念[②]，提醒人们注意，动物快感所追求的视听觉形式美虽然与人类有相同之处，也能被人类欣赏，但却不是为取悦人类，而是为了取悦自身的异性而产生的："大多数的雄性动物，如一切最美丽的鸟类，某些鱼类、爬行类和哺乳类，以及许多华丽彩色的蝴蝶，都是为着美而变得美的；但这是……由于比较美的雄性曾经继续被雌体所选中，而不是为了取悦于人。鸟类的鸣声也是这样。"[③]

与此同时，达尔文指出，动物对美的感受与人类也有不同的地方："一切动物都具有美感，虽然它们赞美极不相同的东西。"[④]人类能够欣赏的美色美声，动物未必都能欣赏："有许多景致显为非动物所能鉴赏，如夜间天空，美丽山水，或高尚音乐之类；惟此种高等嗜好乃由修养获得，且与复杂联想有关，非野蛮人或无教育人之所能享受者。"[⑤]"人类既开化以后，其美之感觉显然为一种尤复杂之感情，且与各种智识观念相结合也。"[⑥]

不过，当达尔文很有把握地断言"我们和下等动物所喜欢的颜色和声音是

---

① [英]达尔文：《物种起源》，周建人、叶笃庄、方宗熙译，商务印书馆 1981 年版，第 125～126 页。按：该段引文另有不同译文，见叶笃庄修订本《物种起源》，商务印书馆 2009 年版，第 219～220 页。以原译为好。译文另见谢蕴贞译本，科学出版社 1955 年版，第 134 页。

② [英]达尔文：《物种起源》，第 219 页。

③ [英]达尔文：《物种起源》，第 220 页。

④ [英]达尔文：《人类原始及类择》第 1 部，第 5 页。达尔文接着说：动物们"都会有善恶的概念，虽然这种概念把它们引导到同我们完全相反的行动上去"。

⑤ [英]达尔文：《人类原始及类择》第 1 部，第 148 页。按，《人类的由来》(上)，潘光旦、胡寿文的译文是："一切动物都具有美感，虽然它们赞美极不相同的东西。"人类能够欣赏的美色美声，动物未必都能欣赏："显而易见的是，夜间天宇澄清之美、山川风景之美、典雅的音乐之美，动物是没有能力加以欣赏的；不过这种高度鉴赏能力是通过了文化才取得的，而和种种复杂的联想作用有着依存的关系，甚至是建立在这种种意识之上的。"(商务印书馆 1986 年版，第 137 页)

⑥ [英]达尔文：《人类原始及类择》第 2 部，第 2 页。

同样的"[①],"人的审美观念,至少就女性而言,在性质上和其他动物的并没有特殊之处"[②],甚至说"从大多数野蛮人所喜欢的令人讨厌的装饰和同样令人讨厌的音乐判断起来,可以说他们的美的概念较之某种下等动物,例如鸟类,是更不发达的"[③],则不仅显得主观武断,而且有些自相矛盾了。

尽管如此,达尔文通过生物学的实证研究,揭示了动物也具有对于人类认可的视听觉形式美的感受能力,审美力并不是"人类专有的特点",动物具有迎合自己物种异性快感的美,而不是迎合人类快感的美,确实令人耳目一新、极富启示意义的,值得给予充分肯定和重视。

达尔文的这些研究意义非凡,但囿于"美为人而存在"、"美感是人特有的感觉"的传统观念,所以响应者寥寥。19世纪后期,尼采说:"'全部美学的基础'是这个'一般原理':审美价值立足于生物学价值,审美满足即生物学满足","审美状态仅仅出现在那些能使肉体的活力横溢的天性之中,永远是在肉体的活力里面"[④],"动物性的快感和欲望的这些极其精妙的细微差别的混合就是审美状态"[⑤],"美属于有用、有益、提高生命等生物学价值的一般范畴之列"[⑥],这实际上肯定了动物有自己的美,但传统的美学观念还是让他不顾逻辑上的自相矛盾,得出了相反的结论:"在美之中,人把自己树立为完美的尺度";"他在美中崇拜自己";"人相信世界本身充斥着美",其实人自己是"美的原因"、"美的原型"[⑦]。

20世纪初,俄国学者普列汉诺夫在《没有地址的信》中大段引述、介绍了达尔文关于动物有美感的论断。他肯定达尔文"证明美感在动物的生活中起着十分重要的作用"[⑧]。"达尔文所引证的事实证明了:下等动物像人一样是能够体验审美的快感的;我们的审美趣味有时候是跟下等动物的趣味一致的。"[⑨]他本人也承认"人们以及许多动物,都具有美的感觉,这就是说,他们都具有在一定

---

① [英]达尔文:《人类原始及类择》第1部,第148页。

② [英]达尔文:《人类的由来》(上),第137页。

③ [英]达尔文:《人类原始及类择》第1部,第148页。《人类的由来》中这个意思表述为:"根据大多数野蛮人所欣赏而我们看了可怕的装饰手段和听到了同样可怕的音乐来判断,有人可以说他们的审美能力的发达还赶不上某些动物,例如鸟类。"[《人类的由来》(上),第137页]

④ 转引自周国平:《尼采:在世纪的转折点上》,上海人民出版社1986年版,第146页。

⑤ [德]尼采:《悲剧的诞生·译序》,周国平译,三联书店1986年版,第11页。

⑥ [德]尼采:《悲剧的诞生》,第352页。

⑦ [德]尼采:《悲剧的诞生》,第322页。

⑧ [俄]普列汉诺夫:《艺术论——没有地址的信》,曹葆华译,三联书店1973年版,第8页。

⑨ [俄]普列汉诺夫:《艺术论——没有地址的信》,第9页。

事物或想象的影响下体验一种特殊的（‘审美的’）快感的能力”[1]。这是动物美感与人类美感的一致之处。当然，人类美感具有的社会内容是动物美感所不具备的：“究竟什么样的事物和现象给予他们这样的快感，这就决定于他们在其影响下受教育、生活和行动的那些条件。人的本性使他能够有审美的趣味和概念。他周围的条件决定着这个可能性怎样转变为现实；这些条件说明了一定的社会的人正是有着这些而非其他的审美的趣味和概念。”[2]普列汉诺夫并没有因人类美感的社会性内容就否定其生物学基础和动物具有的对不具社会内容的美色美声的美感，堪称独具慧眼，见识圆通。不过令人遗憾的是，普列汉诺夫的这个观点及其肯定的达尔文的动物美感论在苏联就遭到了自称为马克思主义者的美学家的否定和攻击，理由是它们混淆了“人类的审美和动物的审美之间的区别，把人降低到动物的水平，简直是对人类尊严的亵渎”[3]。

20世纪后期，美国《纽约时报》科普专栏女性作家纳塔莉·安吉尔出版科普作品《野兽之美》，在以优美生动的语言描写各种动物生死情仇的生活故事之外，配以世界野外摄影大赛获奖作品等300幅精彩图片，展示各种动物奔腾不息的生命本质和动物生灵的美丽。该书涵盖了众多的生物学和哲学命题，带给我们的不仅是野生动物的性习俗和皮毛之美，而且包括大自然和动物生命的最新总结。该书以大量的事实证明动物有它们的美，这些美有的能为人所接受，成为人类的审美对象，有的则不能为人类所认可，但不能否认对动物自身而言是美的。[4]

（三）从黄海澄到汪济生：新时期中国学者论动物美感

新中国成立初期，达尔文的进化论著作和普列汉诺夫的《没有地址的信》翻译到我国并广泛传播，但受“美是人类的专利”、“审美是人类特有的能力”的西方传统信条、苏联学者对达尔文和普列汉诺夫动物美感论的否定以及新中国成立后“美离不开人类社会实践”主流观点的制约，达尔文、普列汉诺夫关于“动物有自己的美和审美力”的论述在20世纪五六十年代的美学大讨论和80年代初出版的若干美学教材、论著中从不被涉及。不过，伴随着新时期的思想解放，美学界逐渐出现自由论辩的春风。动物美感的现象也进入了这个时期美学论著

---

① [俄]普列汉诺夫：《艺术论——没有地址的信》，第16页。

② [俄]普列汉诺夫：《艺术论——没有地址的信》，第16页。

③ 黄海澄：《系统论控制论信息论美学原理》，湖南人民出版社1986年版，第16页。

④ 详见[美]纳塔莉·安吉尔：《野兽之美：生命本质的重新审视》，李斯、胡冬霞译，时事出版社1997年版。

的视野。这里值得注意的学者有四位：周钧韬、刘骁纯、黄海澄、汪济生。

1983 年，周钧韬出版普及性美学读物《美与生活》，罗列了许多动物“爱美”的有趣现象：“昆虫，一般来讲雄的比雌的长得漂亮，鱼类、鸟类也是这样。我们常见的野鸡、孔雀，还有赤鲤鱼，雄的比雌的漂亮得多。有的动物还有许多特殊的‘美的装饰’，如肉冠、肉垂、肉瘤、角、长羽等。到了求偶时期，这些美饰会大放异彩。孔雀的开屏艳丽无比，赤鲤鱼的光斑和光线斑斓迷离，火鸡和西班牙斗鸡的朱冠光彩夺人，角眼雉的蓝色肉垂鼓胀起来，犹如晶莹的宝石一般。这些美饰，突出于身体的一个部位，于争斗是不利的，甚至会因此而导致败亡。鹿的枝角和某些羚羊的角，虽然原为攻击或防御的武器，但如英格兰有一种鹿，其角的分叉竟有 12 个之多，于争斗是极为不利的。在长期的生物进化中，这些东西并未退化，可见另有他用，‘装饰’是不是也是一种用处呢？”“还有些动物不仅有美的装饰，还有跳舞、唱歌等审美活动。百灵鸟、画眉、鲸鱼的‘歌喉’是那么迷人。科学家曾对鲸鱼跟踪六个月，作了大量的水下录音和摄影，发现鲸鱼的歌声优美、曲折、浑厚，有时微带尖细。1856 年，航海家诺特霍夫在描述船舱下一条鲸鱼的歌声时说：‘它像一个人那样，唱着一种扣人心弦的，忧郁的曲调，并不时夹着汩汩的高音。’1977 年，美国向银河系发射的‘航程一号’、‘航程二号’宇宙飞船里，装有一张能保存 10 亿年的唱片。唱片的最后部分就是一段鲸鱼的歌。……如果说鲸鱼是‘天才的歌手’的话，那么龙虾就是‘杰出的舞蹈家’了。跳舞是雄龙虾向雌类求婚的方式，其过程是：雄龙虾缓缓地从雌龙虾的背后爬到前面，按‘8’字形来回跳舞，大约重复进行 15 分钟，然后交配。”[①]周氏公然承认动物界有“爱美”的现象，也就是说动物有美感能力，这是难能可贵的。不过仔细辨别会发现，他所说的动物喜爱的美是从“扣人心弦”、使人愉快的人本主义立场出发的，这就使得他自相矛盾地最终得出相反的结论：“美只存在于人类的社会生活之中，离开人类社会，在动物界……都无所谓美。美是对人而言，对人而存在的。”既然动物界无所谓美，怎么会有“爱美”的现象呢？显然不能自圆其说。

1986 年，刘骁纯出版了在博士论文基础上改写的《从动物快感到人的美感》一书，对作为人类美感基础的动物快感进行了专门分析探究。作者认为，人是一种社会动物。单纯地用生物学或社会学的方法，都不可能揭开人类审美发生的奥秘，“用系统的方法探索生物学和社会学的统一，已成为美学发展的必

① 周钧韬：《美与生活》，黑龙江人民出版社 1983 年版，第 55～56 页。

然”[1]。“人的美感是由动物快感进化而来的，审美尺度是由审愉快尺度进化来的，事物使主体以为美的那种属性是由事物使主体愉快的属性进化来的。因此，研究快感是研究美感的基础，而研究原始快感又是研究一切复杂快感的基础。”[2]具有神经系统和感应反射功能的生命体天然具有“适悦或不适悦的情绪倾向”[3]，或者叫“喜与厌的情绪倾向”[4]。随着生命构成要素的一步步完善，这种情绪倾向从弱到强、从低级到高级、从从属于理化反应的被动地位逐渐上升到支配性地调整理化反应的主导地位。自然欲望中趋乐避苦、追求适悦的“自动性”的出现，是“情绪倾向最终形成的可靠标志”，也是“促使生命体自发运动的内驱力”[5]。动物听凭趋乐避苦的本能行事，“只追求欲望的满足”，对生命的目的为何物并无意识，“根本不知道什么叫‘应该’”，是“地地道道的‘寻欢作乐’或‘享乐主义者’，是真正的‘为所欲为’的‘自由主义者’”[6]，但是这种情绪活动的指向却符合生命体个体生存和物种繁衍的两大目的。这说明，在快感的本能和目的之间“有着十分深刻的内在联系”。“本能是生物全部进化史的生存经验打在遗传物质上的印痕，是世世代代的行为留在遗传上的记忆。本能是一种遗传意识、自然意识。这是本能指向目的的根本原因。”[7]同时，这也是“美感无目的而又合目的、合规律的根源”[8]。不仅如此，动物快感也是解释美的主客观统一奥秘的根据。因为“美与美感互为表里”[9]，“美”往往是以“美感”为因、由“美感”决定的，表现为产生美感的客观对象。而“美感”的基础是动物的“快感”。

“欲望对环境有一种相应的要求，这种要求就是一种内在的快感尺度。能满足欲望的环境，就是符合快感尺度的环境。”[10]不同的动物有不同的欲望、不同的快感尺度，因而也有不同的喜好对象，同样的环境对于不同的动物而言有不同的意义。这是快感的主观性。同时，同一物种的动物的快感对象“又表现出了极大的共同性和相对的稳定性”，其范围“又被限定在一定的极限之内”，意味着只有这个范围区域内的外物、环境才能引起这一生命主体的快感，物种主体

---

① 刘骁纯：《从动物快感到人的美感》，山东文艺出版社 1986 年版，第 2 页。
② 刘骁纯：《从动物快感到人的美感》，第 32 页。
③ 刘骁纯：《从动物快感到人的美感》，第 33 页。
④ 刘骁纯：《从动物快感到人的美感》，第 34 页。
⑤ 刘骁纯：《从动物快感到人的美感》，第 35 页。
⑥ 刘骁纯：《从动物快感到人的美感》，第 38 页。
⑦ 刘骁纯：《从动物快感到人的美感》，第 40 页。
⑧ 刘骁纯：《从动物快感到人的美感》，第 41 页。
⑨ 刘骁纯：《从动物快感到人的美感》，第 51 页。
⑩ 刘骁纯：《从动物快感到人的美感》，第 42 页。

的快感尺度是由特定范围的客观自然赋予、造就的，是主体在生命进化中适应环境的结果。这是快感的客观性。当然，动物快感的这种内在尺度与外在环境的边界不是一成不变的，而是在漫长的历史进化历程中，通过相互改变、相互适应不断变化的。“动物在自然进化中形成自己的快感尺度，又在自然进化中发展着自己的快感尺度。”“从局部看，环境是否适宜是由动物的内在尺度裁决的；从进化的长河看，动物的内在尺度又是在适应不断变化的环境的过程中形成和发展的。”[①]“尺度作为一种内在力量选择着所需要的环境，环境作为一种自然力又选择着生命体。”[②]“快感由心裁决，心又由自然创造，这正是我们提出‘美由心裁，心由物造’的生物学根据。”[③]快感的本质、特性是什么呢？是“环境与内在尺度”“相合”（痛感则是二者的“相悖”）[④]，是“主体与环境的对立统一”（而不是二者的“对立冲突”），是“生命体合目的、合规律的自由展现”，是“生命机能自由和谐的运动”[⑤]。“简而言之，快感是生命力的自由展现，而痛感则是生命力自由展现的障碍。”[⑥]动物快感分功利性快感与超功利快感两类。功利性快感指对象作为生命主体食色功利“欲求物”的形、声引起的感觉快感，超功利快感指对象的形、声引起的与食色功利无关的感觉系统的官能满足。[⑦] 前者构成“意蕴美”的基础，后者构成“韵律美”的基础。[⑧]

毫无疑问，刘骁纯对作为人类美感基础的动物快感的生物学分析是较为专业、深入的，但囿于他的博士生导师王朝闻的社会美学观，他坚持认为美感只是一部分快感，而不等于快感全部，动物快感只是人类“美感的前身”[⑨]，而不能叫“美感”。“纵向考察，美感是动物快感的发展、升华和质变；横向考察，美感是人类快感中的一个特殊分支和高级形态。”[⑩]由于美只是人类美感的对象，而不是动物快感的对象，所以书中作者在谈到动物快感对象时从来不用“美”或“审美对象”来指称。不过，在西方美学史上，将美视为视听觉快感的对象，将美感视为视听觉快感，是一个经典性的观点。达尔文正是这样界定“美感”，指某些颜

① 刘骁纯：《从动物快感到人的美感》，第 44 页。
② 刘骁纯：《从动物快感到人的美感》，第 46 页。
③ 刘骁纯：《从动物快感到人的美感》，第 44 页。
④ 刘骁纯：《从动物快感到人的美感》，第 45 页。
⑤ 刘骁纯：《从动物快感到人的美感》，第 50 页。
⑥ 刘骁纯：《从动物快感到人的美感》，第 50～51 页。
⑦ 参见刘骁纯：《从动物快感到人的美感》，第 52～53 页。
⑧ 参见刘骁纯：《从动物快感到人的美感》，第 27 页。
⑨ 刘骁纯：《从动物快感到人的美感》，第 42 页。
⑩ 刘骁纯：《从动物快感到人的美感》，第 67 页。

色、形态、声音提供的愉快的感觉，因而他认为动物有自己的美感。尽管刘骁纯从实践美学出发未将动物快感划入美感范畴，但他对动物快感的分析仍然可以按照西方美学传统观点当作动物美感的成果加以参考和借鉴。

1986 年，黄海澄出版了他的《系统论控制论信息论美学原理》，从系统论、控制论的角度分析论证的“人类审美现象的生物学渊源”①，明确指出动物也是有审美能力的。这在新中国的美学史上还是第一次。在他看来，人是一种动物，处在动物世界的大系统中，必然带有动物世界的系统质。同时，人又是动物世界的一个特殊的物种，属于动物世界中的子系统，所以还具有不同于一般动物属性的子系统特质。因此，人的审美活动与其他动物的审美活动既有同也有异。“我们不妨把审美现象划分为两个相互联结而又相互区别的发展阶段，即动物的审美阶段和人类的审美阶段。”“在前一个阶段，审美现象不可能有什么社会性，只有纯粹的生物性，它在动物种系内部及其与周围环境的关系上起控制和调节作用，有助于实现该物种的稳态发展，实现生物目的。在后一阶段，审美现象获得了新质……审美增添了社会性的内容。这两个阶段并不是截然分开的，它们之间的关系是一种辩证发展的关系，而不是机械的连接关系。人类的审美活动是在动物审美活动的基础上发展起来的，并保留着动物审美活动的直感性的特点和一部分内容，在此基础上产生出新的审美内容和新的审美活动形式，从而获得了新质。”②

所谓动物的“审美活动”，即“对于某些鲜艳的颜色、均衡对称的形体、和谐悦耳的声音的爱好”③。黄海澄强调：“对于和谐的声音、鲜艳的颜色、规则的形体和某些形体动作的喜爱这样一种天然倾向，是人类和许多动物尤其是较高等的动物所共有的。”④审美“作为一种天然倾向，是人和某些动物所共有的，是一种通过自然选择产生和发展起来的相当稳固的本能”⑤。他列举达尔文观察到的动物有美感的大量事实说明：“某些动物对于一定的声音、颜色、形状、动作有一种通过自然选择（包括类择在内）所造成的天然倾向，而且这些声音、颜色、形状、动作同动物倾向于它们的本能是在相互作用中同时产生和发展起来的，它们之间有一种明显的耦合关系。”⑥“雄性动物讨悦异性的鲜艳的颜色、和悦的叫

---

① 黄海澄：《系统论控制论信息论美学原理》，第 56 页。
② 黄海澄：《系统论控制论信息论美学原理》，第 44 页。
③ 黄海澄：《系统论控制论信息论美学原理》，第 44 页。
④ 黄海澄：《系统论控制论信息论美学原理》，第 50 页。
⑤ 黄海澄：《系统论控制论信息论美学原理》，第 44 页。
⑥ 黄海澄：《系统论控制论信息论美学原理》，第 55 页。

声与某些形体动作，也必然是与雌性动物喜爱这类东西的本能在相互作用中同时产生和发展的。”[①]从控制论的观点来看，“即使是最简单、最原始的动物界的审美现象，也绝不是偶然产生的、可有可无的”；动物对一定的色、声具有天然喜好的审美现象“是其生存活动的重要组成部分”，“对于这些动物的种系的生存与发展是至关重要的”[②]；动物自身与生俱来的“审美机制”是动物为实现自己物种系统的生存与发展目的自我调节一个“制导系统”[③]。早在人类从动物界分化脱离出来以前，动物世界就存在了，因而，动物的审美活动比人类的审美活动要早。“审美现象的历史比人类的历史要悠远得多。在人类祖先进化的动物阶段，早就产生了审美现象。”[④]不同动物系统的“审美内容固然可以有某些相同的因素，但也有许多不同”[⑤]，这是因为每种动物又有自己不同的子系统特性。“孔雀开屏对于它的异性有吸引力，却可以吓走鼠兔，因为鼠兔与孔雀不属于同一个系统。”[⑥]与其他动物的审美只具有简单的生物学内容不同，“人类的审美范围较之动物的审美范围是无限地扩大了”，“在人类的审美对象中”“包含了广阔、丰富的社会内容”[⑦]。认为审美是人类特有的能力，否定人类审美活动的生物基础，固然不能认同；但把人类审美活动与动物的审美活动简单地等同起来，也是“极其错误”的。[⑧] 据此，黄海澄高度评价了达尔文的动物美感研究以及普列汉诺夫对此的继承和发展，批评了从苏联到中国“某些自称为马克思主义者的人对上述两人的研究方法即成果的否定和攻击”[⑨]。他为达尔文辩解说：“在美学研究方面，达尔文在研究生物学的过程中，对人类的审美现象曾进行过还原的研究，还原到动物水平上，并将某些动物对一定色彩、声音、形状所造成的形式美的天然爱好，同人类的审美事实进行了比较的研究。他得出的结论是：人和某些较高级的动物对这些简单的形式美的爱好有某些一致性，而人类的审美则与诸多复杂观念相联系，这是与其他动物所不同的。”[⑩]“达尔文既看到了人类和

① 黄海澄：《系统论控制论信息论美学原理》，第 49 页。
② 黄海澄：《系统论控制论信息论美学原理》，第 49 页。
③ 黄海澄：《系统论控制论信息论美学原理》，第 43 页。
④ 黄海澄：《系统论控制论信息论美学原理》，第 44 页。
⑤ 黄海澄：《系统论控制论信息论美学原理》，第 51 页。
⑥ 黄海澄：《系统论控制论信息论美学原理》，第 51 页。
⑦ 黄海澄：《系统论控制论信息论美学原理》，第 44 页。
⑧ 参见黄海澄：《系统论控制论信息论美学原理》，第 51 页。
⑨ 黄海澄：《系统论控制论信息论美学原理》，第 15 页。
⑩ 黄海澄：《系统论控制论信息论美学原理》，第 15 页。

某些动物的审美的相似处（质的联系），又看到了它们之间的不同处（质的区别）。"[①]他为普列汉诺夫辩解说："普列汉诺夫并未'把美感完全看作是生物性的本能'。他只是说，人类和许多动物都有审美潜能。由于人在发展级次上比其他动物高得多，而且和其他动物不属于同一个系统，所以任何其他动物的审美潜能不会完全一样。人的审美潜能较之其他动物的审美潜能要高级得多，丰富得多。"[②]"人的审美能力既有生物学上的自然基础，又有社会学上的文化基础。这就造成人的美感心理结构具有两个层次，即生物性美感能力和社会性美感能力。后者是在人类生产过程中，在前者的基础上发展而来的。从发展的级次上看，后者高于前者，但不会抛弃前者。"人"既可以感受具有社会内容的美，又可以感受不带社会内容的某些简单的形式美"[③]。"达尔文、普列汉诺夫等人对审美现象进行还原的、历史的研究，绝不是把人类和某些动物的审美简单地等同起来，而是从它们的质的联系上研究它们之间的区别，从而更深刻地认识审美现象的实质及其历史发展。"[④]

1987 年，汪济生出版了约 40 万字的《系统论进化论美学观》一书，进一步论述动物美感问题。此书其实早在 1984 年就在学林出版社出了 8 万字的简写本，书名为《美感的结构与功能》，提出动物具有美感的问题。《系统论进化论美学观》对这个问题的论述更加详尽。与黄海澄殊途同归的是，汪济生在该书中也是将人类的美感放在人类所属的动物系统中加以分析的。依据达尔文的进化论，人类是从动物进化而来的。人类诞生后，仍然保留着动物系统的基本属性。《系统论进化论美学观》就是依据达尔文的进化论所设定的动物系统探讨人类的美感结构，建构了自己独特的美学体系，对动物美感作了合乎逻辑的肯定、甄别和发展。汪济生声称："美是动物体的生命运动和客观世界取得协调的感觉标志。"[⑤]"美的出现，总是由生命体来判断的。美的事物，总是引起生命体的自动趋向。美的出现，总是以生命体的肯定的情感、情绪的自动出现为准。""这里的'生命体'，包括一切动物，也包括人。"[⑥]五觉快感都是美[⑦]，它们对整个动物生命体而存在。比如视觉美："动物机体部的基本需求中，食欲是几乎首当

① 黄海澄：《系统论控制论信息论美学原理》，第 16 页。
② 黄海澄：《系统论控制论信息论美学原理》，第 17 页。
③ 黄海澄：《系统论控制论信息论美学原理》，第 18 页。
④ 黄海澄：《系统论控制论信息论美学原理》，第 19 页。
⑤ 汪济生：《系统进化论美学观》，北京大学出版社 1987 年版，第 3 页。
⑥ 汪济生：《系统进化论美学观》，第 5 页。
⑦ 汪济生：《系统进化论美学观》，第 2 页。

其冲的，而我们就可以在动物求食的活动中发现视觉美感活动的基本形态。……虫媒花植物当然首先是以它能为昆虫提供食物而吸引昆虫的，可是为什么虫媒花又会越发展越美丽……呢？原因看来……就是：昆虫在寻找到食物时，不但先注意花的可食性，而且还像一位被富贵生活娇宠坏了的绅士一样，要选择那些对视觉也有愉悦美感的食物。这样，在这些‘昆虫鉴赏家’、‘蜂蝶审美专家’的挑剔之下，这场自然选择运动，使那些更美丽的虫媒花植物博得青睐，获得授粉的优势，繁衍不绝；而那些比较不美丽的虫媒花植物便受冷落，缩小了传种接代的规模……所以，我们说，自然界色彩缤纷夺目的异卉奇葩，是昆虫动物鉴赏家们辛勤劳动的成果，又是它们非凡审美趣味的证明。”[①]“在动物体机体部的基本需求中，性欲几乎是仅次于食欲的。而我们也可以在动物性欲满足过程中，找到渐渐渗透进去的视觉审美活动的形态。按一般的概念来说，性活动，只要活动双方具有性生理机构不同的条件就可以了。可是情况并不如此。异性双方，还要从对方的色彩感觉上进行美感的比较和选择，从而使毛色愈美的鸟兽愈能多获得繁衍子孙的机会，也愈能保持和发展美丽的性状……所以，我们可以说，今天我们所看到的千奇百异的美丽鸟兽，在某种意义上，是鸟兽经自己审美鉴赏选择后的作品。”[②]“我们也要指出植物和动物在繁殖中审美选择活动的不同性质。植物，尤其是虫媒植物，虽然也是在繁殖活动中越来越美丽，但这种美丽却不是它们自己审美力的结果，而是动物对它们审美的结果。动物则不同。动物自身的愈益美丽，却是它们自身审美能力的证明，只不过它们是通过异性体相互之间的选择来进行的。”[③]“令蜂蝶留念不舍的鲜花，也正是令人类心醉神迷的……人和昆虫在花这一事物上具有了‘共同美’。……在某种意义上应该说，人类目前所欣赏的美丽的花朵，正是‘昆虫园丁’们以它们的审美鉴赏力首先为人类挑拣筛选出来的。”[④]作者据此批评传统观念：“如此看来，大自然中植物的万紫千红、动物界的五光十色都在很大程度上来源于动物界视觉器官的审美趣味。这大概会使美学界那些唯人独尊主义者着急起来了。”[⑤]“今天的许多人们，包括一些大名鼎鼎的美学家，一方面陶醉在自然界的鲜花带给他们的视觉愉悦之中，一方面又无限地拔高自己的美感的性质，认为不可和其他昆虫、动物的美感（其中不少人还干脆认为它们根本就没有美感——原注）同日而

① 汪济生：《系统进化论美学观》，第196～197页。
② 汪济生：《系统进化论美学观》，第197页。
③ 汪济生：《系统进化论美学观》，第197～198页。
④ 汪济生：《系统进化论美学观》，第195页。
⑤ 汪济生：《系统进化论美学观》，第198页。

言。这即使不可叫做数典忘祖,起码也看说是令人遗憾的。”[①]

动物有自己的五觉快感及其认可的美;动物的五觉快感与人的五觉快感可能部分重合;动物的生存、进化的功利过程也可能同时表现为超功利的纯快感形式的审美选择过程,动物愈益美丽是自身审美能力的证明,虫媒植物越益美丽则不是自己审美力的证明,而是动物对它们审美选择的结果。这是汪济生的动物美论中最富新意的发展和最有价值的地方。不过,他被达尔文所举的动物与人共同认可的视听觉美的实例所迷惑,赞同和肯定达尔文“我们和下等动物所喜欢的颜色和声音是同样的”的主观臆断,认为“达尔文的结论是自然的:既然鸟认为美的人也认为美,那么其美感标准在这一点上这一方面当然是一样了”[②],忽略了人与动物快感对象之美的许多不同,这是需要谨慎对待、合理扬弃的。

肯定动物有自己的快感对象、自己能够感受的美,是笔者关于美是有价值的乐感对象的定义的逻辑推衍,也是当下方兴未艾的生态美学潮流的应在之义。不过,由于研究美学的人文学者本身不是动物学家,无法确知动物的感受和情感,对动物快感对象的美及审美力的有力论证和详赡论析尚需得到动物学、生物学实证研究的进一步支撑。尽管达尔文、黄海澄、汪济生等人在这方面作过比较深入的研究,但无论逻辑的自洽性、周密性,还是论析的丰富性、精确性,都有待进一步拓展和提升。今天,当我们突破了“美是人的专利”、“动物没有自己的美和美感”的传统观念,理直气壮地给“动物美”及其美感能力正名之后,必将可以大大促进这方面的研究。同时需要指出的是,由于人类认可的美发展得最为充分和丰富,人类研究美的目的是为了美化人类自身的生活,所以美的研究的重点仍然应该放在普遍令人愉快的“人类美”上。

The Reflection on the "Animal Beauty" under the New Aesthetic View

Qi Zhixiang

Abstract: There is a traditional concept in western aesthetic thought that

---

① 汪济生:《系统进化论美学观》,第 195 页。

② 汪济生:《系统进化论美学观》,第 191 页。

beauty only exists in human and only humans have aesthetic ability. In fact, if you meditate and reflect on the things standing on the position of ecological aesthetics of equality, you will find animals also have their own beauty and feel beautiful. Human basis for pleasure is the corresponding object. According to the same logic, animals also have their own pleasure and have their own feelings of beauty. For different species, they may cross the limit of their physiological structures. Thus different species may have the same pleasure. But the life nature and physiological structure itself of different species are different, so different species have different feelings on the object. The unification of the recognition of beauty doesn't exist between animals and The mutual recognition of beauty humans in general can only occur in the scope of formal beauty of sensual pleasure. On the issue of animal beauty, Zhuangzi, Liu Zhou, Charles Darwin and Wang Jisheng have made beneficial explorations. This anticle is an attempt to further explore the issue in the perspective of new aesthetics.

Keywords: ecological beauty; adaptability of beauty; pleasure of beauty; the beauty of animals; the beauty of human

消费时代的文化状况、精神困境与艺术使命

杨建刚*

摘要：现在，高度发达的物质文化和消费诉求已经使人类进入了消费时代。消费时代的文化是一种世俗化的享乐主义文化。这种文化的过度膨胀造成了诸如身份认同危机、精神焦虑以及意义世界的困惑等精神困境。无节制的消费欲望和消费主义意识形态的泛滥也成为环境破坏与生态危机的重要原因之一。因此，消费时代的文学艺术承担着重要使命，其理想境界应该包含人文精神取向、审美的维度以及生态学的视野等维度。

关键词：消费时代；文化状况；精神困境；艺术使命

近几十年来，伴随着生产力的巨大发展，人类创造的物质财富超过了历史上的任何一个时代。这个物质充裕的时代使社会和人们的生活发生了重大的变化。这种变化已经引起了理论家们的普遍关注，鲍德里亚和詹姆逊等称之为“消费时代”。他们看到现在包围在我们周围的是一个庞大的“物的体系”，而马克思所说的生产的时代已经被现今消费的时代所替代。不再是生产决定消费而是消费决定生产，在社会的发展过程中消费已经侵占甚至取代了生产的地位而成为社会再生产的主要推动力量，并且成为人们物质和文化生活的基础。詹姆逊把西方资本主义发展的几百年历史划分为三个阶段：自由竞争资本主义、垄断资本主义和晚期资本主义。晚期资本主义的重要表征就是消费。他认为与此三阶段相对应的文化形态分别是现实主义、现代主义和后现代主义。而后现代主义文化就是典型的消费文化，晚期资本主义的文化逻辑就是一种消费逻

* 杨建刚，山东大学文艺美学研究中心副教授。

辑。鲍德里亚也在对消费社会的文化特征进行分析的基础上对其意识形态的虚假性进行了有力的批判。正是在全球性消费文化的扩张中我国遭遇了西方消费主义文化，这给政治、经济和文化带来了巨大的冲击，也使其表现出更为复杂的面貌。面对着西方高度发达的物质生产，我国还处于由前现代向现代化迈进的阶段，但是在文化上与西方后现代消费文化的被迫遭遇使其又具有明显的后现代消费特征。这种不平衡中的经济和文化的冲突给我们的文化以及人们的精神世界造成了前所未有的巨大困境，而要走出这种困境，文学艺术就承担着重要的历史使命。

一、消费时代的文化状况

消费时代的主导文化是消费文化。这是一种在消费时代所出现的新的文化模式，不同于以往社会的消费方式和文化特征。在此，消费不仅仅是为满足人们的日常生活需要而占有和消耗物质财富，更重要的是在物质财富的消费过程中所体现出来的文化内涵和权力关系。消费不是附着于生产的被动接受，而是具有积极的能动意义。对物质财富的购买、占有和使用仅仅构成了消费的前提条件，而消费的本质在于在消费过程中所构成的全新的世界意义系统。鲍德里亚把罗兰·巴特的符号学理论引入对消费的深层剖析中，指出："消费既不是一种物质实践，也不是富裕现象学……消费是在具有某种程度连贯性的话语中所呈现的所有物品和信息的真实总体性，因此，有意义的消费乃是一种系统化的符号操作行为。""为了构成消费的对象，物必须成为符号。"①人们在消费过程中对物质的占有，其本质在于消费了此物所具有的文化意义和等级观念。在他看来，马克思所指出的商品二重性，即使用价值和交换价值，已经不能囊括当今社会商品的所有属性。在物质丰裕的社会，商品的使用价值不再是人们占有物品的唯一原动力，而拥有商品所包蕴的符号价值和意义系统成为人们购买此商品的主要动机。如其所言："消费所体现的并不是简单的人与物之间的关系，而是人与人之间的社会关系。人们试图在物品中，并通过物品的消费来建构彼此的关系。物作为一个符号系统，对它的消费构成了对社会结构和社会秩序进行内在区分的重要基础。"②占有不同的商品符号彰显着消费者不同的社会身份和等级地位，于是商品所体现出的符号意义就摧毁了传统社会中以文化资本、出

---

① 罗钢、王中忱主编：《消费文化读本》，中国社会科学出版社 2003 年版，第 27 页。

② 罗钢、王中忱主编：《消费文化读本》，第 34 页。

身门第等界定人的社会地位和身份的传统标准而成为社会等级区分的重要标志。鲍德里亚甚至不无夸张地说:“告诉我你扔的是什么,我就会知道你是谁!”正是由于商品的符号价值在当今消费社会的日益突出,造成了消费社会中人们身份认同方式的改变,也导致了消费者为确证自己的身份地位而在消费领域里的犬兔式的角逐,从而形成了消费主义意识形态在当今社会的弥漫和扩张态势。

消费文化是一种世俗化的文化,是伴随着现代社会的普遍世俗化而产生的。有人把当今的文化区分为大众文化、主流文化和精英文化,而消费文化是和大众文化紧密地交织在一起的。消费文化的兴起和繁盛是与宗教和政治对社会控制力的下降相伴随的。西方社会自近代以来伴随着资本主义的兴起和宗教意识形态逐渐衰落,社会文化表现为一个世俗化的过程。中国近年来的世俗化过程是伴随着政治意识形态的衰退而形成的。韦伯称这一现代社会质态的形成过程为“脱魅”。“脱魅过程指世界图景和生活态度的合理化建构,致使宗教性的世界图景在欧洲崩塌,一个凡俗的文化和社会成型。”[①]伴随着这个脱魅过程,宗教对人的影响力逐渐削弱,一个世俗化的市民社会真正形成。传统社会中由宗教给人提供一种意义系统和终极关怀,也提供政治经济活动的合法性和道义的正当性,而现在这种规约力已经逐渐被消解,宗教已经成为一种个人的“无形的宗教”,人获得了更大的自由性的同时也失去了对价值和意义的追寻。后现代消费社会就是一个完全世俗性的、无深度的、平面化的社会,本质与现象、所指与能指、意识与无意识等深度模式已经被无节制的消费所消解,而世俗享乐成为现代人的追求目标。

消费文化也是一种享乐主义文化。韦伯所认为的构成现代资本主义最大精神动力的新教伦理和资本主义精神已经被一种世俗化的享乐主义所替代,努力工作积累财富以尽对神之天职被奢侈消费所替代。“讲究实惠的享乐主义代替了作为社会现实和中产阶级生活方式的新教伦理,心理学的幸福说代替了清教精神。”[②]这种享乐主义观念彻底粉碎了新教伦理的伦理道德基础,将社会从传统的清教徒式的“先劳后享”引向超支购买、及时行乐的奢靡作风,完全摆脱了早期的资本主义精神中来自于新教伦理的禁欲主义苦行的束缚,倡导现世享乐,追求个性自由,强调花销和占有物质,满足欲望、放纵和游戏。这实际上是追求一种消费至上的享乐主义生活方式。而这种生活方式满足了消费社会再

---

① 刘小枫:《现代性社会理论绪论》,上海三联书店 1998 年版,第 300 页。

② [美]丹尼尔·贝尔:《资本主义文化矛盾》,赵一凡等译,三联书店 1989 年版,第 122 页。

发展的客观需要而得到了社会的认同。“消费领域无时无刻不在强调这种新的生活观念：劳动和积累本身并不是目的，仅仅是进行消费和炫耀的手段，现世的享乐才是人生追求的最大目标，勤勉劳动和争取富有应成为一个人在社会生活中是否体面荣耀的重要衡量标志。”[①]正如凡勃伦在《有闲阶级论》中所指出的，在消费社会中人们通过对物体的消费和挥霍来体现着自身的地位和身份，“炫耀性消费”在消费社会中已经表现得相当明显。

于是，这种享乐主义也就自然催生了一种金钱至上的文化。消费是以对大量物质财富的拥有为基础的，金钱在消费文化的发展中扮演了重要的角色。对金钱的努力获取带来了人的解放也造成了严重的人性误区。西美尔指出，在现代社会，金钱成为现代人生活中最直接的目标，成为一种对现代人的生活和精神“持续不断的刺激”。之前，宗教虔诚、对上帝的渴望才是生活中持续的精神状态，它给人提供精神依托和现实生存的合法性依据，而如今，对金钱的渴望则成为这种持续的精神状态。“金钱是我们这个时代的上帝。”[②]货币以其非人格性和无色彩性渗透到社会生活的各个角落，从而摧毁了一个宗教式的社会而建立了一个世俗化的社会。在这一社会形态中，人们不再受到宗教意识形态和政治专制的束缚而追求现世享乐，金钱已经对人之生存根基及最终价值造成了侵蚀与掏空。“人们将货币——一种获得其他物品的纯粹手段——看作一件独立的物品；货币的整个意义只是作为过程，只是作为通向一个最终目标和享用一系列步骤中的一个环节，如果在心理上这一系列步骤中断在这一环节上，我们的目标意识就会停留在金钱上。”[③]然而现代人在他们的生命里很大程度上把金钱作为其生存和奋斗的目标，认为生活中的所有幸福和所有最终满足都与拥有一定数量的金钱紧密联系在一起。于是金钱僭越了它作为手段的地位而成为目的，从而占据了现代人生活的全部内容和心理空间。“金钱只是通向最终价值的桥梁，而人是无法栖居在桥上的。”“货币给现代生活装上了一个无法停转的轮子，它使生活这架机器成为一部‘永动机’，由此就产生了现代生活常见的骚动不安和狂热不休。”[④]对货币的占有和大肆挥霍致使对金钱的疯狂追逐，也导致了消费社会中消费主义的盛行。

韦伯、贝尔、西美尔以及鲍德里亚等人对消费社会的多角度批判是极为有

① 杨魁、董雅丽：《消费文化——从现代到后现代》，中国社会科学出版社2003年版，第115页。
② [德]西美尔：《金钱、性别、现代生活风格》，顾仁明译，学林出版社2000年版，第13页。
③ [德]西美尔：《金钱、性别、现代生活风格》，第10页。
④ [德]西美尔：《金钱、性别、现代生活风格》，第12页。

力的。我们在看到这种消费文化在带来人的感性解放的同时也造成人性误区。消费文化的过度泛滥已经把现代人带入了一种难以摆脱的精神困境之中。

二、消费时代的精神困境

这种精神困境首先表现为身份认同的危机。

身份认同作为一个心理学概念,原意指“一个个体所有的关于他这种人是其所是的意识”。它围绕着各种差异轴(譬如性别、年龄、阶级、种族、国家等)展开,其中每一个差异轴都有一个力量的向度,人们通过彼此间的力量的差异而获得自我的社会差异,从而对自我的身份进行识别。当传统的识别方法已经失效,而新的识别方法还不能被人们所完全接受时,便会产生一种身份认同危机。

在传统社会中,人们往往通过一个人的出身、门第、种族、文化程度等确立其身份。由于这些因素具有相对的稳定性,它是一个人与生俱来的或通过努力即可获得的,因而由其所确立的身份感同样具有相对的稳定性。这种差异构成了他人认同和自我认同的共同媒介。因此,当一个人的身份一旦确立便在较长的一段时间里相对稳定,而且通过这种确认在内心会产生一定的稳定感和安全感。

在消费社会中,这种认同方式已经发生了巨大的改变。人们对物品的消费已经由对商品使用价值的消费而转向对商品所代表的符号价值的占有,这一转变也暴露出了消费在当今人们身份认同过程中所占比重的上升。“如果说‘资本逻辑的运用起源于生产’这个论断成立的话,那么也可以说,存在着这样一种‘消费的逻辑’,它表明有一种社会性的结构方式,也即当人们消费商品的时候,社会关系也就显露出来。”[①]在消费社会,对物质和文化产品的消费已经不再指向商品的使用价值,而更关注其所代表和传达的文化等级意义。“我们是通过我们购买的东西和我们赋予所获得的商品与服务的意义来定义我们自身的。”[②]消费不再只是人们生活需求的满足,而且成为人们身份地位、文化品位及社会关系区隔的标志。在这种情况下,对高档次商品的拥有和消费就成为一种身份的象征。以消费确立人的身份成为消费社会身份认同的主要模式。于是对商品的肆意消费和挥霍便成为消费社会的重要特征。凡勃伦把这种奢侈性消费

---

① [英]迈克·费瑟斯通:《消费文化与后现代主义》,刘精明译,译林出版社2000年版,第23页。

② [美]彼得·杰克逊:《消费地理学》,《消费文化读本》,罗钢、王中忱译,中国社会科学出版社2003年版,第456页。

称之为“炫耀性消费”，并对其进行了有力的批判。它消费的不是物品的使用价值，而是其所代表的具有区隔作用的符号价值，消费已经成为标榜身份的名片，身份是通过具体的消费行为得到确证或受到质疑的。于是在传统的认同方式失范的同时，这种新的认同方式还难以得到人们的普遍认可，于是“我是谁”“我是哪类人”就成为现代人的一个普遍的困惑，从而带来的消费社会的身份认同危机。

其次，消费文化也带来了精神的焦虑。

奢侈消费所引导的时尚文化使包括艺术家在内的大多数人永远处于追逐的漫漫长路上。努力获取物质财富，不断地追逐高档商品，并从中获得生活的快乐，已然成为现代人的一种生活方式。但是，快速更迭的时尚潮流使他们永远达不到内心的满足，从而带来自我身份的不确定。于是，对物质财富的过度追求与其实际上难以实现之间的永恒矛盾，就成为当今社会中人们的普遍焦虑感的重要根源。

焦虑是人们极易产生的一种精神症状，尤其在变化莫测、飞速发展的现代社会，人们内心的焦虑感日益剧增，成为社会的一种普遍现象。弗洛伊德认为，焦虑在一个人的孩提时代就已经产生了，它是一种警告自我将有危险到来的信号，这个危险即是阉割或阉势。这种焦虑是和力比多的压抑紧密联系在一起的。美国心理学家卡伦·霍妮不同意弗洛伊德仅仅把焦虑的产生归结于生理原因，而把它扩展到了社会文化领域，认为焦虑是现代人一系列内心矛盾冲突所产生的结果，是人内心缺乏安全感的表现。从文化角度看，精神病患者的个人精神危机，在一定程度上乃是一定时代一定社会的文化危机的反映，其内心冲突只不过是一定文化的内在冲突的缩影。她称这种焦虑产生的原因为“文化病因说”。她强调了三种主要的文化矛盾：一是竞争与仁爱、个人主义与基督教精神的矛盾；二是不断刺激起来的享受需要与这些需要实际上不可能实现的矛盾；三是个人自由的许诺与它实际上受到局限的矛盾。这些矛盾的共同作用使现代人普遍了产生了一种焦虑感，严重的就变成了精神病患者。① 她的眼光是犀利的，她已经看到在消费社会人们对物质财富的大肆追求与其货币的缺乏的矛盾构成冲突，从而形成了认同危机，并产生了一种普遍的精神焦虑。

社会学家吉登斯对焦虑也进行了深入的探讨，并对焦虑的特点作了阐释。“焦虑是所有形式危险的自然相关物。其成因包括困窘的环境或其威胁，但它

① 参见[美]卡伦·霍妮：《我们时代的精神症人格·译者序》，冯川译，贵州人民出版社2004年版。

也有助于建立适应性的反映核心的创新精神。"[①]在他看来，人处于危机时刻必然产生焦虑的心理状态。这种心理状态也具有积极意义。人们在自我调适过程中，焦虑反倒会成为人们努力摆脱这种焦虑并激发出创新精神的推动力。那么在消费社会，在消费主义文化所造成的心理焦虑中，它所激发的创新精神就会是更加努力地挣钱从而消费，以便在社会中获得应有的认可，确立自我的新的认同，从而取得心理的平衡。这是一个恶性的循环，它会带来更进一步的心理焦虑。吉登斯指出，焦虑是无意识的、弥散性的、自由漂浮地存在于一个人的精神状态之中甚至缺乏确定的对象。在消费社会中，消费像一张无情的大网笼罩在现代人的头顶。它不断地刺激着人们的消费欲望，激励着现代人为提高消费而努力工作，拼命挣钱。这种无休止的刺激致使现代人的心理处于一种焦虑之中而无法自拔。"弥散性"的焦虑在现代社会中无人能够摆脱，人们在不断地追问"我是谁？我是哪类人？"中寻求着自我认同和心理的安全。但不断膨胀的消费欲望使这一答案在建构——毁灭——再建构的序列中无休止地追问下去。现代人的心理状态已经变形，内心的空静与澄明已成为现代人的一种幻想，人们的精神生态已经失衡。可以说，焦虑成为现代人的一种精神病症。

再次，意义的困惑成为消费时代的病症。

意义世界的困惑指的是消费时代人们生存价值和目标的虚无感。

在消费社会，传统生产性社会中所形成的人们之间的群体性关系在不断减弱，而个人的独立性在不断增强。人们不再需要从集体中寻求认同和快乐，而是在自我消费中得到满足。丰裕的物质财富为这种个人主义的形成奠定了基础。现代社会是一个个体化的社会。"在我们生活的这个世界里，人们有权利为自己选择各自的生活方式，有权利以良知决定各自接受哪种信仰，有权利以他们的前辈不可能驾驭的一整套方式确定他们生活的形态。这种权利普遍地由我们的法律体系所保卫着。"[②]就这样，个人在争取到了自我生存权利的同时，"超越他们之上的所谓神圣秩序"遭到了损害和抛弃。而正是这些秩序在限制我们的同时，也赋予世界和社会生活的行为以意义。于是在现代人崇尚个人主义而抛弃"神圣原则"的同时抛弃了前此赖以存在的意义世界。"个人除了失去了其行为中的更大社会和宇宙视野外，还失去了某种重要的东西。有人把这表述为生命的英雄维度的失落。人们不再有更高的目标感，不再感觉到有某种值

---

① [英]安东尼·吉登斯：《现代性与自我认同》，赵旭东、方文译，三联书店1998年版，第14页。
② [加]查尔斯·泰勒：《现代性之隐忧》，程炼译，中央编译出版社2001年版，第2页。

得以死相趋的东西。"[①]人们不再关注自身之外的世界，而是退缩到自己狭小的生活领域，隐匿在自己的内心世界，寻求一种"渺小和粗鄙的快乐"。这是一种看似民主化的过程，但正如托克维尔所认为的，这种民主的平等把个人拽向自身，导致个人将自己完全封闭在内心的孤独之中的危险。人们因而只顾他们的个人生活而失去了更为宽广的视野。生活目标失去了，生活也随即狭隘化和平庸化了。人们通过消费需求的满足而通达生活的快乐。对意义世界的精神追求被现实的消费满足所置换。150 年前马克思在《共产党宣言》中写道，资本主义发展的结果之一就是"一切固定的东西都烟消云散了"。即是说，过去服务于我们的那些可靠的、持久的、总是意味深长的东西，正在让位给那些堆积在我们周围的快捷的、廉价的、可替换的商品。今天马克思的预言已经实现。我们曾经赖以生存的意义世界被商品消费所侵蚀。生活的目标就是消费，生活的快乐也来源于消费。"我买故我在"，在消费中个体确定自己生存之意义。于是，加拿大著名学者泰勒不无感伤地把这种"意义的丧失、道德事业的褪色"称为现代性三大隐忧之一。前现代社会中宗教和政治给人们带来的梦幻消失了，而消费主义意识形态却迅速地填补了这一空白。

商品拜物教迅速地侵入人们这种空虚的心灵，填补了由于上帝的离开而留下的精神和信仰空缺。挥霍消费、感官享乐、肉体愉悦成为现代人的价值追求。有人也许会说人生寻求的不是意义，而是快乐。正如弗洛伊德所说的，人遵循着快乐原则，只要听凭快乐的指引，就会领悟到生活的真谛。诚然，趋乐避苦是人的本性，但是，如果生活中仅剩下了感官的满足，人就会陷入一种精神的空虚状态。消费社会人们内心的焦灼与恐惧便是这种意义世界困惑的直接后果。美国精神分析学家、意义治疗学派的创始人弗兰克林说："分析到最后，快乐原则就是自我欺骗。人越是走向快乐，目的就越迷失。换句话说，'追求快乐'反而不能得到快乐。这种追求快乐的自我欺骗的特质可以在诸多心理病态中发现。"[②]在他看来，当今世界人们充满了厌倦和麻木不仁，也充满了空虚和无意义的感觉，而这种存在的真空，生活意义的困惑、迷茫乃至丧失，已经成为当今的大众精神病。

---

① [加]查尔斯·泰勒：《现代性之隐忧》，第 4 页。

② 转引自朱光涛：《意义世界》，吉林教育出版社 1998 年版，第 10 页。

三、消费时代的艺术使命

消费时代消费主义文化所造成的精神困境已经使现代人生活在困顿之中。丹尼尔·贝尔把这种现代主义的重要危机认定为信仰危机。尼采称之为"上帝之死"。西美尔说现代人生活在"桥上",生活的目的被手段所置换。海德格尔称这个时代为"贫困的时代"。物质上的空前富有造成的却是精神上的空前贫乏。如海德格尔所言:"时代之所以贫困不光是因为上帝之死,而是因为,终有一死的人甚至连他们本身的终有一死也不能认识和承受了。终有一死的人还没有居有他们的本质。死亡遁入谜团之中。痛苦的秘密被遮蔽起来了。人们还没有学会爱情。但终有一死的人存在着。"[①]在这里,人痛苦地存在着,没有信仰,没有精神,甚至连存在的痛苦也意识不到。人的生存本质在对金钱和物质的追求和消费中被抽空了,世界变得平庸和贫乏,时代处于一种无法摆脱的精神困顿之中。人存在的赖以"植根和站立的地基"丧失了,而"丧失了基础的时代悬于深渊之中"。

这是一个多么可怕的时代,难道这个时代真的无药可救了吗?难道人们只能身临深渊吗?事实并没有那么悲观。当黑格尔所看重的宗教和哲学失去了赋予世界以意义的时候,现代思想家却又回到了黑格尔的初源,把这种使命交给了艺术和诗人。丹尼尔·贝尔试图在现代主义艺术中寻找出路。海德格尔更明确地提出了一个令人深思的问题:"在贫困时代里诗人何为?"或者,"在贫困时代里艺术何为?"当诗人和艺术也与现实妥协的时候,我们的时代也许真的要掉入万劫不复的深渊。在这里海德格尔提出了艺术和诗人的责任。诗人和普通人一样都终有一死,但是在终有一死的人中间,只有诗人可以最先进入这种精神的深渊,去追溯远去的诸神的踪迹。"在如此这般的世界时代里,真正的诗人的本质还在于,诗人总体和诗人之天职出于时代的贫困而首先成为诗人的诗意追问。因此之故,'贫困时代的诗人'必须特别地诗化(dichten)诗的本质。做到这一点,就可以说诗人总体顺应了世界时代的命运。"[②]海德格尔在这里已经回答了他所提出的问题。诗人要永远与时代保持距离,要对其保持警惕。诗人要勇于首先体验时代的黑暗,并在这黑暗中探寻光明的出口,要通过自己的诗作去追问世界的意义,要在思的过程中让世界变得澄明。这是诗人的责任,

---

① [德]海德格尔:《海德格尔选集》,孙周兴选编,上海三联书店 1996 年版,第 413 页。

② [德]海德格尔:《海德格尔选集》,第 411 页。

也是艺术的责任。

然而不幸的是,在消费时代文学艺术也在很大程度上受到了消费主义的侵蚀,艺术家更多的不是把艺术作为一种精神价值的建构和意义的追寻,而变成一种追求名利的手段。这是一种庸俗化的艺术。真正能够对消费时代的精神困境有所疗效的艺术应该是海德格尔说的真正的有价值的艺术。因此,消费时代的艺术应该具有以下几个方面的理想化境界。

首先要倡导一种人文精神。就是一种以人为本的价值追求,一种追求人生意义和价值的理想态度,即关怀个体自我的实现和自由、人与人的平等、社会的和谐进步、人与自然的统一等。人文精神的核心是对人类的现实生活状态的关注和对美好生活以及完美人性的理想的追求和憧憬。即是说,一方面要用高尚的艺术去重建消费时代的意义和信仰世界,建立崇高的生活理想和生存目标,把人从琐屑的粗鄙化的日常生活中解放出来。诗人要成为一种真正的"阐释并守护世界意义的人"。这是艺术的精神和理想层面,也是我国当前无法出现具有世界意义的艺术作品的问题症结所在。另一方面,要求文学艺术生产走出私人化的狭小空间而进入公共领域,关注现实人生,反映民生疾苦,注重宏大叙事,关怀弱势群体,揭示社会的真正矛盾,体现社会公正与道义,而不仅仅是现在充斥于荧屏的红男绿女,纸醉金迷。艺术需要一种真切的人文关怀,贴近民众,贴近生活。这是人文精神的现实层面,也是当前我国艺术领域走出困境的关键所在。

其次,消费时代的艺术需要一种审美的维度。在这个时代重提审美并不是要用审美去代替宗教,而是要建立一种审美化的生活方式。审美具有一种精神超越的品格,它的无功利性可以使人摆脱物质的束缚,也可以像席勒说的用审美和游戏去弥合理性冲动和干性冲动所带来的人性的分裂。审美是一种建构高尚精神品格的有效途径。消费时代的艺术生产的审美化维度可以从以下两个方面展开。

一方面培养艺术家和消费者的审美化的精神境界。审美不仅仅属于艺术领域,还应该存在于人的一切社会实践活动中。审美应该是人的一种基本的生活方式,即真正的人生应该是一种审美化的人生。日常生活的审美化不能仅仅停留在外在物质环境的审美化,更重要的应该是人的心理环境的审美化。"艺术地掌握世界"不仅仅是用艺术去美化生活,而是以艺术化的方式去生活。"诗"不仅仅是一种技艺,它更是一种生存状态,一种心理境况。真正的人生是一种诗意的人生,一种审美化的人生,而真正的诗人则应该是一种心境超脱的人。

另一方面要恢复艺术的批判和否定功能。批判性是艺术和美学的基本属性之一，这不是一种人为的规定，而是由社会发展的自身逻辑导源的。“就现存的社会所达到的非理性的程度看，从历史合理性出发的分析就会在概念中引发出否定的成分——即引发出批判、对峙和超越。”[①]消费社会是一个非理性过度膨胀的社会，这造成的不是社会的丰富而是精神的贫瘠。因此，对其作以否定和批判则是社会发展的题中应有之义，也是艺术所具有的不容推卸的责任。艺术是永远和现实不相妥协的，是异在于现实的，它永远超越于现实之上，用其美的形式在与现实的对比中对现实予以批判。于是，“社会的不合理越是惨不忍睹，艺术天地中的合理性就越突出。……艺术并非是现存体制的仆人，美化着它的行动和它的苦难；艺术应当成为取消这些行为和苦难的技艺”[②]。可以说，艺术应该是与现实相抗争的斗士。

再次，消费时代的艺术需要一种生态学的视野。消费时代过度膨胀的物质消费欲望导致了对自然的无限掠夺，从而造成了日益严重的生态问题，同时也带来了人的精神生态也严重失衡。这两方面的问题相辅相成，互为表里。更根本地说，解决自然生态危机的首要问题是解决人的精神生态问题。因此消费时代的文学艺术也应该有一种生态学的视野。一方面要发展一种生态批评和生态文艺，另一方面要关注人的内心世界，用好的艺术去疗救已经严重失衡的精神生态。

消费时代是一种消费文化盛行的时代，文化的世俗化在带来精神解放的同时也造成了精神的平面化和粗鄙化，而消费主义意识形态对人的侵蚀造成了严重的精神困境。因此，在艺术创作低迷的今天，发展优秀的艺术，追求艺术的理想境界成为当前的重要任务。艺术必须要承担起这种贫困时代的历史重任，这还有很长的路要走。

---

① [美]马尔库塞：《审美之维》，李小兵译，广西师范大学出版社 2001 年版，第 81 页。

② [美]马尔库塞：《审美之维》，第 91 页。

The Cultural Conditions, Spiritual Dilemma and Art's Mission in the Consumption Era

Yang Jiangang

Abstract: Nowadays, human beings have entered into the consumption era with highly-developed material culture. The culture of this era is a kind of secular and hedonism culture. The overexpansion of this kind of culture brings us into the spiritual dilemma, such as the crisis of identity, spiritual anxiety and confusion of the significance. Meanwhile, the inordinate desire to consume and the flooding of consumerism ideology have also become one of the most important reasons for the environmental destruction and the ecological crisis. Therefore, the literature and arts of consumption era bears important historical missions with their ideal state including such aspects as the orientation of humanism, the dimension of aesthetics and the horizon of ecology.

Keywords: consumption era; cultural conditions; spiritual dilemma; art's mission

审美经验对构建生态意识的作用

——以现象学为基点

孙丽君*

摘要：在现象学的视野中，审美经验的本质是对自我构成的经验，也是对自我有限性的经验。这一经验是生态意识的一部分，与生态意识构成了部分与整体的循环关系。在个人意识领域，审美经验构成了反思认识论传统的冲力，也是形成生态真理观、生态价值观的基础。在公共文化视域中，审美经验是形成对话的动力。审美经验对个人有限性的反思，也有助于反思人类语言的边界，促进人与自然之间的对话。

关键词：现象学；生态意识；审美经验；生态真理观；生态价值观；语言

随着生态环境对人类的制约，人类文化逐渐转向了以生态为核心和基础的生态文化阶段。作为对工业文明的反拨，生态文化不仅需反思形成生态危机的原因、表现及改进方式，同时，也要求人们在自我意识领域重新构建人与自然的生态关系。可以说，只有在人的意识领域中推动人与自然的相互理解，并在人的意识领域构建生态的真理观、价值观和审美学，才有可能使各种生态措施推行开来。作为以意识意向性为起点的哲学思潮，现象学对人类意识的研究、对人类审美经验的研究，不仅使审美经验本身显现新的本质和内容，也论证了这种新型的审美经验在构建生态意识的过程中所起的基础作用。

---

* 孙丽君，文学博士，哲学博士后，美国宾夕法亚州立大学自由艺术学院访问学者，山东财经大学文学与新闻传播学院教授，硕士生导师。

一、审美经验是反思认识论思维的冲力

生态危机形成的根本原因，在于认识论思维方式。在认识论思维方式中，人类视自己为自然的主人，视自然为利用的对象，认为自然可被人类自由支配。所以，人类不顾自然的规律，按自身的意志对自然进行任意的破坏和改造，导致了当下的生态危机。认识论思维是形成生态危机的基础，这表现在以下两个方面：其一，认识论思维导致了人与自然之间的割裂关系。认识论将人与外物两分，认为外在于人类的存在都是客体，其中，自然就是人类面对的最为根本性的客体，人与自然的关系是一种人类认识自然、改造自然并利用自然的关系。认识论思维割裂了人与自然之间共属一体的关系，自然成为人类的工具，这是导致生态危机的直接原因。其二，在认识论割裂人与自然关系的过程中，认识论极端抬高了人类的主体地位，形成人类对自我能力不受限制或人定胜天的错觉，这是导致生态危机的根本原因。在认识论主客两分的过程中，能进行主客二分的，正是人类主体，因此，主体有能力进行主客二分，就构成了认识论的预设。但认识论并不能说明主体能力的来源。正是在这一层面，认识论奠基于"主体形而上学"：主体的能力不需论证、先天而来。正是在这一层面上，认识论将康德的先验哲学视为哲学上的"哥白尼转向"。"只有到了现代，具有认知能力和道德判断能力的主体才掌握了上帝的立场。"①主体的上帝地位蕴含着一种可怕的倾向：既然主体能力是不证自明的，那么人类的能力就可以无限发展、不受制约。所以，主体形而上学必然导致主体能力的无限扩张，人定胜天正是这种扩张的结果。在人定胜天的思维中，自然成为人类征服的对象，在对自然的无限索取中，酿成当前的生态危机。

要构建生态意识，就要反思导致生态危机的认识论思维方式。但正如现象学所发现的那样，所有人类知识的建构，来自于人类意识的意向性，人类的意识具有意向性，构成了现象学的起点。但是，人类意识意向性并不是先天而来，而是在特定的历史和现实中形成的，用胡塞尔的话来讲，有自己的"生活世界"。"世界存在着，总是预先就存在着，一种观点（不论是经验的观点还是其他的观点）的任何修正，是以已经存在着的世界为前提的，也就是说，是以当时毋庸置疑地存在着的有效东西的地平线——在其中有某种熟悉的东西和无疑是确定

---

① ［德］哈贝马斯：《关于上帝与世界的对话》，曹卫东译，《政治神学年鉴》（*Jahrbuch fuer Politische Theologie*）1999年第3卷。

的东西。”[①]现象学对生活世界的研究，表明认识论那种奠基于“主体形而上学”的哲学是一种无根的、不科学的哲学。现象学对意识意向性构成因素的探讨，构成了现象学追求“科学哲学”的根本动力，构成了对认识论哲学最为彻底的反思，也为生态文化提供了一种哲学的思维方式。在这一思维方式中，审美经验不仅是人类生态意识的一种构成元素，它还构成了生态意识反思认识论思维的冲力。

首先，由于现象学的使命在于“在纯粹的直观中阐明内在于现象之中的意义，即阐明认识本身以及对象本身根据其内在本质所指的是什么”[②]，审美经验的本质就来自于对意识意向性各种相关项的追溯过程。现象学的审美经验，本质上是一种对于自我的经验。“对于胡塞尔来讲，特别有一种奇迹超过于其他奇迹，即‘纯粹的自我与纯粹的意识’。”[③]正是意识到纯粹自我所具有的构建能力，构成了胡塞尔对审美经验的基本描述。在审美活动中，“对于主体而言，它们作为现象才是现象；正是主体在一块画布上的风景面前把自身确立起来，主体从自身之中把悲剧性的东西产生出来，并且使这个事件充满了戏剧性。因此，我们又可以反映这些事实了，正是在这些事实之中，主体对这个现象世界的构造发生了”[④]。所以，“宜人的风景，开心的是我；但是情感，是我对风景的归属，而反过来，风景是表达我内心的信号与密码”[⑤]。在现象学的视野中，一些现象之所以美，就来自于这些现象确证了人类意识的形成过程。现象学运动对审美经验的本质界定有一个共同方向，那就是强调意识意向性得以形成的基础，强调自我意识之所以形成的基础，而审美经验本质上正是对于这一基础的经验。胡塞尔发现了生活世界对人类意识意向性的决定性作用，海德格尔则关注人类通过什么样的活动获知世界，伽达默尔发现了传统对人类意识意向性的决定性作用，梅洛·庞蒂则强化身体在构建意识意向性中的作用。总之，从某种意义上，现象学运动就是对人类意向性能力形成过程和形成因素的研究，这一研究向度决定了现象学视野中的审美经验是对自我形成过程的经验，通过在意识中建构自我的形成过程，人类意识到自我的有限性，审美经验就是对这一有限性的领悟，在这一领悟中，人们与自我的有限性和解并安于自身的有限存在

---

① [德]胡塞尔：《欧洲科学的危机与超越论的现象学》，王炳文译，商务印书馆2002年版，第134页。

② [德]胡塞尔：《哲学作为严格的科学》，倪梁康译，人民出版社2009年版，第61页。

③ [美]赫伯特·施皮格伯格：《现象学运动》，王炳文、张金言译，商务印书馆2011年版，第132页。

④ [德]盖格尔：《现象学美学》，艾彦译，《面对实事本身——现象学经典文选》，东方出版社2000年版，第254页。

⑤ [法]保罗·利科尔：《论现象学流派》，蒋海燕译，南京大学出版社2010年版，第242页。

方式，这就是海德格尔所说的诗意栖居的本质。

海德格尔对人类两种活动的区分，集中解释了审美经验的本质。在海德格尔看来，人类都是在自我的世界中形成的，要了解自我，必须要了解世界对自我的构成性。人类有两种性质的活动：一种是以使用为目的的日常活动；一种是不以使用为目的的活动，审美活动正是这一活动的代表。使用活动的本质，就在于它是一种以此在世界为基础的向前的筹划，此在之所以能筹划的可靠性来自于此在生活在一个特定的世界之中，但此在只有忘了构成他的世界，他才能自由地筹划他的使用活动，因此，在使用活动中，人们不可能形成对自我构成过程的意识。只有在不以使用为目的的活动中，此在才能倒转其视野，进入构成他自身的这个世界之中，意识到正是这个世界，构成了现在的自我。在海德格尔的描述中，我们可以看出：科学活动、以认识为目的的活动，都具有一个强烈的使用目的，因而本质上都属于第一种以使用为目的的活动；而在审美活动中，由于这一活动不是以使用为目的，因此，审美活动隔离了人类的日常活动，使人们进入到艺术作品的世界之中，在这一世界中，人们倒转了自身的关注视野，惊异地意识到构成自我的世界。

其次，在现象学的视野中，审美经验是生态意识的一种构成元素或组成部分，二者是部分与整体的关系，但这一部分与整体的关系并不是认识论的那种线性关系，而是一种循环关系。认识论的审美经验本质上是由人类意识的本质所决定的，是人类意识的一部分，这一部分代表了人类主体的自由感，代表了一种“无功利的功利性”和“无目的的目的性”。认识论的各种美学理论，其基础都在于这种对自由主体意志的追求。在这一追求中，人类将外在的规律内化为自身的目的，从而构成了人类历史无限进步的理念。这是一种线性的思维，主体构成了这一线性思维的起点。但是，在现象学的思维中，审美经验与生态意识之间的关系并不是这种奠基于“主体形而上学”中的线性思维方式，而是“整体决定部分”、“部分推动整体”的循环方式。一方面，生态意识作为一个整体，包括生态价值观、生态真理观，生态审美观。其中，审美经验是生态意识的一部分，审美经验的内容受到生态意识的决定和制约。没有生态意识的整体改变，单靠生态审美观的单兵突进，不可能进行真正的生态审美。另一方面，现象学认为，意识的意向性是一个生成的、历史的概念，人类的生活世界决定了意识意向性的基本能力。在这一过程中，生态意识的发展必然会推动审美经验的改变，同时，审美经验的改变又形成了生态意识新的生活世界，二者形成一种循环往复的互动关系。这是探讨审美经验与生态意识关系的前提。

最后，由于审美经验的原初性，审美经验构成了反思认识论的冲力。这一冲力体现在两个方面：其一，现象学视野中的审美经验强调对自我构成过程的反思，作为一种自我有限性经验，它促使人们重新关注自我有限性的来源，关注意识的构成过程。这种对自我世界的反思正是对认识论基础——主体形而上学——的最为彻底的反思。其二，审美经验作为冲破旧传统的力量，对认识论思维形成了一种冲力。生态意识不是无源之水，生态意识的产生也有自身的生活世界。从这一角度来讲，认识论思维构成了生态意识产生的前提和传统，构成了形成生态意识的生活世界的一部分。对于生态意识来讲，认识论构成了一个已定的存在秩序，要冲破这一存在秩序，就需要寻找这一存在秩序的基础并考察这一基础的“科学性”。在这里，现象学提供了一种思路，现象学的审美经验则提供了一种现实的路径。可以说，认识论正是我们日常生活中使用活动的思维根基，但现象学证明了使用活动本质上是一种后发的活动，依赖于通过不以使用为目的的活动而形成的自我意识，只有在以审美经验为代表的不以使用为目的的活动中，人们才可以倒转自身的结构，反思自身的世界，反思认识论的盲点。“每当艺术发生，亦有一个开端存在之际，就有一种冲力进入历史中，历史才开始或者重又开始。”[①]而生态意识的本质，在于使人们意识到自己仅仅是生态环链的一部分，自然构成了自我，自我的有限性本质上来自于自然对自我的构成性。因此，在这一过程中，审美经验对自我有限性的反思构成了生态真理观与伦理观的基础。

二、审美经验对构建生态真理观的作用

每种哲学视野都有自身特有真理观，生态意识也必须构建符合生态原则这一基本目标的真理观。这一真理观不仅能扬弃认识论真理观，而且能促使人们形成生态意识，将自身视为自然生态环链的一环。可以说，现象学视域不仅有助于形成这样一种真理观，在这一视域中，审美经验作为真理观的基础，对构建生态真理观起着至关重要的作用。

在现象学看来，古希腊时期、认识论时期和现象学时期的真理观，其本质区分来自于对个人视域与公共视域的态度与反思。个人视域即是个人看问题的角度，由于人们的生活世界不同，导致了人们都有独特的个人视域。而由于人

① [德]海德格尔：《艺术作品的本源》，孙周兴译，《海德格尔选集》，三联书店 1996 年版，第 298 页。

们共同生活在一个特定的群体或文化中,形成了一个群体或文化的公共视域。而个人视域与公共视域之间的矛盾与融合,构成了真理观的不同向度:古希腊时期处于文化初创时期,公共视域正在构建,古希腊的真理观就奠基于对公共视域的追求过程。对古希腊人来讲,真理首先来自于个人视域,这是一种自然的态度,因为外部世界首先来自于人们的个人视域。在个人视域之外,是否存在着一个大家认可的公共视域?最终,古希腊哲学家意识到个人对事物的理解基于自身的私人视域,但私人视域并不能构成大家公认的真理,真理意味着必须有一个公共视域,追求真理,也就意味着构建公共视域。那如何构建这一公共视域呢?古希腊人认为:人类的精神,具有向一个公共视域敞开的能力,正是在人类精神的敞开过程中,人们构建了不同范围的公共视域。

古希腊人所发现的人类的精神,形成了认识论哲学的起点。人类的精神,不仅使人类超越于别的物种,也使人类可以不受任何限制地发展自我的精神能力。康德哲学正是全面地论证了人类的精神,形成真理观的"哥白尼式革命",全面确立了认识论思维方式。随着以认识论为基础的自然科学的传播,人类的精神作为主体能力,构成了人类社会广泛的公共视域。在这一公共视域中,认识论的真理观演变为主客符合论,即主体的构想与客体符合时,便构成真理。但是,主体与客体的符合,本质上来自于主体对自我力量的设定,符合论真理观的本质正在于主体的精神,主体的精神具有一种认识或探索的力量。对主体精神的盲目自信,是导致生态危机的根本原因。这种对主体精神的设定,不仅消泯了人类的个人视域,认为所有人类都具有某种"先天图式",并将这一"先天图式"上升到人类的本质属性,认为全世界的人类都处于这一公共视域之中。因此,认识论真理观的后果,正在于是以科学的名义,将西方某一段时期的真理观向全世界推广,将生态危机推向全人类。

现象学的真理观来自于对认识论真理观基础的反思。现象学看到了认识论对主体能力的不证自明,发现了形成主体能力的生活世界。现象学将认识论线性的思维方式还原为一种循环性思维方式。生活世界构建了个人视域,个人视域构成了探索外在世界的力量;在个人视域的对话中,形成了一个个公共视域,在这些公共视域中,逐渐形成了某个文化共同体和某个约定俗成的大的公共视域,这些大的公共视域,重新构成了个人生活世界的外在环境并进而构成人们的生活世界,又继续影响着个人视域。可以看出,现象学的真理观,本质上来自于人们基于个人视域所形成的开放态度。通过开放的态度,人类不停地修正自我,形成新的公共视域,促进文化的开放和新文化的形成。但是,人类怎样才能形成这种开放的态度呢？在这里，不同的现象学家所提供的答案不尽相同：哈贝马斯认为是反思的意识，海德格尔认为是此在的诗性存在，伽达默尔则认为是“效果历史意识”……但现象学运动的共性在于：他们都倾向于在个人视域形成的过程中去寻找形成开放态度的关键。由于个人视域在个人生活世界的基础上形成，而任何个人的生活世界都是有限的，这就形成了个人视域的有限性，而一旦人类在自我意识领阈中形成对自我有限性的反思，人类就产生了向一个更大的公共视域进行开放的可能性。这个过程就是真理。

可以说，现象学的真理观奠基于对自我有限性的反思或理解，现象学发现人类都生活在不同的“家”中，因而人类都是一个有限的存在者。因此，如何使人类自觉意识到形成自我的那个“家”，是现象学运动的一个方向，这个方向同样开启了生态的思维方式。从这一角度来讲，现象学的真理观奠定了生态真理观的发展方向。在生态真理观中，自然构成了人类的“家”或终极限制，是构成人类生活世界的根本，因此，意识到自然对人类的限制，并在这一限制内活动，构成了生态真理观的核心内容。

那么，审美经验在构建生态真理观中起着什么样的作用呢？在上文中，我们已经分析了现象学审美经验的本质正是对自我有限性的经验这种自我有限性的经验，构成了开放真理观形成的基础。“美并非只是对称均匀，而是显露本身。它和‘照射’的理念有关（‘照射’这个词在德语中的意思是‘照射’和‘显露’），‘照射’意味着照向某物并因此使得光落在上面的某物显露出来。美具有光的存在方式。”[①]“存在于美向外照射和可理解物的显示之间的紧密联系是以光的形而上学为基础的。”[②]审美经验本质上是不以使用为目的的经验，不同于以使用为目的的日常生活经验，审美经验使人们倒转了自身的关注视野，由关注使用目的转向了对自我使用目的之所以产生的“可靠性”的反思，转向对自我被构成过程的反思。也正是在对自我构成过程的反思过程中，人们意识到自我的有限性。这种对自我有限性的意识形成了人们开放自身、形成更大的公共视域的动力。因此，正是在审美经验中，人们形成了开放的态度，形成了真理。所以，在现象学的视域中，审美经验构成了真理的基础。在这一真理观中，当人们反思到自然对自我的构成性时，也就形成了生态的真理观。

在生态真理观具体的形成过程中，首先，通过审美经验，人们倒转了自身的

---

① Hans-Georg Gadamer, *Truth and Method*, Garrett Barden and John Cumming, New York: Sheed and Ward Ltd., 1975, p. 439.

② Hans-Georg Gadamer, *Truth and Method*, p. 440.

关注视野，由使用为目的转向了领悟自身的被构成性，在反思形成自我的各种因素的过程中，个人经历、传统、语言、文化被一层层地反思，反思的最后，人们逐渐意识到：传统、语言、文化等因素，总是基于某种特定的自然环境。自然是形成自我的终极因素，“在自然中存在”是人类对自我存在状态的最终领悟。从这一角度来讲，生态真理观不仅是现象学真理观在生态文化中的延伸，也是对现象学意识意向性理论中唯心主义成分的克服。其次，在体验到自我最终被自然所构成之后，人们也就理解了关爱自然就是关爱自我和人类，向自然的过度索取也是向人类的挑战。在这一过程中，以审美经验为基础的真理观构成了一种生态智慧，这一生态智慧也反过来促使人们“诗意栖居”。

三、审美经验对构建生态价值观的作用

在生态意识中，人们不仅必须纠正认识论所形成的真理观，也必须纠正在认识论基础上形成的价值观。在认识论那里，由于将主体精神设定为世界的本源，因此，自然成为符合主体需要的工具，人们面对自然的态度，就是将自然视为人们利用的某物，价值观的本源，就在于以“主体的需要为基础”，主体的需要构成了人与自然之间的中介。以主体的需要为基础，人们对自然进行任意的改造和索取，自然成为人类实现自我需要的工具。自然的工具化，也是认识论价值观的最终结果。

在生态意识中，人们必须构建一种生态价值观。“土地伦理是要把人类在共同体中以征服者的面目出现的角色，变成这个共同体中的平等的一员和公民。它暗含着对每个成员的尊敬，也包括对这个共同体本身的尊敬。”[①]如果说生态真理观的核心在于对自我有限性的认识及在这一基础上对世界和人类的关系进行重新定位，那么生态价值观的核心就在于用这一新的定位指导人们的精神，形成一种新的价值判断体系，将生态真理转变成人类行为的指南。

现象学构建了不同于认识论的价值观。在通过生活世界概念回答了人的境域性之后，胡塞尔又用了一个“充实性”概念建构了了人类价值观的转向。由于现象学是有关事物在意识中显现的学问，当事物在意识中显现时，就产生了一个显现得好与不好的问题，胡塞尔将意识显现事物的好与不好的标准称为“充实性”：“自胡塞尔以来，这样一个说法已经颇为滥觞：只要意识是关于某物

---

① [美]奥尔多·利奥波德：《沙乡年鉴》，侯文蕙译，吉林人民出版社1997年版，第204页。

的意识，即只要意识与各种类型的对象发生关系，意识就是意向的。当人们不假思索地使用这个说法时，下列联系往往会被忽略：对象是带着一个与它们各自的规定性种类相应的自在存在而显现给意向意识的。但它们之所以能够这样，乃是因为意识每次都熟悉这个指明联系，它可以追溯这个联系，从而发现自身给予的本原体验境况。故而在意识的信念中，即在它是在与自身存在的对象打交道这个信念中，包含着一个趋向：不懈地追溯这个指明联系，直至到达自身给予的层面。因此，意向的'关于某物的意识'并不具有静态的特征，而是从根本上具有一种动力学的标志：要达到这种充实的趋向。"[①]也就是说，在事物向意识显现的过程中，意识所追求的最终显现应是那种本原的显现，这一本源显现的标志就是：意识不能进一步被指明，这一状态就是充实。可以说，充实性是胡塞尔现象伦理学的基础，也是其价值观的基础。

胡塞尔开创的以充实为方向的价值观，对生态价值观起着一种示范性作用。充实价值观的核心正在于充分地反思，反思并发现自身被给予的本原体验境况。这种本原体验境况发生在如下情景之中：只有当我们的反思意识不再进一步进入其他指明联系时，意识的反思才得以结束。可以说生态价值观的基础正在于胡塞尔充实概念的提出。在这种充实概念中，当人们反思自我的被构成过程时，只有反思到这一步——人们意识到自然是构成人类最终的限制性因素，才真正达到了充实。充实性正是生态价值观的本质，这表现在如下几个方面：

第一，充实价值观强调静观而非行动。在认识论中，认识论的价值观以主体概念为起点，满足主体需求的，即为有价值，反之则无价值。这种以主体需求为基础的价值观，强调的是改造自然，使自然作为自身的工具。因此，认识论价值观以满足主体需求的行动为最终目的，其价值核心在于改造，按主体需求进行改造。这种以改造为方向的价值观强调的是行动，而过度的人类行动正是导致生态灾难的原因之一。反之，以充实为方向的价值观，则强调对自我形成过程的反思或理解。在这一反思或理解的过程中，价值观的核心在于静观，静观自然、社会、他者和自我，正是在静观的过程中，人们不仅发现了自我能力的来源，而且发现了自我能力的极限，因而人们学会了理解，学会了宽容，更学会了与他者包括自然和谐地生存在一起。

第二，以充实为方向的价值观强调反思和理解。认识论的价值观是一种单

---

① ［德］克劳斯·黑尔德：《现象学的意向性伦理学》，孙华来译，《南京大学学报》2001年第1期。

向度的线性发展方向。主体产生需求,按自我需求改变世界,因此,认识论的价值观以主体为基点,向外在的目标作无尽地探索,这是一种单向度的探索过程。在这一过程中,人类不断产生新的需求并进行着新的行动,从不对自我的需求进行反思。但是,以充实为方向的价值观则强调关注视野转向自身,强调反思和理解,强调发现"所有的指明联系"。作为个体的人,必须反思到形成自我的所有指明性联系,才真正达到了充实。在这种充实状态中,每个人都意识到他者对自身的意义,当然也包括自然的意义。

第三,以充实为方向的价值观强调人与自我的和谐。认识论的价值观强调人与外在事物的关系,在这种关系中,当人类征服外在事物时,感觉到了自由,自由感构成了认识论真、善、美的核心和最终的追求。认识论的自由感强化人与外物的征服关系;但以充实为方向的价值观,则强调人与自身存在状态的和谐关系。充实就是找到自我形成的所有指明联系,而当人们找到自我形成的依据时,他也就理解了自我所赖以形成的所有条件。正是因为这种理解,人们就能与自身和解,他在反思自我的过程中,了解了自我的极限,并进而能对自我需求、自我的发展方向等问题产生了明确的自省,在自省中,自我与构成自我的各种元素和谐相处。因此,以充实为方向的价值观,培养人们与自我和解的能力,自然作为构成人类自我的因素,构成了人与自我和谐相处的终极根源。人与自身的和解,同样也构成了生态意识的审美经验的本质。

在现象学的视野中,审美经验对构造以充实为基本方向的生态价值观所起的作用表现在三个方面:

第一,审美经验是充实价值观得以形成的前提。在以使用为目的的活动中,此在与外在事物发生关系的前提是世界的可靠性。这一可靠性使得此在可以自由地筹划他的使用行为。世界越是可靠,此在的活动越是自由。"只有当这个在一个作为手段被使用的用具事物与一个相应的目的之间的指明联系被这样一个事物的不可使用性或坏的使用性所妨碍时,这个指明关系才会引起我们的注意。"[①]因此,这一活动不可能使得此在进入指明关系之中。只有那种不以使用为目的的审美活动中,"由于用具的不为人注目要归功于世界的隐蔽性,因此我们可以期待,在一个用具事物以其不为人注目的可靠性而非对象地遭遇着我们的体验中,世界作为世界也可以非对象化地从它的隐蔽性中显露出来。"[②]这一不以使用为目的的活动不仅可以使人们进入一种指明关系,同时,在

① [德]克劳斯·黑尔德:《现象学的意向性伦理学》,孙华来译,《南京大学学报》2001年第1期。

② [德]克劳斯·黑尔德:《现象学的意向性伦理学》,孙华来译,《南京大学学报》2001年第1期。

进入一种指明关系以后，构成对自身世界的反思，从而有可能构成一种充实体验。可以说，离开了不以使用为目的的审美经验，人们不可能进入对自我构成性的反思，因而就不具备形成一种充实性价值观的可能性。

第二，审美经验是构成充实价值观的基础。充实的价值观，首先需要人们倒转自身的关注视野，但以使用为目的的活动是在自身世界的基础上一种向前的筹划，这种向前的筹划以人们自身的世界为基础，但人们只有忘了自身的世界，才能更自由地筹划自身的活动，因此，这一活动不可能形成一种倒转视野。但是在审美经验中，审美经验的本质，在于它为人们提供了一个惊异的机会，人们遭遇一个艺术作品，通过与这个艺术作品遭遇的经验，人们惊异地意识到“这就是我的生活”，以此为起点，人们向构成自我的生活世界回溯。这种倒转自我视野的结构，使得人们开始反思构成自我的元素，这是形成充实价值观的基础。

第三，充实价值观需要一个充分的反思，审美经验为这一充分的反思提供了条件。胡塞尔所提到的“不再进入别的指明关系”只是意识活动的极限，随着反思的深入，某一视域的形成，总是关联着其他的视域，这就需要一个充分的反思，自然才有可能作为一种终极性限制进入人类的意识之中进而指导着人们的行为。因此，充实性价值观，一定会反思到一个极限性构成元素——自然。自然构成了人类生存的起点和限制，同样也构成了充实性价值观回溯的最终对象。在这一充分反思的过程中，审美经验作为本质上不以使用为目的的经验，隔绝了人们将自然视为需求目标的可能性，自然作为一种被静观而非行动的对象，不再被视为仅与人类的需求有关，自然本身具有了一种独立的品格，被“确认自然界的价值和自然界的权利”①。

四、审美经验对构建生态公共视域的作用

我们上文所述的生态真理观、生态价值观，本质上仍囿于个人意识的领阈。生态真理观、价值观，不仅需人们在个人意识领域中建构自然对自我的构成作用，也需要将这些观点的核心向度形成为人类的公共视域或共识。生态危机的形成是一个全球性问题，只有构成一种世界性共识或世界性的公共视域，生态危机才有可能得到根本性的解决。

现象学重新发现了个人视域与公共视域之间的关系，厘清了认识论的前提

---

① 夏东民：《环境建设的伦理观》，《哲学研究》2002年第2期。

及其有可能导致的后果。现象学认为：我们每个人都只能生活在自己的个人视域之中。因此，个人视域是我们探索外在事物的唯一依据。同时，由于我们每个人的生活世界不仅是自己的世界，也是公共世界的一部分，甚至于有可能就是公共世界中切下来的一部分。“对于赫拉克里特来说，哲学就是这样一种苏醒，它为单个的人开启了一个对所有人而言的共同世界。这同一个世界是存在的，因为局部世界完全是从其他世界中切割下来的。”[①]因此，公共视域也是形成个人视域的前提。而公共视域的形成，奠基于上文所说的个人的开放态度，但开放态度并不必然会形成公共视域，只有许多个体形成对话，并在对话中取得共识，公共视域才有可能建立起来。

可以看出，在个人视域的基础上形成一定的公共视域，关键的一环正在于对话的形成。通过对话，不同的个人视域达成共识、形成不同范围的公共视域。对于生态意识来讲，要将生态真理观和生态价值观构建为一种新的世界性的公共视域，需经如下步骤，而审美经验对构建生态公共视域的作用也正体现在这些步骤之中：

第一，在个体审美经验的基础上，个体对构成自我的元素进行反思，意识到自我的被构成性，并进而意识到正是一系列前提——自然、传统、文化、语言、历史及自我的经历等构成了自我的现状，在这一对自我构成性的反思过程中，个体的人意识到自我的有限性及这一有限性的来源，其中，自然作为自我有限性来源的一种因素进入人们的意识之中。对自我有限性的理解与反思构成了个体的人开放自身的前提，这一过程构成了个体对真理追求的起点，也构成了个体充实性价值观的起点。

第二，在个体开放自身的前提下，个体的人逐渐意识到：他人与自己一样，也有着自身的被构成过程，而他者的生活世界不同于自我，这种不同来自于他者所处的自然环境、文化、传统及历史等因素，进而他者也是有限的，他者的有限性决定了他必然也会开放自身，进入真理。同样，由于他人构成了自我意识相关项，对他人的想象也构成了充实价值观的一部分。

第三，在自我和他者开放自身的过程中，自我与他者形成对话，两者的个人视域逐渐融合，构成相对的公共视域。在不同的对话过程中，公共视域逐渐形成。在公共视域形成的过程中，某些决定着人类意识的元素逐渐被人们所把握，处于共同文化体中的人们逐渐意识到某种传统、语言构成了“我们”，而每个

---

① [德]克劳斯·黑尔德：《真理之争——哲学的起源与未来》，倪梁康译，《浙江学刊》1999年第1期。

都生活在某个特定的共同体中。"我们不可能回避将决定我们命运的共同体，犹如不可能通过低头躲闪就希望雷电不加害于某个人一样。"①

第四，相对的公共视域仍有着自身的被构成性和有限性，因此，这些相对的公共视域会继续对话并形成更大的公共视域。也就是说，当人类以对话的姿态反思人类文明的最终来源时，就会发现：人类文明所使用的基本工具是语言，而语言的本质在于它是一种由人所创造的工具，人们只能使用语言进行思维，但是当人们用语言进行思维时，也就意味着人类只与自身的创造物进行对话，也就是说，人们的对话在一种极限的层次上，只能是人类与人类自身的对话。在这一对话中，缺失了关键的一极——自然。语言的使用，导致了人们的对话不再指向自然，而只指向意识本身。"形象书写系统——象形文字系统、表意文字系统以及别的字符系统，必须依赖于我们对开放的自然领域的原初感知，只是随着音标字母的出现，以及古希腊人对这一系统的修正，使得被记录下来的图像失去了和更大的表意系统的联系。现在，每一个图像都被人类严格地指向某物，每个字母都只单纯地与人类的手势和嘴唇有关。这一图像系统不再具有向更多非人类系统开放的窗口功能，而只是变成人类自身形象的镜子式的反映。"②正是在这样的图像系统中，通过语言，人类的意识变成了自身的独白，而自然在这一独白中沉默了，人类只是在与自己对话。可以说，人类文明只能用语言作为其思维工具，决定了人类的思维最终必将陷入人类的独白，而不是人类与自然的对话，这是所有人类文明的本质，也决定了人类的文明本质上就具有的忽视自然的整体倾向。只有对这一倾向有足够的反思，人类才有可能形成尊重自然的生态文化。当然，人类只能用语言来思考，这是人类的本质，也是现象学思维的限度。现象学作为认识论的反拨，本质上是对文明的反思，但现象学对文明的反思，仍处于语言的框架之中。从这一角度来讲，生态现象学对人类之外的生物智慧的发掘③，一方面是现象学精神的发展，另一方面也是对传统现象学过于强调文化和语言对人类的决定性作用的反思。

最终，基于不同文化传统的人们，形成了最终的公共视域：在所有那些构建人类的元素中，有一个元素，这一元素参与了构建所有的人类文化共同体，这一

---

① [德]伽达默尔：《赞美理论》，夏镇平译，三联出版社 1988 年版，第 132 页。

② David Abrams, *The Spell of the Sensuous: Perception and Language in a More-than-Human-World*, New York: Pantheon Books, 1996, p. 138.

③ 参见 David Abrams, *The Spell of the Sensuous: Perception and Language in a More-than-Human-World*, 1996. 在该书第一章中，作者记录了他在巴厘岛的经历，他考察了巫师的力量、动物的智慧等，在巴厘岛学会了与动物沟通，但在回到文明社会后，他逐渐丧失了这一能力。

元素就是自然。因此，一方面，自然是人类的终极限制，人类起源于自然，人类的能力，归根结底，都最终被自然所构建。在这里，“先验现象学恰如生态学一样，也是一种反叛性的科学：它削弱和相对化了现代自然科学的有效性诉求，指出：自然科学的事实是在一个沉默的、尚未特意专题化的然而又始终在先作为前提的基础（即生活世界或生活世界的经验）之上的高层级的思想性构造物”[①]。另一方面，自然不仅构建了人类的能力，它同时也构建了自身的生态系统，生态系统同样也是构建人类意识的元素之一。人类不过是自然生态的一个环节，这些环节，同样也是人类生存的宿命。因此，作为生态环链中的一员，人类的行为，必须顺应生态环链对自身的规定和生态环链运行的规律。这样，生态文化才有可能形成一种世界性的公共视域。

可以看出，在上述对话的过程中，审美经验所构成的对自我有限性的经验，正是对话得以进行的动力，正是对自我有限性的意识，才使得人们去开放自身。可以说，“胡塞尔的先验现象学不是这样一个计划吗？这个计划要求从有限性中爆破出来，以及在理性的自我形态及世界形态的无限视域中觉醒过来；而相比之下，对于生态哲学来说，任务在于重返大地，重返人和自然无所不包的大地的家，走向自我满足和自我限制。……人在将来不应该再是自然的征服者，而应该仅仅成为生物共同体中的一名普通的市民成员”[②]。

由此可知，现象学思维方式对生态文化的建立有着重要的作用，在现象学的视野中，审美经验构成了生态真理观和生态价值观的基础，构成了形成生态公共视域的动力。但是，作为一种哲学思潮，现象学反思同样也有着自身的局限与问题，其中最具代表性的莫过于通过有限性促进人类的开放态度。在许多人眼里，人类意识到自身的有限性，并不必然会形成开放的态度，在这个地方，现象学仍有必要继续论证。另外，通过生态的考察，我们发现语言的独白本质，这实际上是生态问题对现象学的提升。从这一角度来讲，生态文化视域在某种程度上是对现象学的反思。如何冲破人类语言的边界，构建人类与自然之间的真正对话，只有回到隐喻性思维之中，在这里，现象学理性的思维方式就开始捉襟见肘了，但这是我们另外一篇文章的主题了。

---

① ［德］梅勒：《生态现象学》，柯小刚译，《世界哲学》2004 年第 4 期。

② ［德］梅勒：《生态现象学》，柯小刚译，《世界哲学》2004 年第 4 期。

The Role of Aesthetic Experience in the Construction of Ecological Consciousness: On the Phenomenological Basis

Sun Lijun

Abstract: In the view of phenomenology, the essence of aesthetic experience is the experience of self-composing and self-limiting. This kind of experience is a part of ecological consciousness and composes the recycling relationship between part and unitarity. In the individual consciousness field, the aesthetic experience forms the impulsion to rethink the tradition of epistemology and the base of the ecological view of truth and value. In the public cultural field, the aesthetic experience is the formation of dialogue. The introspection in aesthetic experience contributes to rethinking the boundary of human languages and can promote the dialogue between human and nature.

Keywords: phenomenology; ecological consciousness; aesthetic experience; ecological view of truth; ecological view of value; language

生态批评与中国文学传统对接、交融的学理特性

盖　光*

摘要：生态批评尽管初创于欧美国家，但其作为跨文化的世界性传播与交流策略，不仅深潜着文学的内向性与情感体验性，而且又满怀希望地由内走向外。生态批评所建立的基本理论视域不仅仍然是寻求，或者是旨在深层次挖掘人与自然有机关系的内涵，且也在深度探求人类的共通性，这也使其体现了社会性、历史性及文化性的批评特性。生态批评与中国文学传统对接、交融，不仅是可能，更是必须；彼此不仅是简单合成，而且会不断地创生新的理论视域、学理方法且融入实践境域。因其在构建机制、学科视野、理论思维的方法、情感表达方式、审美体验程度方面以及对生存问题的特别关注，对自然体悟的"元"状态的认知及审美表达方面生态批评与中国文学传统都有着契合的机缘，相互间不仅可以进行多方位、多层次的理论对接及交融，在自然意象、爱意表达及诗意体验方面汇聚共通性，而且相互间在方法论、话语表达及跨文化交流方面也能够共铸学理特性。

关键词：生态批评；中国文学传统；理论对接；跨文化；学理特性

生态批评作为一种文学批评形态，它所建立的基本理论视域仍然是寻求人与自然的生态有机关系，但这并非简单或是抽象地阐释这种关系，也不只限于为文学理论、批评植入生态学的理论资源，更在于通过这种关系的体认及理论转换以达对文学现象与文学文本的重新审视，并给予其意义拓展。这其中，不

---

* 盖光，男，山东理工大学文学与新闻传播学院教授。本文系国家社会科学基金项目"生态批评与中国文学传统融合及学理构建研究"(10BZW001)阶段成果。

仅包含对既有作品的重新解读、阐释及价值重建，而且更意欲重建文本及语言之外的意义世界。事实上，生态批评的确具有超文本性，如若将其放置在自然、社会、经济、精神/文化复合且复杂的生态系统中[①]，以生存论视域进行观照、价值确证及意义探询，实际也是在对“文学与生态”、“文学与环境”，“文学与自然”、“文学与荒野”、“文学与生命”、“文学与人生/人性”，“文学与历史/现实/未来”，“文学与跨文化、跨民族”之多重关系而给予新感受、新体验及新阐释，对人如何生态生存，如何行进有机一过程，如何设定人类未来的生态走向及永续发展条件会有新理解、新策略。

一、生态批评的理论视野同中国文学传统“对接”之必然

生态批评所延展的批评视野主要是外向的、社会性的，是通过对自然、社会、经济、精神/文化（狭义）复合且复杂生态系统的把握，来体现文化形态（广义）的特性。作为一种文学活动形式，生态批评又必须是人本化的，且在情意化的生命、审美体验中，表达对人生、人性及人何以能够生态性生存等问题的理解。

在20世纪70年代，生态批评始发，且作为西方世界“绿色”运动的一股力量发挥作用，发展到今日，尽管并不显得十分强大，但接下来的时日里，其辐射面似乎会更广阔，所涉及的问题似乎会更加深刻。因为生态批评尽管也关涉那种对传统意义上人类中心意识的批判，却更涉及人性存在的多方面、多种层次，并且以文学这种人们能够普遍接受的形式；不仅介入人的生命体验活动的深层结构，将人作为富含情意活动的有机整体，而且直视人如何能在生态条件下有机、和谐生存的问题。除了文学本身的构建机理、情意表达之外，生态批评不仅有较为宽泛的阐述视域，而且也需具有突出的确定性及学理性的“生态位”：第一，以生态哲学与环境哲学作为理论基础，且建立系统整体性、有机联系性及复杂性思维方式；第二，汲取生态学及多学科滋养，综合话语资源，充实概念体系，铺设学理进向；第三，注入大地伦理或生态伦理学的情意条件，拓展其关系、关怀性视野；第四，以生态美学活化对自然、生命的感知性冲击和美学认同；第五，建立身体意识，强化身体审美，既促进机能调适及个体认同，更明晰关系构建的中介及纽带；第六，跨越地域及民族的文化差异，以人类学的契合及共同、共通、

① 参见盖光：《生态境域中人的生存问题》，人民出版社2013年版，第16～20页。

共识的文化样态，体现其跨文化交流的效能；第七，情意性地表达自然、生态、生命运演的有机——过程性及诗意性。作为具有强烈现实感及未来性的文学活动方式，生态批评既深潜着文学的内向性与情感体验性，又满怀希望地由内走向外，以深层次挖掘人与自然有机关系的内涵，而体现社会性、历史性及文化性的批评特性。

由“问题意识”产生，使得生态批评带有反思与批判性，但其批判的目的并非一味否定，而旨在建构，或是重建。其中不仅是“建”外在的，生存的实在世界，而且更需“建”人的内在的、心灵的世界，并通过对自然、对人自身之爱意的呈现，呼唤人的生态良知，寻求生态正义。面对文学的“建”，生态批评源起的重要一环域就是对已有文学经典的重读及重释，主要是针对文本中凝固的那种人类已经行走的路途及自我意识的不断膨胀而进行反思，并反思、评价人的发展对自然、环境产生的深度影响。事实上，这也是生态批评通过回溯文学文本而确证新的正义寻求。美国生态批评理论家劳伦斯·布伊尔描绘过“两波”生态批评：第一波主要是以自然写作为主，第二波则是修正的、正义的。相互的共同点在于：“如何解释文本世界与历史或现实的经验世界之间的关系。这肯定是倾向于自然写作的第一波生态批评和倾向于修正性城市和生态正义研究的第二波生态批评都必须关注的问题。”[①]生态批评之“波”演进的视域拓展必然是全球性、世界性及跨文化的，这就如斯洛维克所言的生态批评行进的“三波”说法。在他看来，“当前生态批评潮流之一是把环境展望应用到地方文学或者从跨语言和跨文化的角度比较文学文本”[②]。布伊尔也指出：“21 世纪地球和世人所面对的球际范围的多重环境‘危机’需要有球际规模的传播交流能力，不仅意识到共享的问题，也同时认识到文化的特殊性”[③]。作为跨文化的世界性传播与交流，生态批评与中国文学传统对接、交融，不仅是可能，更是必须；不仅是简单合成，而且会不断地创生新的理论视域、学理方法且融入实践境域。

由自然/生态、人/生存及文学/传播而延展的生态批评，必然需要一种理论交融路径。这不仅呈现为一种世界观，一种存在方式的转换，而且也是批评方法的需要，并需培育一种独立的学科性领域。作为这种全球性及跨文化的传播、交流及交融，作为人类共同的抉择，必然突出对生态正义的寻求。中国文学

① ［美］劳伦斯·布伊尔：《环境批评的未来——环境危机与文学想象》，刘蓓译，北京大学出版社 2010 年版，第 34 页。

② 苏冰：《温暖的生态海洋：自然·环境艺术·生态批评——斯科特·斯洛维克教授访谈》，《鄱阳湖学刊》2013 年第 3 期。

③ ［美］劳伦斯·布伊尔：《生态批评：晚近趋势面面观》，孙绍谊译，《电影艺术》2013 年第 1 期。

传统不仅有必要参与这种正义的构建，而且是其学理培育的重要资源。事实上，生态批评的构建机制、学科视野、理论思维的方法、情感表达方式、审美体验程度以及对生存问题的特别关注，与中国文学都有着契合的机缘，是"天然"的神合性。因为在古代中国人那里，一方面，对自然及生命存在有着先天的崇尚与膜拜，那种对"天人合一"的本体论诉求，对"大化"、"生化"、"大象"、"大美"境界的寻求，不仅都包蕴着深层的生态智慧，而且也是一种生态正义的体现；另一方面，古人对生命存在的特有感悟及体验方式，为文学与审美奠定了自然、生命体验的基础，也为其输入了基本的方法及思维品性。这使得中国文学传统所蕴含的生态及生命感悟的元素，显然也已孕育着朴素的生态批评的理论品质及思维方略。事实上，在工业文明及现代性反思条件下产生的带有科学性视野的生态批评，尽管产生于西方，但与中国文化之东方化的满含生态智慧的艺术与审美传统，又殊途同归，可以相互比衬和参照，在交融中植生新的意义和价值。像成中英所言："中国文化的现代化与世界化的中心思想是：自觉的融入世界，但却运转如道之恒动，动而愈出，以至于生而不有，为而不恃，长而不宰。这也是中国文化世界化的最精义与最高境界。"[①]这种"精义"及"境界"必然会惠及全人类，这显然是中国文化/文学展示自身的世界性、人类性，且寻求地球生态家园中共生共荣的生存与发展的有效路径。

中国文学传统满含的生态智慧是先在的、丰富的，随着其潜力不断被挖掘，当其融入跨文化交流中，其现代价值及意义也会被不断丰富。我们需要通过学理性的审视与构建，细致鉴析中国文学传统与生态批评之间如何才能相互参照，能够进行有机对接，实际也是在当代条件下生发其新的意义及重建新价值。

二、悟解自然：生态批评与中国文学传统互通交融的"元"基础

当今的生态批评仍然是一种文学解读的方法，但也融入一种体验人生态生存机能之发生的方法，这都会紧紧围绕对自然、生命的感悟体验及审美表达而展开。特别是那种崇尚描述人与自然生态及环境的有机关联，凸显人的肉身与精神体验的"自然写作"，其文本解读往往将爱默生的"自然情结"，将亨利·梭罗的《瓦尔登湖》中人与自然的天然"神合"及"神交"方法视为范本，视为经典。这时的"自然"，并非仅限于实在性，而有同于庄子所言的"固有所然"。"自然"

---

① 成中英：《成中英文集》第1卷，李翔海、邓克武编，《论中西哲学精神》，湖北长江出版集团、湖北人民出版社2006年版，第72页。

的本有之"元"状态，作为生态之状，呈现有机与无机，有生命与无生命之物形成有机关联的网络。我们从人的生命活动状态上悟解自然，并非只沉溺于现实生命体验之状，而是启悟人们追思生命之根的原发性，印合生命机能的实在性、动态节律性。东西方智慧攀缘古今，纵横时空，尽管对"自然"的把握、体认及概念性表述有所不同，但其本根之"在"，将自然作为悟解生命存在的"元"状态，却是互通且具相同之处的。

（一）"元"基础、本喻及"自然意象"

自然之生态存在是人及万物之生命活动的根与源，是"万物一体"之本。自然、生态与生命体验激发着人的生存机能，生命肌体的活力无穷，也不断地沉淀为人的文化存在。事实上，世间的一切都可以经由"文化"形态而在自然面前，在生态体验的情境中，在生存机能的优化中对接，继而接续古今，打通时空，涤除地域、国度的界限，并最大化地消除民族、种族及文化的差异。

文学艺术作为文化存在，也会将自然作为一种必然的连接点，使得古今中外的艺术与审美体验中都有似曾同一的感悟方式。中国文学对自然促发生命有机性的作用有独特的悟解方式，其中特别凸显了对自然之诗性节律的独特体认、理解及审美表达。恰是对自然之美的倍加关爱，对其审美的诗性体认及情意表达凸显了中国文学与审美的特殊性。这些作为中国文学传统的"精义"对接生态批评的"元"基础，且意在现代的建设性条件下，多向度、多层面地再生发，继而体现其价值增值性。美国学者艾兰在研究"水"作为中国哲学思想的本喻时说："中国早期的思想家无论属于哪一个哲学流派，都假定自然界与人类社会有着共同的原则，人们通过体察自然便能洞悉人事。因此之故，自然界而非宗教神学，为中国早期哲学的许多概念提供了本喻。""自然界成了哲人诉求本喻的渊薮，被用于抽象概念系统化的过程之中，自然的意象根植于中国哲学的语言与结构之中。"[①]艾兰是将"水"作为原发之物及其基础性存在，主要论述中国哲学的"本喻"，而水恰恰就是万物之生命的源泉。所以艾兰认为，水的运动及物性之状，可以视为宇宙本质的哲学观念的模型，而植物生长过程也为我们理解人的本性提供意象。当"自然意象"游刃、徜徉在文学艺术活动中，既作为"元"基础构成活动及体验的实在性、节律性、有机性，且成就了文学艺术对生命、审美及情意表达的生态条件，更是文学艺术魅力生发的显性存在，是引发人

---

① [美]艾兰：《水之道与德之端——中国早期哲学思想的本喻》（增订版），张海晏译，商务印书馆2010年版，第13页。

与自然、人与社会、人与人相互交往的连接纽带。

体悟自然，促生着人与自然建立生态有机性关联的共同祈望，这在中西方是共同共通的，且在未来的时日里会不断得到强化。这不仅成为生态批评与中国文学传统对接关系的现实基础，而且是跨文化、跨民族传播与交流的重要依据、条件及参照物。作为一种意义及基本的价值支撑体，这些也为铺设人类未来性路途还原了一种基础性条件。

(二)问题性、关注生存及爱意表达

生态批评与古代中国人的文学体验都存有对问题意识的关注。这里所说的问题意识是指文学活动一方面所面对的社会及人与人之间关联方式的错综复杂，人生的磨砺、坎坷，对自然的过度征用，甚至是由此产生的矛盾、苦难、危机等等，另一方面，也表现出对现实人生、观念寻求、价值体认而产生的焦虑。恰是种种问题的存在，使文学表达富有了色彩感，进而不断彰显着对自然、对生命、对人生的关注及关爱。中国文学中的问题意识，其最经典的表现往往是面对重大社会、国家及人生出现问题，仁者君子、贤哲雅士、文人墨客们在徘徊及抉择中，产生了对自然、对生命的特定的关注，由此以深蕴的情意感体悟自然之美，抑或形成生态审美体验。

生态批评所指涉的问题意识往往不是个体的，而是社会的，是世界性及全球性的，是人类发展中产生的过程性问题，同时也涉及由工业文明而引领的人们的具体的生存境况、消费观念及发展观问题。对这一系列问题的关注与重新审视是文学活动及审美体验不可回避的现实，而如果能够从这一领域里为人类回答如何能够生态生存，提供亲近自然、感受生命之美的策略，这实际也在表达对自然、生命，对美的爱。爱默生曾言及人与自然那种永久无法隔离的至深情谊，因为大自然是无私的，只要我们能够真诚地面对自然、呵护自然，各种自然生物对人来说也将是无私的。他说："当人面对自然全面敞开心扉时，所有的自然之物都给人以相似的印象。自然永远是恢弘大度，不曾带有卑琐的外观。最聪明的人也不能追究出它的秘密，而且即使他发现自然的所有的完美，他也不会丧失对自然的好奇心。"①"自然能满足人的一个更高尚的需求，这需求就是对美的爱。"②

中国古代人的命运抉择中，他们呼唤自然，向生命呐喊，也会向道、禅中寻求

---

① ［美］R. W. 爱默生：《自然沉思录》，博凡译，上海社会科学院出版社 1993 年版，第 4～5 页。

② ［美］R. W. 爱默生：《自然沉思录》，第 11 页。

精神的慰藉。史怀哲曾说:“中国人所具有的那种深刻的自然性当中天然包含了感同身受的能力。这种能力之强使中国人不仅能够感受他人的感觉,甚至还将这种能力迁移到其他创造物之上。”①当人们在自然体悟中,在文学审美体验及话语表达中进行宣泄,以沉淀情感,积聚生命的能量,这同样是蕴含着“爱”意的。

(三)互通性、“中介”性及诗意体验

生态批评自诞生那天起,就不限于文学自体性的活动,它的建设性后现代指向,在自然与地球、生态与环境、生命与人生、人性与审美的多向度体认中游历,不仅表现了其社会存在意识及属性,而且蕴含着深层次的文化意义。中国文学传统以那种以系统整体及有机的宇宙观为基础,通过对生命的情意抒发,对自然特有感悟式的审美体验,与生态批评有着互通性。

当这种互通性游刃于生态有机一过程中,亦会促发我们对自然、对生命的全新体验及认知。这不仅是生态主义的一种表达,同时也是文学与生态结缘而成就的文学活动的基本依据。巴克斯特说:“生态主义赞赏的生命是一个有意义的生命,因而也是精神的,有报偿的生命。”②生命不仅是一个实在及肉身性的存在,更是一个关系性的有机一过程性存在,无数生命实在铸就了有机关系存在的“中介”。我们依据“关系”及中介性进行理论拷问,且体悟、辩证“有报偿的生命”,不仅能培育共同的学术视野,而且对未来世界的发展达成共识。这不仅需要多种学科的共续承接,超越时空界限,促成跨文化交流、对接,而且也能够弱化文化差异与歧见,丰富文化多样性,并在全球视野中体现全球人类对自身生存整体的诗性体验及关注。

诗性、诗意是生态批评产生的一个重要原发点,而中国文学也恰恰是以“诗”表征着永久的魅力。中国是一个诗的国度,是“诗的故乡”,中国文学总是溶解在诗与画的创造中,其艺术与审美历程本身就是一种诗意的生命演历过程。中国古代的文学创作者们,通过沉浸于诗意体验,而引领人们深层次地体验人与自然、人与社会及人与自身的多重关系,所运用的自然话语、生命话语、美的话语,乃至生态话语、“生生”节律,都转换为诗性话语且呈现诗意性,也会注解生命活动运演的逻辑及韵律感。生态批评同样在构造一种生态诗学,以诗意性的生命体验,找寻人的“诗意地栖居”之地,使诗意的存在家园“显魅”。

---

① [德]阿尔伯特·史怀哲:《中国思想史》,常暄译,社会科学文献出版社2009年版,第44页。

② [英]布赖恩·巴克斯特:《生态主义导论》,曾建平译,重庆出版社2007年版,第25页。

三、生态批评与中国文学传统对接、交融的学理特点

与中国文学传统的对接，必然拓宽生态批评的学理视野，不仅会进一步推进生态批评的跨文化乃至跨科学交融，也会使其超越文学理论与批评的学科界限，呈现多学科整合的研究场域。生态批评在功能性及过性程的拓展、辐射中，在明晰自身的价值立场方面，不断丰富其人类性及文化性、地方性及民族性、文学性及科学性，乃至从人的发生学探究到未来永续存在的意义含量。

(一)基本的学理立场

生态批评与中国文学传统的跨文化对接，需要有明确的学理立场，在批评实践、践履社会义务、呈现文化整体状况等方面显示交融性风貌。从这种意义上看，交融作为基本的学理立场，需要一种生态与文化的整体机制及广阔视野，这就要求我们的文化值取向需游历于人—社会—自然复合且复杂的生态系统，从人、社会、自然的协同发展出发，选择文化融合。生态批评是历史、生成性的批评，我们也可以称它是一种“进化”、协同性，既呈现时代性、当代性，又蕴聚未来意义的文化批评，并且生态批评理应指涉自然生态及人类社会整体的存在。中国文学传统的现代走向同样也会体现这种“进化”及协同性，并以时代性来确证其现代意义及未来的融通性。

首先，思维方法的交融。交融性从方法论上是建设性、未来性的，且经由解构、建构乃至重构而通达目的，总体上是针对时下生态与环境问题产生的社会、政治、经济、文化等多种因素，进而由建设性蓄积未来意识。这其中需要多种方法的置入，如生态思维方法、生命多样性方法、辩证思维方法、艺术思维方法，甚至含有意识形态确证的方法及有机—过程性方法。从过程意义上看，这种交融蕴含着对古代有机论思维方法的传承与超越，以及对近代机械、二元思维的批判与接续。作为文学现象，这种交融性必然是守成文学活动的基本方略，依据生存论的指向性，以艺术思维与艺术审美体验的方法来渗透、辐射，通过交融多种多样的方法，来展示一种新的批评策略。

其次，文化域界的交融。如果基于生存论的学理立场，必然会导引出一个线索，即不论处于什么样的文化境域，人们都必须认同生存与活动于其中的生态及环境问题，并共同面对当下的生态与环境状况。由这样的线索来牵引，就能够打通文化界限，整合多样文化，而引发全球性关注。文化域界仍然具有共

时性与历时性，或者是时间与空间的分界。在时间分界方面，主要是指文化历史传承性交融，体现的是在共时性脉络中的转换性，如果要把握生态批评与中国文学的学科交融也必然显示着这种特点；在空间分界方面，主要是指破除并打通地域文化的界限，意指人们栖居于同一片蓝天下而共创美好未来。

最后，条件的交融。交融性需要有基本的条件：其一，人类共同生活的生态环境出了问题，必然引发人们的共同关注，文学有责任，也有条件关注、书写、评价这诸多的问题；其二，人的生命活动中能够获取共同的体验方式，这就构建起艺术与审美活动的基础，而使人们能够从中体味人类存在的共通感；其三，人类在共同的未来追求中，要破除地域及文化的限制，找寻打通界限的机能，最直接的条件、最能够疏通的条件就是以生命活动为基质的情感与意志的连接，而文学恰恰是这种情感意志的最佳表达方式；其四，融入生态基因的文学既跃动生命活动内在性，又总是表征着一种外向性视域，其生命感受及审美体验总是面对人与自然的生态有机关系，且促动着自然、社会、精神/文化复杂且复合性生态形态运演趋向。

（二）话语表达的通约性

文学的“人性”及伦理表达的共通性，使其具有情感、意志的通约性。这使得文学有了主动地磨制时间与空间、地域与民族界限，且能够跨越古今、纵横时空的得天独厚的条件。文学对生态与环境和谐状态的书写，对人之生存境况的情意渗透也使之在更加广阔的视野中，在人性及人的生存问题上，展示了情感、意志的通约。所谓“通约”，无非就是不间断地，广泛联系地，甚至打破时空界限地承接。情感、意志的通约性更是指人的情感活动与意志体验中，有一种普泛的、共同的，能够被任何人广为接受的东西，能够共同引发人的喜怒哀乐，继而激发人的奋斗不止的精神。这种通约性不乏文化因素，但须以多样的生命肌体活动而形成的生命有机性的关系网络作为基础条件。

在构建话语语境方面，中西古今同样能够寻找到相通点，体现通约性。生态、自然、关系性、有机—过程性、系统整体性、生存论、生命体验、共生共荣，以及“生生”韵律、“天人合一”、“天人共存”、“万物一体”、可持续性、诗性特征及“诗意栖居”等形成的话语系统，既适用于生态批评的整体结构，也促使中国文学传统的现代转换，更易于相互间的融通、交合。因为这其中有一个核心构建条件，这就是“生命”，是生命的有机性、共通性。事实上，生态与文学的本根都在生命，而中国文学传统的特性恰在于对生命的诗性表达，其中的体验性及其话语系统本身就具有浓重的表意性、有机性及生态性，因此，有许多的概念与命题可与西方批评话语系统通约，且可同样使用。法国学者埃德加·莫兰为自己在中国出版的系列著作写了一个总序，题目为《东方与西方的交融》，其中谈到，他曾经引用老子的“谷神”，以表现他对“道”的那种“吸纳百川”精神的体验与理解，其原因显然在于“道”对生命之源及运行节律表达。莫兰认为，这绝不是偶然的。莫兰意识到自己的思想方式与中国传统所固有的、深刻的思想方式处于共鸣之中。莫兰还认为，复杂性方法中两重性逻辑原则与回归环路原则，都可以在中国找到以其他词语所作的同样的表述。他还称自己总是自然地感到与中国的注重联系、变化和转化的思想相沟通。他指出：“正是这种多样性中的统一性和这种统一性中的多样性构成了人类精神的财富。她认证了我们的地球公民籍，同时又包含着我们各自民族的公民籍而不使之变性。”[①]对于博大精深的“道”以及在中国哲学乃至自然与人的生态存在中的“根”性及体验性作用，海内外学者研究结论可谓多矣。刘学智通过“场有哲学”给予了一种表述，且认为这会得出一个全新的“老子”。他谈道：“‘道’是‘无相的实有’，是中国哲学的存在论；‘相对相关性’是场有哲学的场性，非实体主义是其基本的特征；道体是有与无、蕴与徼一体之两面；有无、蕴徼、始德和元德等，都是超切的关系。从这些方面把握老子的道论，不仅能重新认识老子，而且能更准确地把握中国哲学不同于西方哲学的特点，这就是：中国哲学的主客同一和功能性智慧，中国哲学的‘道的理性’而非‘逻辑的理性’，中国哲学本体‘道’的非实体性以及以‘广义的行为体验存在、体验本体’的方法，正是中国哲学不同于西方哲学的重要特点。”[②]美国学者菲利普·克莱顿说：“几千年前中国产生的道家思想就是一种善于掌握平衡的思想，因而，中国很可能在平衡哲学、生态美学的形成和补充中成为世界的领导者。”[③]

（三）跨学科、跨文化视野的必要性

生态批评能否继续发展，能否建立人们对生态批评的信心，使之在文化的整体视野中，在政治、经济、文化及人的生存等诸多方面渗透，并且多角度地启

---

① [法]埃德加·莫兰：《方法：天然之天性》，吴泓缈、冯学俊译，北京大学出版社 2002 年版，总序第 2～3 页。

② 刘学智：《从场有哲学“根身性相学”看〈老子〉的“道”论》，《湖南大学学报（社会科学版）》2013 第 3 期。

③ [美]菲利普·克莱顿：《从过程视野看作为后现代理论和实践的生态美学》，庄守平译，程相占校，《江苏行政学院学报》2013 年第 4 期。

示人们去思考生存与发展的深层次问题，其如何拓展跨学科、跨文化视野是一个重要因素。

生态批评之“波”延伸，使之理论视野在放大，其可信度及可行性也在步步确立。其中的重要因素，一方面是得益于多学科交叉、互动、互补的共进过程，另一方面，当其在中国境域中被广泛绍介、拓展、沿用、丰富，交融于中国文化与文学及当代人不断确立的生态文明视野，这就使之不仅特色明晰，而且效力发挥也越来越强大。在融通各种文化类型方面，生态批评旨在守持文化多样性，寻求共同的文化视角，以全新的历史视野，通过生态审美化地辨析文本价值，继而展示自然、环境状况，更需观照人的现实存在、文化存在等诸多方面。面对文本，生态批评既包含直视生态及环境文学本文的解读，更包含对经典性文学文本的重新解读与阐释，以及新文本、新价值的不断创造，并从中生发新的思维，挖掘出新的内容。

跨学科、跨文化的这种交融性实际也是文化多样性、文化全球化、文化自觉的一种表达方式，是明晰人类生存与发展的路途必须进行生态整治的一个必然的文化诉求。其中仍然可以通过有效开掘及传承东方智慧，尤其是深层观照其蕴含的深生态智慧，通过合理把握中国文化及文学艺术体验中对自然、对生命之“根”性的认知、渗透及情意表达方式，继而通过对人类共通性的自我认知及生存方式的有机性转换而获得新的文化风貌。

我们可以确证，中国文化中特有的宇宙观，其朴素的有机论思维完全能够为生态批评注入基本理念及思维方法；古代中国人对天地人、对“生生”的独特的理解及体验方式，人们对自然生物独特的惜爱方式、保护方式，其“民胞物与”的关系体认，对自然、对美的独特感受方式及话语表达方式，尤其是道、禅思想中蕴含的“道生”、“贵生”、“惜生”的深刻道理，具有人类活动的共通性、共同性。这些都能够为跨文化、跨学科交融提供必要的体验方式及话语表达方式，成为人类生态有机一过程性地走向未来必须汲取的思想资源。

生态/生命及生存之“和合”性的存在理念，和谐、伦理性的文化存在特性，会共同成为生态批评与中国文学传统交融的基础条件，并为其输入“体”与“用”的思维范型、构建模式以及文化自觉意识，也必然为未来社会运演提供必要的滋养，以利于构建社会和谐。

The Theoretical Properties of Linkage and Mixing of Ecological Criticism and Chinese Literary Tradition

Gai Guang

Abstract: Despite that ecocriticism started up in European and American countries, as the worldwide intercultural dissemination and communication strategy, it not only contains the introversion and emotional experience of literature, but also hopefully walks from the inside to the outside.

The basic theory of ecocriticism not only aims to excavate the connotations of the organic relations between human and nature at the deep level, but also deeply explores the human commonality, which makes it a reflection of social, historical, and cultural characteristics of criticism. There is not only possibility of linkage and mixing of ecological criticism and Chinese literary tradition, but there is necessity in it. Their combination is not a simple synthesis; instead, they will continuously create new theoretical horizons and methods and assimilate them into the realm of practice. Ecological criticism can conform to Chinese literary tradition in the cognition and aesthetic expression of the meta-state of natural realization. They can conduct multi-faceted and multi-level linkage and mingling, converge commonality in natural images, expression of love, and poetic experience. In addition, they can mutually shape the theoretical properties in terms of methodology, discourse and intercultural exchanges.

Keywords: ecological criticism; Chinese literary tradition; theoretical linkage; intercultural; theoretical properties

西方三大哲学思想对梭罗生态意识形成的影响

——以《瓦尔登湖》为例

卢普庭[*]

摘要：本文以梭罗的代表作《瓦尔登湖》为研究样本，主要从清教思想、浪漫主义和超验主义三大哲学思想的内涵论述其对梭罗生态意识的形成和发展过程的影响；阐述梭罗生态思想的主要内涵，旨在从文学的角度反映当今世界生态危机日益严重，人们应该反思其对待自然的态度。

关键词：哲学思想；生态意识；内涵；形成；影响

引　言

亨利·戴维·梭罗(Henry David Thoreau，1817～1862)是美国19世纪超验主义思想家中仅次于爱默生(Ralph Waldo Emerson，1803～1882)的重要人物。他既是一位自然作家，又是一位文学批评家；既是一位朴素生活的实践者，又是一位环境保护论者。他的代表作《瓦尔登湖》(1854)记录了他于1845～1847年在康科德附近的瓦尔登湖畔度过的一段隐居生活。在他笔下，自然、人以及超验主义思想交融汇合，浑然一体。他以人对自然的思考为主题，充满了对自然景物的细腻描写，体现了深邃的自然思想和生态意识。

随着时间的推移，人类进入21世纪以来，在环境恶化，人与自然关系日趋紧张的今天，他关于自然的思想得到了人们的重新认识和发掘，为当代的生态文学批评提供了理论支持。因此，梭罗传统上常被定位为一位自然作家，被誉为美国

* 卢普庭，江西农业大学外国语学院教授。

文学史上第一位主要的自然阐释者，是美国环境主义的“第一位圣徒”，并被誉为“现代环保之父”。他在美国乃至世界生态文学中均占有重要的地位。笔者认为分析其生态意识的形成有其特殊的原因和历史背景。本文拟从清教思想、浪漫主义和超验主义三大哲学思想简要分析其生态意识的形成。

一、清教思想对梭罗生态意识形成的影响

17 世纪，欧洲新兴资产阶级主张纯洁教会，清除国教中天主教的影响，因而有“清教徒”之称。清教主义对美国政治制度和文化的形成产生了深厚的影响，当然也对梭罗的生态意识有一定的影响。

根据清教思想的观点，北美大陆是上帝规划的最后一块福地，移民是由上帝选定的实现其意志的人们开发北美，根据上帝和人类的契约建立一个全新的国度，则是上帝赋予人类的最后一个获得救赎的机会。殖民者和移民将北美大陆看作是“自己的”土地，无视印第安人早已在此生活了数千年这样的事实，其根源似乎就在于此。在他们看来，这片土地在他们涉足之前就已经(被上帝选定)是他们的了，而在随后近 300 年中对印第安人的驱逐、屠杀、归化，无非是实现上帝意愿的行动。清教思想关于移民是上帝选民的观点，关于开发殖民地为实现上帝托付的信念，关于必须经受肉体和精神两方面的严峻考验方有机会获得救赎的思想，都在早期的移民心中形成了巨大的精神力量，从而产生了面对艰难困苦的坚韧不拔的毅力。在某种意义上，他们的确真诚地相信，既然“天将降大任于斯人”，“劳其筋骨，饿其体肤”就是必然的考验。因此，梭罗在这种思想的熏陶下，也试图苦其心志，劳其筋骨，饿其体肤，在瓦尔登湖过了两年零两个月的独处生活，在这期间将他的生活标准降低到常人所无法忍受的地步。他在瓦尔登湖生活了 8 个月的全部支出是：

房子	二八·一二五元
农场一年的开支	一四·七二五元
八个月的食物	八元七角四分
衣服及其他零用	八·四〇七五元
油及其他家庭用具	二·〇〇元
总计	六一·九九七五元[①]

① 参见[美]梭罗：《瓦尔登湖》，徐迟译，上海译文出版社 1982 年版，第 54 页。

这正符合清教徒所倡导的勤俭节约，反对铺张浪费的思想。因此，在这一方面清教主义思想对梭罗的生态意识产生了明显的影响。在梭罗看来，金钱使人丧失灵魂、人性扭曲，人们对外在的物质的欲望越多、越强烈，心境愈复杂，精神也就越为之所牵累。他认为大部分的奢侈品及生活的舒适品不但没有必要，而且还妨碍了人类的进步。一旦人们继承了农场、住宅、牲畜和农具，他们就成了土地的奴隶，成了自己财产的财产、工具的工具。他仿佛看到那些被财富的重担压垮、气喘吁吁地在人生的道路上费力地爬行着的人们的惨相。他认为金钱、土地、房屋、牛羊、生产工具都不过是身外之物，何必用尽心机以金子和银子给自己铸造锁链，这完全是蠢人的生活，绝不是真正的人生。

在《瓦尔登湖》里他反复地呼吁："简单，简单，简单吧……简单些吧，再简单些吧！""如果我们愿意生活得简单而明智，那么，生存在这个地球上就非但不是苦事而且还是一种乐事。"如果我们能够使生活简单化，那么，"宇宙的规律将显得不那么复杂，寂寞将不再是寂寞，贫困将不再是贫困，薄弱将不再是薄弱"。"我们为什么要生活得这样匆忙，这样浪费生命呢?"我们为什么不能把我们的生活变得"与大自然同样简单"呢?

梭罗还对追求物质享受的美国式生存方式提出了严厉批判。"这个国家及其所有所谓的内部的改进……全是物质性和表面上的改进，全是不实用和过度发展的建构，到处乱糟糟地堆满了各种设备，被自己设置的种种障碍绊倒，毁于奢侈华贵和愚蠢的挥霍，毁于缺乏长远打算和有价值的目标……对于这个国家和它的人民来说，唯一的治疗方法就是厉行节约，厉行比斯巴达人更为简朴的生活方式并同时提升生活目标。"在梭罗看来，所谓有价值和高尚的生活目标，除了与自然万物和谐相处之外，就是精神生活的丰富。

他以智者的平静告诉人们，应当采取简单、简单、再简单的生活方式，才能获取人生的真谛。这绝不是故作姿态，而是梭罗在瓦尔登湖畔以他的智慧和人生的体验，穿越千百年来历史的尘封和世俗的屏障，发自内心深处的呼唤。他之所以只身一人搬进林中生活，就是为了远离物质世界的喧嚣，净化自己的灵魂，提高自己的精神境界。

为了实践他自己的观点，他只身一人，在瓦尔登湖湖畔亲手搭起一间小屋，开始了他为期两年的隐居生活。在瓦尔登湖陪伴他的有林中的小鸟、赤色的松鼠和知了，地窖里还有鼹鼠，野兔子也偶尔造访他。白天他开荒种地做面包，晚上在门前冥思遐想。他想起远在法国的祖先，甚至追溯到更遥远的古希腊，过着一种苦行僧式的生活。他在湖畔小屋每周平均生活费用是 27 美分，这些用于他自己不能供给的生活必需品。因而除了几件工具、一个笔记本、一支笔、一册《荷马史诗》,他别无所求。白天在无人打扰的寂静中一坐就是几个小时,感动地聆听着蚊虫微弱的吟声,仿佛听到荷马的安魂曲,他沉醉其中,觉得"此中大有宇宙本体之感,宣告着世界的无穷精力与生生不息"[①]。

他实践的简朴生活,通过把物质的需要降低到最少,从而更大限度地满足精神的需要。节俭或经济是《瓦尔登湖》的一个重大主题。《瓦尔登湖》以全书篇幅最长的"经济"篇开场,叙述的基本是近乎枯燥琐碎的衣食住行、日常生活开支账、建小木屋的费用开支账以及大豆地一年的投入产出账等。在梭罗开列的生活必需品中,只包括食物、衣着、住所、取暖,却没有资本主义经济的基本元素——钱。在梭罗看来,钱对于获得灵魂的必需品来说是最不必需的。工作也一样,因为工作被定义为以赚钱为唯一目标的活动。所以,梭罗坚持每天只工作两三个小时,挣得自己的衣食所需,剩下的时间就用来观察、读书和思考。

梭罗的生活信条是:人应当尽可能地降低物质欲望,而将精神追求作为第一要义。在《四季的湖》一篇中,他甚至大声疾呼,给我能享受真正财富的贫穷吧,认为生活越简陋,人的精神就越可能崇高。生活,这就是人生的目的,至于富有还是贫穷,无关紧要。梭罗前往瓦尔登湖畔,在那里度过两年极为简朴的独处生活,就是为了亲身实践并证实这一信条。梭罗大力提倡简单、节俭的生活,当然不是要回到原始蛮荒时代,而是希望人们脱离流俗,仿效古代贤人淡泊名利,艰苦素朴,从物质追求的羁绊中挣脱出来,把时间和精力放到人格的自我完善上。他对东方先哲们怀有十分崇敬的心情,对古代中国、印度、波斯和希腊的哲人虽然在物质上比谁都清贫,但在精神上比谁都更富有感到特别的钦佩和羡慕,他朝思暮想能成为他们中的一员。

二、浪漫主义对梭罗生态意识形成的影响

浪漫主义思想产生于18世纪末,盛行于19世纪上半叶。这一时期的浪漫主义文学与当代的生态批评一脉相承,这相承的"一脉"便是"自然"。浪漫主义,作为哲学思潮,主体性无疑是其最本质的精神;作为文学运动,有机整体的自然规则是它最鲜明的特征。

浪漫主义诗人大都崇尚自然。丹麦文学史家勃兰兑斯(Georg Brandes)称:

---

① [美]梭罗:《瓦尔登湖》,徐迟译,第82页。

"英国诗人全部都是大自然的观察者、爱好者和崇拜者，喜欢把他的癖好展示为一个又一个思想的华兹华斯，在他的旗帜上写上了'自然'这个名词，描绘了一幅幅英国北部的山川湖泊和乡村居民的图画。这些图画尽管工笔细描，却自有一番宏伟景象。司科特根据细微的观察，对大自然所作的描写是如此精确，以致一个植物学家都可以从这类描写中获得关于被描绘地区的植被的正确观念。济慈……能看见、听见、感觉、尝到和吸入大自然所提供的各种灿烂的色彩、歌声、丝一样的质地、水果的香甜和花的芬芳。穆尔……仿佛生活在大自然一切最珍奇、最美丽的环境之中；他以阳光使我们目荡神迷，以夜莺的歌声使我们如醉如痴，把我们的心灵沉浸在甜美之中……甚至像拜伦的《唐璜》和雪莱的《倩契》那种作品的最强烈的倾向，实际上都是自然主义。换言之，自然主义在英国是如此强大，以致不论是柯勒律治的浪漫的超自然主义、华兹华斯的英国国教的正统主义，雪莱的无神论的精神主义、拜伦的革命的自由主义，还是司科特对以往时代的缅怀，无一不为它所渗透。它影响了每个作家的个人信仰和文学倾向。"①

浪漫主义的生态意识是以18世纪工业革命及其造成的环境污染和破坏为背景的，直接反映了浪漫主义诗人对工业文明和科学主义的厌恶，对城市工业和庸俗生活的诅咒。在浪漫主义者眼里，宇宙是有灵性的有机整体。自然作为世界的灵魂，像一个活生生的有血有肉的人，而非一台庞大的机器；人是宇宙的缩影，人就是一个小宇宙，他的体内寄寓着灵魂，就像自然界充满造物主的精神一样。与爱默生颇带神秘性的超验主义一样，几乎所有浪漫主义诗人都尊自然为师，接近自然，认同自然。梭罗与浪漫主义者都有同样的生态意识——世界是一个有机整体。这一自然观对扭转新古典主义的机械论起了很大作用。他们特别把大自然的美好与科技带来的恶果，城市商业习气与乡村淳朴风俗加以对照；他们响应卢梭"回归自然"的号召，并身体力行。梭罗隐居瓦尔登湖畔，与其说是逃避现实，不如说是对现实的不满甚至反抗。他们讴歌大自然，却不是一般的自然诗人，他们的灵性有机整体自然观代表了他们的精神追求和向往。他们既是历史的产物，又是敢于挑战历史潮流的弄潮儿和叛逆者。

美国的浪漫主义者爱默生把荒野看作精神洞察力的源泉，梭罗发现异教徒和美国印第安人的泛灵论把岩石、池塘、山脉看成是渗透着有活力的生命的证据。这些都影响鼓舞了19世纪后期由约翰·缪尔(J. Mair)领导的环境保护运动，以及像弗里德里克·克莱门茨这样的早期生态主义者。

---

① [丹麦]勃兰兑斯：《十九世纪文学主流·英国的自然主义》，徐式谷等译，人民大学出版社1997年版，第6～7页。

三、超验主义对梭罗生态意识形成的影响

“超验主义”(transcendentalism)是19世纪在美国形成的一个文学、哲学运动,它是具有广泛影响的一股浪漫主义改革思潮。其基本精神是挑战传统的理性主义和怀疑论哲学,特别是挑战作为清教主义理论基础的加尔文教思想。它首先表现为宗教和哲学思想的改革,后扩展到文学创作领域。强调以人为中心,崇尚意愿,注重精神力量和个性,融合本民族的道德、宗教和哲学色彩,形成了具有典型新大陆特征的文学思潮。在哲学上,超验主义思想受到德国的康德、费希特、谢林等人的唯心主义和神秘论的影响,同时也受到英国浪漫主义文学家,以及印度、中国等东方民族的古典哲学思想的影响。

以爱默生、梭罗等为代表的超验主义思潮尤其引人注目,这一思潮的意义也许更重要地体现在热爱自然、尊崇个性、号召行动和创造、反对权威和教条等具有人生哲学蕴涵的方面,它对于美国精神和文化摆脱欧洲大陆的母体而形成自己崭新而独特的面貌产生过巨大的影响。

19世纪美国的超验主义运动的参与者,大都受浪漫主义的影响(梭罗也是如此),他们赞成人在内心的自我反省,主张个人主义,推崇自然美和人类天性美。他们相信自然(宏观宇宙)与个人(微观宇宙)之间有着某种程度的相似性,这同东方的天人合一观念有了某种程度的相似性……他们认为要实现人类的潜能,有效的手段是神秘主义的方式,通过深刻地领悟自然的美和日常生活中处处透露的真。

美国学者克罗齐介绍梭罗时说“梭罗的思想是在哈佛大学念书时开始明确定型的”。在哈佛求学期间,梭罗就从图书馆借阅了大量的关于西方哲学、宗教、文学、自然科学等书籍,同时也阅读了一些有关东方文化的法译本,因此,他对希腊、罗马的古文明、西方哲学和宗教有一定的了解,并对东方文化产生了兴趣。他后来在超验主义者主办的杂志《日晷》上多次发表摘自《四书》法译本或源自《佛经》等东方典籍的警句格言。塞托梅尔(Sattlemeyer)也指出梭罗在哈佛的阅读为其后来所形成的思想奠定了基础。

超验主义思想的出发点是人文主义,即强调人的价值,反对权威,主张个性解放,强烈反对加尔文教的神学观点,反对宗教礼仪的形式主义以及神学的教条主义,它对于美国的多元文化形成具有积极的意义,对美国作家产生了不小的影响。到了20世纪50年代,随着工业化引起的种种社会问题的出现,梭罗

敏锐地感受到民主制的弊病，他侧重超验主义中人的“自助”精神，主张回归自然，保持纯真的人性。

梭罗的一生都在与自然为伴，但是真正吸引梭罗的事情不是把自然当成死的对象加以科学的研究。即使是在工作最具科学性质的地方，梭罗也表现了他毕生坚持的信念：自然有着远远超出感官所能把握的意义，它不是科学所能穷尽的。梭罗这些思想的基础是超验主义哲学，这是梭罗自然思想的主调，也是他的生态中心论思想的根源。

在梭罗的超验主义思想中，自然界有着特殊重要的意义。自然对他来说，是一个确实的存在，是宇宙万物所有的细节的综合；它不仅以健康的形象对立于病态的社会，也是人认识宇宙的完美细节，最终达到精神升华，融于超验真理，展示自己心灵最美好的东西的场所。

结　语

综上所述，我们不难看出梭罗的生态意识的形成有着深刻的历史和文化背景。当时最盛行的三大哲学思想对他的生态意识产生了明显的影响，具有十分重要的意义。因此，他的生态意识在当今的文学界、生态保护界乃至经济界都广泛地引起了人们的关注，特别是当今的中国社会正如 160 多年前的美国工业社会迅猛发展的历史时期，像梭罗那样对自然的认识、对自然的态度和对自然的保护意识值得我们社会各界人士的学习与借鉴。

The Affection on the Formation and Development of H. D. Thoreau's Ecological Consciousness of the Three Western Philosophy Thoughts: Taking *Walden* as an Example

Lu Puting

Abstract: Taking H. D. Thoreau's masterpiece, *Walden*, as a sample of study, this paper mainly analyzes the affection on the formation and development of H. D. Thoreau's ecological consciousness of the three main philosophy thoughts—Puritanism, Romanticism and Transcendentalism and presents the connotations of Thoreau's ecological thoughts for the purpose of making the serious eco-crisis known to us all from the view of literature. We should reflect on our attitudes toward nature.

Keywords: philosophy thoughts; ecological consciousness; connotation; formation; affection

多丽丝·莱辛小说创作中的生态意识研究

杭　迪*

摘要：多丽丝·莱辛是当代英国文坛最伟大的女作家之一，并于2007年荣获诺贝尔文学奖。她的创作风格多变，且始终关注全球性生态危机。生态问题不仅是莱辛创作思想的基点，也是贯穿其文学创作始终的一个重要维度。本文以生态批评理论为基础，以生态美学中的美学原则为审美标准考察莱辛的代表作品《日出草原》和《又来了，爱情》，着力挖掘隐含于其小说创作中的丰富的生态意识及其主要源泉和内涵。

关键词：多丽丝·莱辛；生态意识；生态批评

多丽丝·莱辛是英国当代一位才华横溢且创作风格多变的小说家，被公认为英国最伟大的女作家之一，从20世纪50年代发表处女作《野草在歌唱》之后，莱辛创作了80多篇中短篇小说、近30部长篇小说、多部论文集和回忆录、两部剧本及一本诗集。莱辛于2007年获得诺贝尔文学奖，她的作品一直保持着个人特征，大多真实反映20世纪人类的生活状况及现今社会的苦难等问题，深刻剖析当今社会的生态危机，表达自己的生态理想和人道主义情怀。

莱辛自始至终关注着人类的生存和命运。她觉得人类的希望就在于个性的自我和社会的自我的平衡，从她的创作生涯一开始，莱辛就坚信个体的重要性在任何时候都不应该被忽略，同时应该处理好个人与社会的关系。这种对于个性自我与社会自我关系的认识虽不能说具有完全的生态哲学思想，但至少在对于"自我"的认识上，已经表现出了初步的生态哲学思想，她的《日出草原》就

* 杭迪，内蒙古大学艺术学院副教授。

是这一思想较为典型的体现。

短篇小说《日出草原》以南非草原为背景，描述了一个小男孩的心理成长故事。故事中的主人公在黎明时分充满活力和激情地在草原上享受自我成长的快乐，却无意中目睹了小鹿被群蚁吞食的场面。孩子先是被这残酷的场面所震惊，更让他难以接受的是，小鹿之所以会沦为蚂蚁的美餐源于孩子一次不负责任的狩猎。经过痛苦的挣扎后他从心理上接受了这一事实，也从一个小男孩成长为一个完整的人。这篇小说常被评论家看作是个体成长的故事，描述的是成长中的痛苦。可是从生态批评的角度看，小说中主人公的成长无处不显示出一种生态意识的觉醒，正是这种正在觉醒的生态意识，促发了孩子成长的痛苦，同时也促进了孩子的成长。

作者将孩子成长的背景放在了自然之中，即南非的草原，而日出时分则象征着孩子的觉醒。这是一个人可以完全认识真正自然的地方。日出前约两个小时，清新的空气、草原上的草木、河流、鸟儿以及围绕着孩子身边前后跑动的猎犬构成了一幅充满活力的人与自然和谐共处的美丽画面。作者采用第一人称进行描述，字里行间透露出孩子对周围世界的热爱。他在尽情享受着自然，和自然的美丽广阔相比，象征着人类社会环境的、孩子的家则被描述成明净天空下低矮的房屋。孩子在黎明的空气里，欢呼雀跃跳过石头时突然意识到自己有可能扭伤脚踝，这使得他同时意识到，自然所带给他的快乐并非可以恣意获取，任何的意外都有可能带走这种快乐。而这种意识随着故事的发展变得逐渐明晰、强烈。孩子 15 岁了，像所有正在成长并且渴望成长的孩子一样，他内心深处的“自我”意识正变得愈来愈强烈，孩子的自我意识首先表现为对自我的控制意识。他曾连续三个晚上不睡觉，白天仍然坚持工作，只是为了证明他可以控制自己的身体。在体验过程中他甚至拒绝承认自己有些累，而他要睡觉只是因为他想要睡觉，睡眠只不过是在他控制中为他服务而已。孩子最自我的认识，是一种典型的自我中心思想，由最初的自我控制逐渐发展到要控制他人。这种对自身的认识正如人类中心主义对自身的理解一样：上帝专门创造了人，又为人建造了生活的环境、大地、河流、日月。其他所有的生物都是为了人而存在，人是世界的中心，而人对于世界的最大责任就是改造世界、利用世界。15 岁的主人公虽然还没意识到自己对于世界的责任，但对自己的控制能力却已经欢欣鼓舞、跃跃欲试了。所以当他一想到自己已经 15 岁的时候便抑制不住内心的狂喜。孩子从可以摆脱他人或是他物的控制到自以为可以控制自身，进而控制他人和世界，是成长过程中的一次飞跃。这象征着人类认识自身、认识世界进而改造、控制世界的进程。

成长是个复杂的过程，在这个过程中必然会产生痛苦，这种痛苦源自于对自身的认识。当孩子看到垂死的公鹿时，在最初短暂的同情和恐惧之后，他所想到的是帮助它结束痛苦。孩子的反应绝不能简单地理解为仅仅对世界的控制欲的表现，那是非人类中心思想的萌芽，孩子可以感受到动物的痛苦，并且觉得有责任、有能力去解救它。孩子将举起的枪又放下了，他知道生物圈有自己的生存原则，这便是生态思想的萌芽，从觉得“没有什么我做不了的”到“事情就是这样，没有什么能改变它”，实现了从自我意识觉醒到对“他我”的认识，意识到外部的世界是独立存在，按照自身规律发展的。虽还不能说孩子已具备生态意识，但至少可以说具备了尊重生态的意识。孩子努力克服自己的恐惧和同情心，看到蚂蚁嘴里咬着的血红的鹿肉，强忍住胃里的痉挛，说服自己“蚂蚁也得吃东西”，眼泪和汗水说明孩子承受的痛苦。

人类中心主义思想把人看作世界的中心，其他万物都为人而存在。而小说中的孩子却感受到，鹿也是它的世界的中心，如果它们有哲学思想的话，似乎可以称为“鹿中心主义”，就在大约一小时之前鹿还在享受它的世界，而周围的一切似乎也都是为它存在的。当孩子想到这一点的时候，他内心的生态思想已经在逐渐生长。孩子在成长中，生态自我也在逐渐觉醒，他开始认识到鹿和他一样也是一个世界的中心，作为生态中的一员，每一种生物都是生态的自我，都是为了自我的存在而存在，人类如此，动物、植物、微生物和其他自然存在物亦是如此，没有任何存在物是为了其他生物而存在。而站在任何一个生态自我的角度来看，其他存在物又都是为了这一个“自我”而存在的。是因为生态意识的觉醒才让他觉得痛苦，他若把鹿的存在看作是为了人类而存在，他是不会觉得如此难以接受杀死鹿的事实的。这时候的他恰恰是因为成长，才意识到自己的不成熟。

长期以来，“人类中心主义”思想在西方哲学思想中影响很大，它否认人与自然有直接道德上的关系，认为自然就是为人而造的，甚至所谓保护自然也不过是为了让人类能更好地利用自然、享用自然，仍然是把人和自然放在两个相互对立的层面。生态文学是以生态整体利益为最高价值，表现人与自然的关系，探寻生态危机的社会根源，生态责任、生态思想和生态预警是其突出特点。莱辛在其作品《日出草原》中所探寻的人与自然的关系、自然界中不同物种之间的关系，皆是以生态整体主义思想为基础。小说中孩子、蚂蚁、鹿被平等地放在了一个自然生态链中，在这个链条中的每一个参与者的需求甚至情感都得了同样的尊重,并且互相影响。从生态批评的角度来解读《日出草原》,读者会发现小说中主人公的成长历程其实就是生态意识的觉醒过程。

另外一部莱辛的代表作《又来了,爱情》是其晚年作品。晚年的莱辛已不再拥有年轻时候的激情,行文相对简约朴素,题材也集中于女性和人权等相对狭窄的范围。《又来了,爱情》这部小说结构简单,主要以朱丽和萨拉两位不同时期的女性的生活为线索,表达一直以来的男女不平等问题。莱辛儿时对非洲南部的记忆中万物和谐的景象不断在其脑海中浮现,直接影响着她的生态理想,融入每一部作品的创作中。莱辛认为,与自然界的其他生物一样,人是大自然的一个组成部分,大自然中的每一个组成部分都具有独一无二的价值,人类应该尊重其他生命体,人类应该珍惜并维护生物的多样性。

在《又来了,爱情》中,朱丽这一形象表达了莱辛全部的生态伦理观。朱丽的一生始终没有脱离自然,文章一开始就提到"她出生于西印度群岛……与鲜花、蝴蝶、小鸟为伴","像一头野山羊一般在树林中轻快地跳跃"。莱辛一直追求的天人合一完整地体现在朱丽身上,"一位妇女在丛林和岩石间跳舞,天上是一轮满月,那舞者全身赤裸"。大自然赋予了朱丽追求爱情、追求人身人之间和谐的勇气和力量,但这和当时的社会观念格格不入,她是人们眼中的异类,是无权利获得爱情和幸福的。朱丽在遭受两次被抛弃的经历之后仍未放弃追求自由和幸福,但就在最后时刻她选择了跃入深潭,结束自己短暂的一生。莱辛安排这样一个结局,是她个人对当时所谓的文明社会中存在的一种病态的生态关系的一种无声的控诉。

在《又来了,爱情》中,我们还可以感受到莱辛的生态人生观,即追求自由,努力实现自我。莱辛所刻画的主人公朱丽和萨拉即是她心目中勇敢追求人身自由、努力实现自我的典型:朱丽始终努力凭借自己的才华向世人证明自身存在的价值,她满腹才华,与她的老师们展开思想的辩论,依靠从大自然获得的灵感进行音乐、绘画、文学等创作,诠释了莱辛心目中人与自然应有的和谐画面。萨拉也是如此,她同样凭借才华创办了剧团,将自我思想通过剧本创作和演出的形式向世人展示,证明自己的价值。朱丽和萨拉可以说是莱辛本人投射而成,是她追求自我人身自由、探寻自我实现的主要方式之一。

长期以来,人类中心主义思想在西方哲学思想中影响深远,生态文学是以生态整体利益为最高价值,表现人与自然的关系,探寻生态危机的社会根源。莱辛在其作品中所探寻的人与自然的关系以及自然界不同物种间的关系,都是以生态整体主义思想为基础,小说中主人公的成长历程其实就是生态意识的觉醒过程。

An Eco-consciousness Study on Novel Creation of Doris Lessing

Hang Di

Abstract: Doris Lessing is one of the most famous authors in England. She was given the Nobel Prize in literature in 2007. Her creation has diversified style. She always paid attention to the global ecological crisis. Ecological issues are not only the basis of her novel creation, but also one of the most aspects of her creation. This article focuses on two novels (*A Sunrise on the Veld*, *Love Again*) and analyzes the eco-consciousness and its sources and meanings on the basis of eco-criticism theories and ecological aesthetics theories.

Keywords: Doris Lessing; eco-consciousness; eco-criticism

“卧游”与中国古代山水画的环境审美之维

刘心恬*

摘要:“卧游”一词由宗炳提出而一贯至明清,是中国艺术史的重要范畴。“卧游”是指观者面对山水画的虚拟环境,凭借神思畅游于山水之间,全身心、全方位地感知艺术空间和自然空间的审美体验。“卧游”是中国式“入画性”审美活动的典范,与西式“如画性”环境审美模式不同,观者在物理层面上与画中世界相隔有距,而在心理层面上佯信置身其中,被山水包围,人景浑融一体。因而所谓散点透视乃处处皆“游”点,使观者得以在画中世界自由地立足、无拘地神游。“卧游”之游心天地的环境审美活动是中国古代哲学以仰观俯察为核心的宇宙观在艺术空间审美上的体现,凝结了虚实相生而有意境的中国传统审美观的精华,呈现出虚拟性、过程性、游戏性、仪式性与身心性等特征。

关键词:卧游;山水画;环境审美;中国艺术精神

一

雷吉斯·德布雷曾记述一则有趣的轶事:“有一天,一位中国皇帝请宫中首席画师把宫殿墙上刚刚画成的瀑布抹去,因为水声让他夜不成寐。”[②]画作本是无声诗,画师运用高超的技艺将一挂“瀑布”置入宫室之中,望之使人联想到水

---

* 刘心恬,山东艺术学院讲师。

② [法]雷吉斯·德布雷:《图像的生与死:西方观图史》,黄迅余、黄建华译,华东师范大学出版社 2014 年版,第 1 页。

流，佯信水声不绝于耳，以至于被瀑布声惊扰了美梦。视觉刺激了想象并引导听觉的运作，使皇帝被置身画中山水的念头困扰，不能成寐。这是一次虚拟性的环境体验，以艺术为媒，感知了画作再现的山水环境。

将山水图之于壁的做法让人联想到宗炳，他将生平所游历之山川绘于家中，每每坐卧临画便似故地重游。据《宋书·宗炳传》记载，他"好山水，爱远游，西陟荆、巫，南登衡岳，因结宇居衡山，欲怀尚平之志。有疾还江陵，叹曰：'老疾俱至，名山恐难遍睹，唯当澄怀观道，卧以游之。'凡所游履，皆图之于室，谓人曰：抚琴动操，欲令众山皆响。"与那位皇帝不同，宗炳乐于被满室的"山水"所围绕，想必不但不会夜不成寐，反会邀山水入梦。徐复观先生指出，"他的画山水，乃为了满足他想生活于名山胜水的要求。这说明了山水画最基本的价值之所在"[①]。在无法亲临名山胜水时，宗炳不得不退而求其次，在山水画卷中寻求慰藉。中国古代文人"以玄对山水"的"澄怀观道"是精神修行的典型途径，但在无法"身即山川"之时，只得求助于山川的图像，以此为审美想象的出发点，假装自己正置身山光水色之中。

自宗炳提出"卧游"的山水画欣赏方式之后，这一审美观多次出现在画家及画论家的论述中。譬如董其昌，不仅将山水画卷轴放置在案几之上，时时展卷观之，"日夕游于枕烟廷、涤烦矶、竹里馆、茱英洪中"[②]，还对着巨然画作参禅悟道，将之"悬之画禅室，合乐以享同观者"[③]。他如此描述欣赏范宽山水画作的审美体验："凝坐观之，云烟忽生。……每对之，不知身在千岩万壑中。"[④]这至少是"卧游"，甚或是"卧游"之上的"神游"。又如《林泉高致》中，郭熙亦陈类似宗炳的遗憾：心有"林泉之志"而"耳目断绝"，退而求其次，为满足"梦寐在焉"的期待，"得妙手，郁然出之"，才得以"不下堂筵，坐穷泉壑"，甚至可以获得"猿声鸟啼，依约在耳；山光水色，滉漾夺目"[⑤]的虚拟性视听体验。这证实了世人珍视山水画的原因，也说明"卧游"这一临画而坐卧观之的审美体验方式是被古人广泛接受的。观画不仅是"看"，也是"听"，是"感"，是"游"，是多重身体感官参与其中的一种审美体验。除却细致阐发"卧游"体验过程的论述之外，宗炳之后的古

① 徐复观：《中国艺术精神》，华东师范大学出版社2001年版，第142页。

② （明）董其昌著，邵海清点校：《容台集·文集》卷四《兔柴记》，西泠印社出版社2012年版，第279页。

③ （明）董其昌：《画旨》，周积寅《中国历代画论》（上），江苏美术出版社2013年版，第32页。

④ （明）董其昌：《画禅室随笔》，周积寅《中国历代画论》（下），江苏美术出版社2013年版，第613页。

⑤ （北宋）郭熙、郭思：《林泉高致·山水训》，周积寅《中国历代画论》（上），江苏美术出版社2013年版，第243页。

人也常用“卧游”作为画册或文集的题名，吕祖谦（1137～1181）的《卧游录》、沈周（1427～1509）的《卧游图》、陈继儒（1558～1639）的《卧游清福编序》、李流芳（1575～1629）的《江南卧游册》与《西湖卧游图》、王铎（1592～1652）的《西山卧游图轴》与《家山卧游图轴》、程正揆（1604～1676）的《江山卧游图》、盛大士（1771～1836）的《溪山卧游录》、黄宾虹（1865～1955）的《山水卧游册》等皆为例。可见，自南朝至明清，“卧游”已成为文人普遍认可的以艺术为媒介进行山水审美欣赏方式的代名词，其所包蕴的“卧以游之”的内涵不仅是中国艺术精神的体现，也指向一种在中国传统审美文化土壤中滋养生成的独特环境体验方式。

二

徐复观先生认为，“宗炳的画山水，即是他的游山水；此即其所谓卧游”[①]。“卧游”不仅是一种山水画的审美欣赏方式，更是一种创作山水画的心与物游的审美体验。“卧游”体验得以实现的原因在于艺术家构造画中山水空间的技巧。宗炳在《画山水序》中指出，绘制山水时要“身所盘桓，目所绸缪。以形写形，以色貌色”[②]。一“盘桓”一“绸缪”，画家在头脑中艺术地构思出了一片山水的空间。只有画家首先佯信自己被真实的山水与笔下的山水所“包围”，才能描绘出“围绕”观画者的景致。中国画缺失了西画焦点透视的立足点，却收获了更多的“卧游”立足点，收获了山水画审美意境之所由生的立足点。

宗炳更详尽地阐述了“卧游”审美体验的生成原理及意义价值。首先，“卧游”是这样一种审美活动：“闲居理气，拂觞鸣琴，披图幽对，坐究四荒，不违天励之丛，独应无人之野。峰岫峣嶷，云林森渺。”[③]心境闲适之时，轻抚琴弦，伴着清远的乐音，缓缓展开画卷，凝神静观，闭目思量，仿若穿越时空来到画中，独自一人置身山川荒野，被群峰四下围绕，举目见葱翠，低头听溪潺，画外画内一片幽然静谧。“卧游”要求观画之人保有一种道家的虚静心境，“疏瀹五脏，澡雪精神”后而“披图幽对”。因此，“卧游”正是“致虚极，守静笃，万物并作，吾以观复”的哲学观和宇宙观在艺术领域的践行。由于宗炳信仰佛教，所以“卧游”又带有佛家参禅修行的意味。观览画卷之际，既是坐忘，也是坐禅，不仅名山胜水纳入

---

① 徐复观：《中国艺术精神》，第 144 页。

② （南朝宋）宗炳：《画山水序》，周积寅《中国历代画论》（上），江苏美术出版社 2013 年版，第 102 页。

③ （南朝宋）宗炳：《画山水序》，周积寅《中国历代画论》（上），第 286 页。

心中，而且宇宙四海也进入观照的视野。基于画作的环境审美体验使自然虚拟性地外化在观画人身体周围，又内化在其心灵之中，身心内外都被山水以感性和理性的方式所占据了。

其次，"卧游"的关键环节在于"神思"。简言之，神思即审美想象。基于艺术作品的形式特征，观画人在头脑中描绘新的图景、领略新的风光、踏足新的境地。只需说服自己佯信"身即山川"，便可被自然万物所簇拥，因而以"神思"为基础的"卧游"是一种以画作为道具的假扮游戏。宗炳在此时期提出"卧游"是符合中国古代艺术史与传统审美文化的发展规律的。对审美想象的理论化表述是魏晋南北朝时期审美意识达到自觉的表征之一。刘勰以"思接千载……视通万里……"①、陆机以"精骛八极，心游万仞"②分别描述了审美想象活动的特征，指出其能突破时间与空间的限制，达到情感思绪在历史维度与地域维度上的自由，通过无中生有、虚实互生而营造意境。凭借想象的展开，观画人在水墨山川间无拘无束地畅游，虚拟性地听闻鸟鸣溪流的声响，观望自然旖旎的风光，嗅闻川泽的清新与温润，感受微风送爽的清凉——足不出户而遍步天下，难怪宗炳要将平生所游历之山水请入室内以慰藉向往自然之心，在"神思"中融会万趣以求身心为之一畅。至于"卧游"之审美想象的具体展开环节，宗炳指出其关键在于"应目会心……目亦同应，心亦俱会"③，即从视觉观看起步而至心旷神怡，由身的感知到心的感悟，再到心神层面上的身的虚拟感知，最终实现身心相融互渗不分彼此。因此，"卧游"的真正意义不止于"以目光在画面上的游动代替了人在真山水中的游动"④，更在于"猿声鸟啼，依约在耳"，"山光水色，滉漾夺目"，在于"涤烦襟，破孤闷，释躁心，迎静气"⑤，是一种身心关联的虚拟环境审美体验。

再者，"卧游"的功效在于"畅神"。在想象中模拟真实的山水体验，由心关联身并产生"畅神"效果。古人相信观看山水画也有治愈身心的功效。秦观曾记述自己观画疗疾的经历："元祐丁卯，余为汝南郡学官，夏得肠癖之疾，卧直舍中。所善高仲符，携摩诘《辋川图》示余曰：'阅此可以疗疾。'余本江海人，得图喜甚，即使二儿从旁引之，阅于枕上，恍然若与摩诘入辋川……忘其身之匏系于

---

① (南朝梁)刘勰著，范文澜注：《文心雕龙注》(下)，人民文学出版社1958年版，第493页。

② (西晋)陆机、陆云：《陆机文集·陆云文集》卷一《赋一·文赋并序》，上海社会科学院出版社2000年版，第11～12页。

③ (南朝宋)宗炳：《画山水序》，周积寅《中国历代画论》(上)，第321页。

④ 聂涛：《"卧游"对中国山水画透视法的影响》，载《中国石油大学胜利学院报》2002年第1期。

⑤ (清)王昱：《东庄论画》，周积寅《中国历代画论》(上)，江苏美术出版社2013年版，第251页。

汝南也。数日疾良愈。”[①]不独秦观，阿尔贝蒂在《论建筑》中也指出：“观看喷泉、河流和瀑布的图画，对发热病人大有裨益。若有人夜间难以入睡，请他观看泉水，便会觉得睡意袭人……”[②]艺术与自然的结合使人身心愉悦，但并非从物理层面直接作用于感官，而必须借助想象间接地将观者送入一种被山水环抱的虚构情境中。此类“透过图画的表象，让观者的身体感受到眼中水流的清冽”[③]的现象确乎存在，但无法用“视觉体验”或“环境体验”来描述，因为在严格意义上它不归属于二者中的任何一种。姑且将之称作一种虚拟性的环境审美体验，依托于再现自然环境的艺术作品，在精神层面拉近并消减人与环境的距离。

宗炳又云：“今张绡素以远暎，则昆、阆之形，可围于方寸之内，竖画三寸当千仞之高，横墨数尺，体百里之迥。”[④]其审美心理的关键在“当”、在“体”，将三寸当作千仞，把数尺视为百里，假装相信画中寥寥几笔便可开疆拓土。这不正是中国古代戏曲布景的写意手法吗？正如三五武生代表千军万马，“趟马”几步便是日行千里。如果说形是骨架，神是血肉，那么写意就是中国艺术精神的精和髓，将虚实互生、有无转换的哲学基因带入了“卧游”体验。“当”与“体”强调一种中国式的接受美学思想，要求观画者兑现一种配合画家的默契。原本写意山水在技法上就淡化了西画讲求的形似求真与空间透视，要求观者配合就意味着要从线条勾勒与水墨浓淡的手法中自行体悟并还原所再现的山水环境，恰似观看戏曲表演时对动作程式、舞台布景、道具脸谱等写意元素的心领神会。

三

除上述虚拟性、身心性与过程性之外，“卧游”体验还具有游戏性和仪式性的特征。这鲜明地表现为一种“入画”的审美过程：观者以山水画为道具，生发出关于被再现景致的虚构事实，并借助“神思”在画作所虚构的自然环境中徜徉流连，佯信自我正被此山此水环绕，嗅到山巅青葱的气息，湿润的微风拂面而来，调动身心感官参与其中，从而获得与游览真山水相似的畅神怡情的审美效果。因此，“卧游”式虚拟环境审美体验建立在一种精神模拟（mental

① 周义敢、程自信、周雷编注：《秦观集编年校注》卷二四《序跋·书辋川图后》，人民文学出版社2001年版，第538～539页。

② 转引自[法]雷吉斯·德布雷：《图像的生与死：西方观图史》，黄迅余、黄建华译，华东师范大学出版社2014年版，第1页。

③ [法]雷吉斯·德布雷：《图像的生与死：西方观图史》，第1页。

④ （南朝宋）宗炳：《画山水序》，周积寅：《中国历代画论》（上），第393页。

simulation)的假扮游戏(game of make-believe)[①]的基础上——审美主体在精神层面的"神思"中模拟艺术场景之"虚"而佯信自我感知到了虚构事实之"实",在虚实相生中获得审美愉悦,生成了审美意境。

德布雷认为"图像……是一种媒介……本身并非终极目的,而是一种占卜、防卫、迷惑、治疗、启蒙的手段"[②]。在卧榻画中游的审美游戏中,具有媒介身份的图像是道具和手段,而非目的,不难理解它所服务于的审美过程具有疗愈的作用。这一疗愈功效是以置身画中山水进行审美体验为前提的,因而"入画"的审美参与才是山水画实现审美价值的关键。德布雷感叹道:"'巫术'(magic)和'图像'(image)由同样的字母组成,真是恰当不过。求助于图像,就是求助于魔法。"[③]图像恰是一种作用于视觉进而作用于身体的魔法,把远在天边的山水景致带入自家屋宇,足不出户便可尽游天下旖旎风光。其疗病的效果或许不为现代医学所承认,但愉悦人心的"畅神"之效必然是有的。

在中国传统艺术的创作与欣赏中,"图像"与"巫术"的关联远比德布雷所述更为深厚。"卧游"式的观画体验便是一种类仪式化的过程,且这一仪式化特征恰与中华民族文化根性形成时期的巫术活动相近。以"卧游"为代表的精神模拟被再现对象全身心沉浸在画作世界中的审美体验方式遗传并保留了上古巫文化的内核——一种虔敬而理性的仪式膜拜心态——只是在形式上略去了烦琐的礼乐典仪准备,将物质性的形式因素皆搁置在身外,甚至连肉身也忘却地、毫无利害与负担地踏入画中世界,迎接令人神往的"辋川",洗却人世间的烦忧,荡涤世俗心灵的凡尘。在此体验中,画纸所分隔的人与画所在的两个世界合而为一,人与画中山水合而为一,进而人的身心亦合而为一了。

神圣的仪式在"卧游"的过程中被内化为一种审美心理,即便繁缛的仪式环节不在场,内化的"仪式"仍在举行。宗炳秦观们保有一份虔敬的心,面对山水画卷若举行一种仪式,在这一个人的仪式中,水墨勾勒出的不仅是山水的轮廓,更是降神于斯的庙堂。李泽厚先生指出:"孔子……强调巫术礼仪中的敬、畏、忠、诚、庄、信等基本情感、心态而加以人文化、理性化,并放置在世俗日常生活和人际关系中,使这生活和关系本身具有神圣意义。"[④]"卧游"笔墨山水的过程

① 有关"精神模拟"与"假扮游戏"的概念,参见肯德尔·沃尔顿的相关著作。Kendall L. Walton, *In Other Shoes: Music, Metaphor, Empathy, Existence*. Oxford University Press, 2015, pp. 1-2, 130-150, 270, 273-287.

② [法]雷吉斯·德布雷:《图像的生与死:西方观图史》,第 17 页。

③ [法]雷吉斯·德布雷:《图像的生与死:西方观图史》,第 17 页。

④ 李泽厚:《由巫到礼 释礼归仁》,三联书店 2015 年版,第 31 页。

便是这样一种神圣的、仪礼性的过程，其深层文化根源即在于上古的巫史传统，因之具有“重过程而非对象”、“重身心一体而非灵肉二分”的基本特征。[①]

关于中国古代文人面对山水与山水画卷时的虔敬的内心状态，贡布里希指出，中国的画家常“以毕恭毕敬的态度画山水”，其目的是“给深思提供材料”。而观画之人亦抱持一种类似的态度欣赏画作，“只有在相当安静时，才打开来观看和玩味”[②]。不论是山水画的创作还是欣赏，这种虔敬的仪式化心态是中国人所特有的，借由描绘山水、观看山水画的艺术体验进行游观天地的冥想训练的审美活动也是中国艺术精神有别于西方的特质之一。正如贡布里希所承认的，“我们不易再去体会那种心情，因为我们是浮躁的西方人，对那种参悟的功夫缺乏耐心和了解”[③]。若论这其中的渊源，一方面，基于宗炳本人的生平经历，“卧游”必然是儒、道、释三家哲学思想圆融影响下的产物，是以画为媒的“心斋”、“坐忘”与“不下堂筵”的禅定修行。画作所再现的山水环境是一条牵引思绪的线索，带“卧游”之人神游于屋宇之外，来到广阔的天地间遨游。另一方面，“涤除玄鉴”、虚如橐籥的精神状态使绘者与观者更易进入自由无拘的虚构世界中，闭上观看现实世界的肉眼，切断与居室环境的连续性，而张开省察内心世界的心灵之眼，将思绪连接至水墨山水中。得益于虚静的内心状态，“卧游”之人“所观之物是艺术虚像承载的实有万象，所沿袭的是自由而尚虚、外求而内省的路数，所体悟与追求的是有限言筌背后的无限意境”[④]。

四

“卧游”是这样一种“入画”的虚拟环境审美体验：绘者与观者在山水画卷中畅游，在审美想象中虚拟地感受山水的包围，佯信自己正在聆听林间悠扬的虫鸣鸟叫，品味甘洌清爽的山溪泉水，即视满目苍翠熠熠闪光，呼吸木叶青草的香气。这种体验来自于真实环境审美体验的记忆。“卧游”的审美体验方式无疑是无法取代“身即山川”的真实环境审美活动的，但作为退而求其次的选择，既见出了古人为了达成与山水无比亲近的目标而作出的努力，也证明了山水画作为一种山水情怀的寄托物的属性。因此，“卧游”作为“身即山川”的真实山水环

---

① 参见李泽厚：《由巫到礼 释礼归仁》，第 35 页。

② [英]贡布里希：《艺术发展史——“艺术的故事”》，范景中译，林夕校，天津人民美术出版社 2006 年版，第 81 页。

③ [英]贡布里希：《艺术发展史——“艺术的故事”》，第 81 页。

④ 刘心恬：《从“卧游”看中国传统艺术的假扮游戏特征》，载《时代文学》2015 年第 2 期。

境审美体验的有益补充，凝练并彰显了中国艺术精神及传统环境审美观，使自然美与艺术美得以在一种虔敬的心理状态与审美习惯中并行不悖、互融共生。

“卧游”的对象不仅是虚拟的山水“环境”，更是一种审美的山水“意境”。或者说，中国山水画中的意境来自于一种被再现的山水环境，画中山水以“意”为精髓与韵味，以虚构的“境”包围环绕“卧游”之士。因而，画家所营造的是有意味的环境——可“观”的实境与可“游”的虚境须臾不分地彼此交融呈现，才更加耐人寻味。以“卧游”为代表的山水画虚拟环境审美体验对中国艺术精神研究的启示是，能够承载并彰显中国艺术精神的并非只有艺术创作过程，对中国传统艺术作品的审美欣赏方式同样应当成为研讨中国艺术精神元素的重要对象。尤其是以“卧游”为代表的中国传统审美欣赏范式的“重过程而非对象”、“重身心一体而非灵肉二分”的基本特征，不仅典型地内化并外显了中国艺术精神的基本内涵，也培养并塑造了中国的欣赏者。得益于中国传统审美文化的滋养与塑造，这一审美接受的群体才更易自然而然地理解并践行“卧游”的审美欣赏方式及与之相应的虚拟环境审美体验。

“Woyou” and Picturesque：On Environmental Aesthetic Values of Chinese Aesthetic Activities

Liu Xintian

Abstract：“Woyou”，one of the representative categories in Chinese art history，was proposed by Zong Bing and developed by artists and scholars from Tang Dynasty to Qing Dynasty，which indicates a unique aesthetic experience of appreciating Chinese landscape paintings. The viewer imagines himself wandering in the natural world represented by the painting，instead of watching it in a distance，who pretends to believe that the fictional space and environment generated by the work are true and as real as that can be felt and touched. Although the viewer is absent from the painted world in a physical way，he's enjoying the embrace by creeks，mountains，vegetation，warble and breeze all around him in a spiritual manner. He could also stand behind the characters in the painting，watching them playing chess and drinking tea together, in a fictional way. There's no standing point as perspective for the painter, but standing points everywhere for the viewer to travel in his imagination. Created in scattered perspective, Chinese landscape painting is environment-friendly art, which emphasizes the mental combination of human and nature, as well as the harmony among mind, body and environment. This idea derives from Chinese ancient philosophy, especially Taoism. By the virtual perception of "Woyou," the fictional painted space and the real landscape mutually generate the beauty of each other, to achieve higher aesthetic level that absorbs the essence of Chinese traditional aesthetic principles. Aesthetic activities of "Woyou" are substantially the game of make-believe, a kind of personal ceremony like Zen practice, and also provides deeper connection between body and mind under the fictional circumstances of natural environment. Thus, "Woyou" represents "Chinese picturesque," which differs from the western "picturesque." Instead of separating human and landscape, it encourages viewers to engage in the painted landscape during mental simulation, purifying and refining the mind without actual traveling around.

Keywords: "Woyou"; Chinese landscape painting; environmental aesthetics; Chinese art spirit

杜夫海纳的造化自然观及其天人和谐内蕴

——从《审美经验现象学》的一个悖论谈起

尹　航*

摘要:现象学美学家杜夫海纳在其后期代表著作《诗学》中,阐发了其独具特色的造化自然观。这一观点赋予了通常意义上的自然概念以全新而深刻的内涵,并进而立足于文艺创作与审美经验领域,建构出人与自然的一种本源和谐的主体间性关系。本文从杜夫海纳前期著作《审美经验现象学》的"审美对象就是自然"这一悖论谈起,对其造化自然观进行了解读,并结合杜夫海纳对造化自然与艺术家之间召唤与应答的论述,尝试揭示这一自然观念天人和谐的主体间性内蕴。

关键词:造化自然;召唤与应答;灵感激发;天人和谐;主体间性

杜夫海纳秉承胡塞尔"回到事物本身"的严格科学精神,以现象学还原方法将审美经验置于审美知觉意向性结构中加以考察,建立了独具特色的审美经验现象学。为保证研究对象的纯粹性以回归事物本身,杜夫海纳把审美经验层层还原到艺术审美经验上,认为:"有关审美对象的思考……只有在艺术方面才能得到充分的发挥,因为艺术充分发挥趣味并引起最纯粹的审美知觉。"[①]而在具体的还原过程中,对自然的审美经验是被首先悬搁起来的,因为审美经验"在感知自然界的审美对象时可能混进的不纯成分的影响"[②]。在外部自然中,有太多纯粹知觉意向结构之外的元素,如"掺杂了清新的空气或芬芳的草香"[③]的感官刺激物、"超俗独处的怡然自乐、向上攀登的快乐以及因无拘无束而产生的高度

* 尹航,山东青年政治学院副教授,文学博士。

① [法]米盖尔·杜夫海纳:《美学与哲学》第1卷,孙非译,中国社会科学出版社1987年版,第33页。

② [法]米盖尔·杜夫海纳:《审美经验现象学》,韩树站译,文化艺术出版社1996年版,第7页。

③ [法]米盖尔·杜夫海纳:《审美经验现象学》,第7页。

兴奋”[①]的心理活动，甚至还有征服一个高度和挑战自我极限的那种功利性的成就感和满足感，它们无不超越于纯粹知觉关联对象之外并趋于理性思考和功利目的，理应首先被排除在纯粹审美知觉之外。但事实证明，“自然”这一概念，在审美经验现象学中从未真正退场过。为了将审美经验严格纳入意向性结构，区分审美经验与日常生活经验，厘清审美对象与其他经验对象的界限，杜夫海纳曾专门考察审美对象与生命对象、实用对象、意指对象、自然之物的区别。出人意料的是，通过比较，杜夫海纳在明确审美对象与前三者的显著差异的同时，却唯独得出“审美对象就是自然”[②]的结论。显然，这与上述现象学还原的目的是背道而驰的：审美对象本就是知觉主体悬搁了对自然对象等“不纯成分”的知觉经验后，在所剩余的纯粹的艺术审美经验观照中的产物，却又为何被重新归于自然？自然与审美对象在杜夫海纳的思想中到底有何关联？这种关联具体体现在哪里？——“审美对象就是自然”这个悖论无疑是耐人寻味的，它不仅暗示了自然与艺术之间纠缠不清的复杂关系，也牵引出杜夫海纳对自然概念的独特理解。

一、杜夫海纳的造化自然观

其实，杜夫海纳美学体系中的自然概念，远非《审美经验现象学》所指的自然之物那样简单，而是具有更加深广的内涵，这在其后期的代表性著作《诗学》(*Le Poétique*)中得到了集中而详尽的阐明。由于译介的不足，当前国内理论界对杜夫海纳美学思想的研究仅停留在其前期的《审美经验现象学》和《美学与哲学》第1卷的中文版上，这就为我们全面理解其美学观念造成了局限——“审美对象就是自然”这一论断成为悖论就是如此。

在法文版《诗学》中，我们发现杜夫海纳在表述“自然”概念时，往往特意将“la nature”一词的首字母大写而成为“la Nature”，即自觉地把通常意义上的自然之物向一种大写的自然——造化自然升华转化。在这部专门论述诗歌艺术创作的著作中，他集中表述了一种造化自然观。

首先，造化自然是一种无尽的深度和无限的广度。作为万物的源头和载体，它原初而永恒，孕育并包容一切，且不以人的意志为转移——“自然是静寂

① [法]米盖尔·杜夫海纳：《审美经验现象学》，第7页。
② [法]米盖尔·杜夫海纳：《审美经验现象学》，第121页。

而不透明的深渊,是盲目的迟滞与呆缓。"[①]作为"根本不可测量"[②]的深度,它是存在性、基底性的,有时显现,有时遮掩。它化生万物,世间大全均为它的体现;它并非"偶然的组合,而是作为沉默的源泉提供可能性"[③]。这样的造化自然是万象起始的根源和居存于万物之根本的整体性精华与灵蕴所在,由于深度所以沉默,所以存而不显。人们通常所说的自然(la nature)只是它的产出物与承载物,由于肤浅所以清晰明显。杜夫海纳十分突出强调"造化自然"的"造化"的含义,它以创造化生之意与作为它创造物的一切自然事物相区别。所以他把"nature"(自然)一词的首字母大写成"Nature",以与小写的"nature"(自然物)相区别。在这个意义上,所有具体的自然物,以及人类和人类文明这些传统自然观所划归文化而非自然的事物,尽管其演化级别与生态机能由低到高各不相同,但在造化面前都是其产物。唯有深藏于这些自然物存在深处的那个创生性的包蕴物与本源物才是高于自然物的造化本身:"我们可以说造化是一种显现为原生自然的超越自然的自然。"[④]

杜夫海纳对自然的理解,首先来源于斯宾诺莎的自然哲学:后者直接以"原生自然"(la nature naturant,又译作"产生自然的自然")和"所生的自然"(la nautre naturée,又译作"被自然产生的自然")来设定造化与自然的区分。这对概念最早来自经院哲学,前者指上帝,后者指被造的世界。[⑤] 在《伦理学》中,斯宾诺莎转用来建构其泛神论思想。前者又被他称为"能动的自然",指"在自身内并通过自身而被认识的东西,或者指表示实体的永恒无限的本质的属性,换言之,就是指作为自由因的神而言"[⑥]。后者又被称为"被动的自然",指"出于神或神的任何属性的必然性的一切事物,换言之,就是指神的属性的全部样式"[⑦]。他认为神是世间万物的第一因,通过"能动的自然"与"被动的自然"的明确区分,他把作为唯一的实体的神等同于前者,而把后者等同于自然神性的具体表现。另一方面,这一泛神论的神不是有人格、意志和超越于一切并以某种神秘力量来谋划、创构自然发展史的纯粹精神,而是按照自身自然规律而必然运行的自然本身,所以在泛神的同时又带有浓郁的无神思想。

---

① Mikel Dufrenne, *Le Poétique*, Paris, PUF, 1963, p. 213.

② Mikel Dufrenne, *Le Poétique*, p. 213.

③ Mikel Dufrenne, *Le Poétique*, p. 215.

④ Mikel Dufrenne, *Le Poétique*, p. 177.

⑤ 参见尼古拉斯·布宁、余纪元主编:《西方哲学英汉对照辞典》,人民出版社 2001 年版,第 654 页。

⑥ [荷兰]别涅狄克特·斯宾诺莎:《伦理学》,贺麟译,商务印书馆 1983 年版,第 29～30 页。

⑦ [荷兰]别涅狄克特·斯宾诺莎:《伦理学》,第 29～30 页。

这一双重性在杜夫海纳的造化自然观中体现出来：一方面，杜夫海纳对自然伟力的崇敬，使他将造化置于神的位置："上帝，就是自然。"[①]"上帝于是成为这造化的名字。"[②]"寻找深度，在某种意义上说，就是寻找上帝。"[③]上帝创造并化身于万事万物中，这一优越性和本源基础性通过"原生的自然"和"所生的自然"明确划分，清晰地体现在杜夫海纳自然观对造化与自然之物差异的设定里。《诗学》对造化向诗人的召唤及造化与人类关系的论述，始终充满了人对造化这个产生自我内在性的绝对外在性的至上尊崇。"形而上学的窗口将杜夫海纳引到神学的门口，结果使他选择了斯宾诺莎式的研究方向。"[④]而在这个过程中，能动自然的深广造化与创生功能及由此而来的人类主体对自然伟力的敬服心态，使自然相对于万物及人的主体地位被牢固树立起来。

但与此同时，杜夫海纳同样强调造化自然的无意识性和无目的性。在充分肯定原生自然的能动创生力及其深度的不可测量性的前提下，杜夫海纳找来谢林作依据。谢林在建构其客观唯心主义的"同一哲学"时突出体现了斯宾诺莎的泛神论特点，但加进了目的论。他视自然本身为一股强大而绝对的宇宙精神并具有内在而强烈的自我外化、铺展并最终实现的终极目的。在其宏大的展现历程中，从原初物形态，经过机械、电磁、化学、有机等层层高级的作用和从矿物、植物、动物及人的发展演变，自然的绝对精神发展至人而达到自由理智。于是斯宾诺莎那里无目的的自然必然性规律被这里目的性的绝对意识所取代。杜夫海纳看中了谢林绝对意识和宇宙精神的能动性、主体性一面及其作为自然伟力化生万物的博大精深："造化在将自身能量不断显现和将其无限的可能性不断现实化的过程中展开自身，这是一种预设着实现与行动的能量。"[⑤]但同时，他又抛弃其目的性、潜意识性的一面，继续在斯宾诺莎的意义上认为造化主体能动性的来源在于其客观的必然规律与演化规则。如此一来，杜夫海纳的自然观又在相当程度上显现出与谢林客观唯心论不同的唯物论因素。列维纳斯甚至评论说："杜夫海纳可谓走到了尽头：梅洛－庞蒂和萨特的某些唯物主义的表述都没有他这样极端。"[⑥]

---

① [法]米盖尔·杜夫海纳:《美学与哲学》第1卷,第51页。

② Mikel Dufrenne, *Le Poétique*, p. 207.

③ Mikel Dufrenne, *Le Poétique*, p. 206.

④ Maryvonne Saison, *L'esthétique de Mikel Dufrenne*, 载《世界哲学》2003年第2期。

⑤ Mikel Dufrenne, *Le Poétique*, p. 221.

⑥ Emmanuel Levinas, *A Priori et Subjectivité*, *Revue de Métaphysique et de Moral*, 67e année, n. 4, oct.-déc. 1962, p. 496.

然而,造化自然作为人类的原初性创造力量和本源性存在深度,同时又是与人息息相关的。造化创造人的同时,化作人所生存的背景与环境。人与其他自然的创造物共有造化的灵气,生活在造化之家。不同的是,人作为较高级进化的杰作,拥有凭借自身发达的感觉与先进的智力更好地感受、理解并适应造化的能力。正是在这个意义上,杜夫海纳并不完全否认谢林视域中自然发展至人而实现自由理智,不反对人是自然物中相对的主体优越性,并将这一优越性视作人面对无限深广的造化力量时的那种不卑不亢的精神底气,以及在此基础上人与造化之间的密切关系。人是造化的产物,却也是造化伟力的最有力印证者。造化在人的身上典型地反映出自己最全面的面貌和意义。"造化沉默的力量穿过居住于天地的所有存在物及所有生命形式而自我揭示"①,但只有"相伴于人类,造化的概念才能真相大白……人是造化的产物也是造化衍生的一部分,这是具有优先性的一部分,一切在人身上自我揭示"②。造化自然在本质上强大于人并优先于人,但这种强势性与优先性必须首先在与人的紧密结合中才能完美地表现自己、证明自己。理解造化自然,必须结合人类,造化自然与人类是绑定在一起的。他主张按照谢林理论的构思把时间性重新还给造化。造化自然的无限是排除时间性的,而人的历史却是在时间性的漫漫长河中步步展开。只有在这种时间性的历史长河中观察与造化的密切关联的人类发展历程,才能愈加清楚明了地看到造化的神力。至此,杜夫海纳超越了斯宾诺莎:一方面,人本身作为造化的最高杰作具有与造化的同质性,成为造化的深邃与伟力的体现者。在人面前,"原生的自然"不是上帝的独白,而是为人提供终极生存环境的与人相关物。另一方面,凭其理性能力与情感禀赋,人又能深入洞悉造化的法则而拥有高出他物的主体优越性,在人身上造化显现自身。造化与人不可分离,"我们只有根据它向人的显现才能谈论造化,甚至根据人关于造化的所想、所为,造化与其说先于我们,不如说包围着我们"③。造化自然,恰恰是在与人的血缘共生与交相呼应中,成为人之生存的世界。"造化需要人类,同时在人身上它实现了自我需要。"④"与人同在,目的才能实现。没有人的力量是盲目的,深度亦成为深渊。"⑤

① Mikel Dufrenne, *Le Poétique*, p. 206.

② Mikel Dufrenne, *Le Poétique*, p. 222.

③ Mikel Dufrenne, *Le Poétique*, p. 215.

④ Mikel Dufrenne, *Le Poétique*, p. 219.

⑤ Mikel Dufrenne, *Le Poétique*, p. 219.

二、造化自然的显现——与艺术家的召唤和应答

既是深不可测的创世者，又是休戚与共的关联者——造化自然在人类面前充满悖论意味的双重性，蓄积着二者之间强劲的张力。作为人类存在的极限深度，它往往静而不宣，隐而不显；作为实现于人的共在世界，它又时常化身显现。造化需要通过人类而显现自我完成，就必须找到一条从深远到临近、从遮蔽到澄明、从疏离到亲密、从不可见到可见的有效路径。杜夫海纳找到了这样一条路径，这便是造化自然对艺术家的召唤。在《诗学》中，他以诗歌创作为例，集中阐述了艺术是造化自然向人类显现自身的方式和途径。

“诗人是预言家，他看到不可见的东西。但不可见的并非存在于可见的彼岸，它是内在化的可见物。”[①]造化自然正是需要诗人帮助自己这一“内在化的可见物”重新敞开，将不可见的深度挖掘至表层，呈现在人类感知阈中。如此，造化自然的自我实现在人的面前才被领悟，获得意义。这一过程不是超越，而是去蔽；不是让人向“可见的彼岸”无限迈进，而是在此岸抹去可见物上的灰尘，让不可见之物显形。“一旦诗人说话—— 一旦人类感知——造化便成为世界。”[②]“在诗中，深度的沉默产生了回响。在对世界的欢庆中，诗句述说着不可言喻的造化。……正因如此，造化需要诗人。”[③]成为世界，意味着造化与人结缘，其最高实现宣告完成。

诗人拥有通晓和感应这种召唤的能力，他们似乎生来就是与造化对话的。兰波认为诗人必须使自己成为“通灵者……因为他到达了未知领域”[④]，克洛岱尔试图“找出通向无形世界，即世界灵魂的道路”[⑤]。“诗人有着想要成为洞察者、想要知道的野心。……为了成为洞察者，兰波变成了野兽般的心灵。诗人为造化自然交给的使命而着迷，并忠诚无比。”[⑥]接受召唤，将造化自然编写入诗，最终造化自然潜入人的意识，变不可见为可见，这便是在造化自然的召唤

---

① Mikel Dufrenne, *Le Poétique*, p. 164.

② Mikel Dufrenne, *Le Poétique*, p. 227.

③ Mikel Dufrenne, *Le Poétique*, p. 229.

④ [法]弗朗索瓦兹·普洛坎、洛朗·埃尔莫利纳、罗米尼克·罗兰编著：《法国文学大手笔》，钱培鑫、陈伟译注，上海译文出版社 2002 年版，第 120 页。

⑤ [法]弗朗索瓦兹·普洛坎、洛朗·埃尔莫利纳、罗米尼克·罗兰编著：《法国文学大手笔》，第 136 页。

⑥ Mikel Dufrenne, *Le Poétique*, p. 170.

下,诗人生来固有的使命。作为造化自然与人类的中介,诗人对造化是洞察者,对人类是翻译家。面对召唤,他以诗作应答。诗歌于是成为连接造化自然与人类的桥梁和纽带,它将二者共同置入世界。

杜夫海纳进一步认为,造化自然对诗人的召唤,是以赋予灵感(l'inspiraton)而实现的。通过灵感,造化自然潜入诗人思维,变对众人不可见为只对诗人可见。这一赋予灵感的活动过程便是造化自然对诗人的激发(inspirer)。于是灵感成为造化自然与诗人相通的关键。这种召唤是在某种意向性的关联中,造化把平素不可见之处向诗人开放,以宏大精深之伟力转化为智、情统一的情感向诗人提供,并在主体间性的关照中借助诗人之主体性而将自身主体性向世界彰显。

诗人以其具体的构思和创作活动接受召唤,并使激发活动具化为诗。首先,杜夫海纳认为,意向性关联中的造化和诗人发生的活动关系是在一瞬间交互双向完成的:在造化赋予灵感以发出对诗人的召唤的那一刻,诗人凭借自身的主体想象力同样予造化以回应。在灵感与想象力的相互作用中,造化将自己化不可见为可见,置入诗人的心灵和思维之中。从诗人的角度讲,便是通过对灵感的领受而获得了造化自然提供的"大形象"(les grandes images)。这种形象与我们平时说的具体呈现于面前的可视、清晰、恒定的形象不同,它是浑然一体、游移模糊、处于非理性与前思考状态,又是满载着意义并显得坚决而急迫[①],急于借诗人之话语自我言说。"大形象"又称"想象主题",它源于造化,又直接是诗人运用诗性思维进行个性化的想象活动的产物,体现着诗人对造化召唤的回应。作为"主题",它体现出某种笼统的集合性,作为凝聚于某一核心的整体而尚未展开,作为原初之共性还没有分殊到无限多样的个别性中去。"这些大形象,这些神话的种子,这些原初的象征由造化向着我们发散。"[②]杜夫海纳比喻说,"大形象"正如同荣格的原型[③],是广博浩瀚的造化不断重复显现在诗人思维中的形象。但相比于荣格的原型侧重表现为从自然原生性向人性文明性发展过程中所积累下来的人类主体性与能动精神,杜夫海纳的"大形象"似更有意表明,自然原生性在历史的漫漫长河自人类的远古原始状态向今日高度发达的人类文明奔流的过程中,从来未曾消失,而是时刻与人类相伴存在。"大形象"积淀在诗人诗性思维的深处,同时必须通过诗人朝向它的想象活动才能被看见。

---

① Mikel Dufrenne, *Le Poétique*, p. 186.

② Mikel Dufrenne, *Le Poétique*, p. 192.

③ Mikel Dufrenne, *Le Poétique*, p. 189.

如果说原型由人类从祖先那里继承下来，并经由无意识的保存而被动领受，那么“大形象”却是造化的召唤与诗人的个性化想象力共同作用的结果，兼有造化与诗人在同质性状态下的双重主体性，以及诗人在灵感激发下的无意识与诗人接受灵感的想象意识的叠合性。在这个意义上讲，“除了对世界最原初的意识——想象，无意识便什么都不是”①。想象使诗人将“大形象”这一母题在思维主体的个性化运作中成形，具象化为一个个体现之前那混沌未分、不确定、非理性的母题的具体可感的形象(les images)，并通过诗之语言置入诗歌作品中，这也便是诗歌的具体写作过程。“诗人立刻捕捉住(大形象)并把它固定在(诗性)语言中。”②杜夫海纳认为，诗性语言具有直接契合“大形象”及具体形象的神奇功能。这表现在前者本身的情感性与表现性能够与造化寓于情感的形象正相对应。“诗把情感潜力放置于词中”③，“情感像一声呐喊那样激发了词语，使之具有表现力。而情感本身就是对世界面孔——这是一个需要一种声音来自我感动和自我表现的世界——的一次发现”④。与审美经验现象学的表现观与情感观一脉相承，此处的“表现力”和“情感”概念均指那种融感性与意义、形式与内容浑然一体的前谓词性的存在与思维(因为处于前谓词自明性中，所以二者往往合而不分)。其中“情感”是感性融合理性扬弃自身后世界的整体面貌，而“表现力”则是诗性语言对世界这种浑融状态的整体把握。具有表现力的诗性语言与呈现情感特质的世界面孔于是具有了天然相合性。这也是为什么杜夫海纳认为索绪尔语言学的“随意性原则”不适用于诗歌语言，对后者来说，能指与所指恰恰在造化的天然层面便已经一一对应了，正如象形或表意文字那样。“如果我的语言在命名事物时的确具有表现力，那是因为事物就是这样呈现于我，并可以说是自我命名的。”⑤在这个意义上，他从现代派诗人，特别是表现主义诗人立场出发，认为诗歌语言整体上所追求的音乐性正是世界情感，即造化之面目的表现。“引起音乐性的不是精神上的秩序，而是来自宇宙的秩序……它源于世界。”⑥这是内在的音乐性，杜夫海纳称之为“形象的音乐性”。这一看似矛盾的命名实际指出了造化形象的混沌性与音乐的情感表现性之间相当程度的本源和谐。在他看来，形象是双面的：一方面，它是诗人在捕捉“大形象”

---

① Mikel Dufrenne, *Le Poétique*, p. 191.
② Mikel Dufrenne, *Le Poétique*, p. 192.
③ Mikel Dufrenne, *Le Poétique*, p. 186.
④ Mikel Dufrenne, *Le Poétique*, p. 187.
⑤ Mikel Dufrenne, *Le Poétique*, p. 178.
⑥ Mikel Dufrenne, *Le Poétique*, p. 192.

后，对其加以具体想象而获得的具象化图景；另一方面，它也是感性与意义、形式与内容混沌未分、完美融合的表现性事物，就像作为汇集了意义及情感整体的审美对象表现世界一样，就像作为表现性艺术之最高体现的音乐一样。“词总有一个意义，这个意义是音乐性的一个元素。没有一种音乐性只是发音的，它总是同时为了耳朵和为了理解力的。”[①]所以形象是作为再现与表现的统一而存在的。“这种被感到的形象的音乐性，是世界创造了它。”[②]作为造化自然的产物，它体现了造化自然的面目。

“诗人所做的，就是收集并传达音乐性的形象。”[③]“形象是世界在人类身上的第一声回响。”[④]从“伟大的形象”到具体的音乐性的形象，诗人以诗歌这种特有的手段将不可见的造化向他的读者呈现为可见。造化由此通过诗人而实现自我言说、自我显形，在与人的照面相遇中，“一个读者可进入的世界由此打开”[⑤]。透过诗歌，“诗人总在述说着：造化在这里……”[⑥]。

三、造化自然在艺术审美对象中的显现

理解了杜夫海纳的造化自然观，再来反观《审美经验现象学》，“审美对象就是自然”这一论断便不再构成悖论。造化自然与艺术创造之间召唤与应答的双向关系，决定了在具体的审美知觉意向结构中，由艺术作品转化而成的审美对象与造化自然之间的密切关联。后者经艺术家的创作，将自身转化为可见可感的自然性而固定、留存在艺术作品和审美对象中，使自然与艺术难分难离。的确，艺术创作是对自然之物的征服，是自然之物向人为之物转变的结果，但这一征服和转变却恰恰是造化自然向作为艺术欣赏者的人类化身显现的方式和途径。正因为如此，自然“当它与艺术结成联盟时，它保持着自己的自然特征，并把这一特征传给艺术”[⑦]。

首先，艺术作品的创作材料，被杜夫海纳称为“物质手段”的东西，如绘画的颜料和画板、音乐的乐器、歌剧的嗓音、舞蹈的肢体、建筑的石头和雕塑的泥巴

---

① Mikel Dufrenne, *Le Poétique*, p. 193.
② Mikel Dufrenne, *Le Poétique*, p. 193.
③ Mikel Dufrenne, *Le Poétique*, p. 195.
④ Mikel Dufrenne, *Le Poétique*, p. 195.
⑤ Mikel Dufrenne, *Le Poétique*, p. 196.
⑥ Mikel Dufrenne, *Le Poétique*, p. 189.
⑦ [法] 米盖尔·杜夫海纳:《审美经验现象学》,第 113 页。

等等,无不来自自然。他甚至认为,"如果说起木管和铜管,那么我们指的不是乐器的物质材料,而是声音的物质性"[①],代表了音乐的自然天性。这些自然元素通过艺术家的精心加工、组合而成为艺术作品的结构元素,其自然性不但没有消失,而是被固定、保存了下来:颜料转化为色彩,其色质与光泽仍在;乐器吹奏出音响,其声音却源于声孔的天然振动;建筑与雕塑把石头和泥巴赋予形状,我们却看得到原来的质地与色泽。当这些元素随整个艺术作品进入审美知觉便同时成为审美对象的有机组成部分,继续以感性形态参与审美经验活动中。因此,"审美对象首先就是感性的不可抗拒的出色的呈现"[②]或"审美对象就是辉煌呈现的感性"[③]等表述,实质上也是关于审美对象中自然性元素大量存留的表述。"如果旋律不是倾泻在我们身上的声的洪流,那又是什么呢?如果诗不是词句的协调和娓娓动听,那又是什么呢?如果绘画不是斑斓的色彩,那又是什么呢?甚至纪念性建筑物如果不是石头的感性特质,即石头的质量、色泽和折光,那又是什么呢?如果颜色暗淡了,消失了,绘画对象也就不复存在。废墟之所以仍是审美对象,是因为废墟的石头仍是石头,即使磨损变旧,它也表现出石头的本质。"[④]"声的洪流"、诗句的娓娓动听、"斑斓的色彩"、"石头的质量、色泽和折光"无一不是自然性元素在审美对象上的显现,是造化创世的伟力向可见可感的自然性体现。它们生机勃勃地印证和表征着造化自然的无限深广和欣欣向荣。这也是为什么"假如遇上一场大火,建筑物失去自身的图形与油漆色彩,那它就不再成其为审美对象了"[⑤]。从造化自身显现的意义上说,失去了自然性因素,艺术作品也就失去了存在的意义。

更进一步,自然并非仅存于审美对象感性阶段,而是随后者在辩证性的逻辑展开中充满整个审美对象。从感性经再现世界达到表现世界,审美对象不仅完成了自我扬弃后的最终实现,也将蕴含其中的自然性因素同时提升到新的阶段。在情感这种"新的直接性"对感官刺激的直接性的超越中,自然性元素也一道被赋予了感性与意义的多元内涵,从而成为表现的自然。感受一个表现世界,便是连同浑融其间的自然一起感受。自然由此渗入自足自律的对象"准主体"的内涵中:"我们可以说审美对象具有自然物的特征,例如冷漠、不透明性、

---

① [法]米盖尔·杜夫海纳:《审美经验现象学》,第116页。
② [法]米盖尔·杜夫海纳:《审美经验现象学》,第114页。
③ [法]米盖尔·杜夫海纳:《审美经验现象学》,第115页。
④ [法]米盖尔·杜夫海纳:《审美经验现象学》,第114~115页。
⑤ [法]米盖尔·杜夫海纳:《审美经验现象学》,第115页。

自足。"[1]这三个特征恰恰就是作品自然性元素所向我们揭示的造化自然那深远、遮蔽与创生能动的特质。"自然在不带有人类作出的规定性的印迹时就是这种存在的形象……它是照耀自己的光……但不是通过接受世界赖以显露的外来的光,而是使它发出自己的光。"[2]

在此意义上,艺术家对审美对象的形式赋予并非完全是对自然的人为规训征服,也并不意味着艺术品终在形式的层面超越自然。赋形并不等于抹杀天然要素,而是助其愈益彰显。音乐创作以和弦与调性整合声音,将不和谐的噪音转变为和谐的乐音,声音因此悠扬而洪亮;绘画以构图与布局安排颜色与光线,自然的色泽得到加强而更易吸引审美知觉。这一切加强了自然感性的力度,所以说"感性的登峰造极仅仅标志着形式的充分发展。感性是通过形式而出现的……形式在这里就是感性成为自然的东西"[3],并且"这种固定下来的带有形式的、充满活力的、最终成为对象的感性,构成一种具有造物主那种无名的、盲目的潜能的自然"[4]。另一方面,形式的赋予确又是感性自然中人为因素的加入,虽然"审美对象确是通过形式的统一性本身才仍然是自然,但这种自然是意指的自然,超出盲目自然的自然"[5]。自然性元素在形式化的感性中得到加强从而彰显造化之伟力,那也是在人的协助下得到加强。人所表现的自然,既是"具有造物主那种无名的、盲目的潜能的自然",又是"意指的"、"超出盲目自然的自然"。艺术作品中自然性元素的这种看似矛盾的双重性,正是作为原生自然的造化既深不可测又与人类共在的两面性的集中体现。"审美对象只是因为是人为的所以才是自然的"[6],所以"我们完全可以说,审美对象就是自然"[7]。

四、人类与造化自然的本源和谐

"自然所激起的审美经验给我们上了一堂在世界上存在的课。"[8]造化与艺术家之间的召唤与应答,实质上是人与造化自然在美学意义上双向、可逆的交

---

① [法]米盖尔·杜夫海纳:《审美经验现象学》,第178页。
② [法]米盖尔·杜夫海纳:《审美经验现象学》,第178～179页。
③ [法]米盖尔·杜夫海纳:《审美经验现象学》,第120页。
④ [法]米盖尔·杜夫海纳:《审美经验现象学》,第121页。
⑤ [法]米盖尔·杜夫海纳:《审美经验现象学》,第177页。
⑥ [法]米盖尔·杜夫海纳:《审美经验现象学》,第121页。
⑦ [法]米盖尔·杜夫海纳:《审美经验现象学》,第121页。
⑧ [法]米盖尔·杜夫海纳:《美学与哲学》第1卷,第49页。

流与对话：造化通过向艺术家发出召唤，将自身植入艺术审美对象，造化进入人类审美知觉的视野，显现并诉说自身；而人类则通过知觉艺术审美对象、静观凝视其自然性元素，在美的体验中领悟深邃而隐蔽的造化本身，使造化重回意识，体悟自身与造化的共存。所以，造化自然“在对我谈论它自己的同时，它对我谈论了我自己；它不是让我回忆起我自身、我的历史或者我的独特性，甚至也不是明白地给我讲述我的人性……然而它至少告诉我说，这种无边无际的呈现是一种为我的呈现，因此我暗中是与这无边无际的呈现相协调一致的”[①]。正是在这个意义上，杜夫海纳得出结论：“在这世界里，人在美的指导下体验到他与自然的共同实体性，又仿佛体验到一种先定和谐的效果。”[②]

我们有理由认为，杜夫海纳是立足于美学领域，在主体间性的意义上谈论造化自然和人类的关系的。造化是人类的原初性孕育者，也是以自身实现之欲求对人发出召唤者，它依靠人类而彰显自身基底性、深度性及创生性的伟大力量。“《诗学》不但把人描述为自然的‘共同实体’，而且认为，只要自然与人类一起出现，只要自然出现在人类面前，那么，自然就是为了自我而创造人类。”[③]“为了自我而创造人类”正是同时体现了造化自然的双重性与人类形成的那股巨大张力：创造人类是其主体能动性，而人类对其召唤的回应则同时体现了人类的主体能动性。所以我们说造化自然与人类之间具有一种天然而原初意义上的本源和谐性，这种和谐无疑同时表现为造化主体与人类主体的间性关系，它最终实现于人类投身于造化自然的审美经验中。如果说在日复一日的日常生活中，人因为造化自我掩蔽的深度性而忽略了这种本源和谐性，那么在艺术审美经验中他通过驻留于审美对象感性本身的审美知觉而重新注目于感性内蕴的自然性，从而看到了造化的显影，重新领受自然必然性背后的造化自然的伟力。在审美经验中，人类得以重拾这种主体间的本源和谐性。

杜夫海纳正是基于这种主体间性的本源和谐性来思考诸多美学问题的。限于篇幅，这里仅以他对崇高的诠释为例。康德把崇高归于人之作为能动的理性主体面对自然对象之被动客体的一种凌驾性的主体自豪感。而杜夫海纳却认为，伟大和崇高是自然未经人化时最经常呈现的方面[④]，即原生的造化自然本身的显露。造化自然作为深不可测的创生伟力，本身正体现为康德所说的数学

---

① ［法］米盖尔·杜夫海纳：《美学与哲学》第1卷，第50页。

② ［法］米盖尔·杜夫海纳：《美学与哲学》第1卷，第51页。

③ 王岳川：《现象学与解释学文论》，山东教育出版社1999年版，第134～135页。

④ ［法］米盖尔·杜夫海纳：《美学与哲学》第1卷，第48页。

崇高的“绝对地大”和力学崇高的“强制力”，而根本不是人类内心世界与理性精神内部的某种情感。康德以崇高感来印证理性主体压过自然伟力，表面上是肯定自然伟力的强大性和真实性，其实质却是来衬托人类理性的崇高和伟大。所以杜夫海纳带着些许讽刺的口气说：“我们不是‘通过什么隐瞒真相的欺骗方式’，去向自然的一个对象表示‘敬意’。”①相反，他将自然命名为“原生的自然”即造化自然，从而将其置于世间一切存在物（包括人）的地位之上。他对造化自然的“敬意”是最真诚的敬意，而绝非通过一种“隐瞒真相的欺骗方式”。他甚至有时把造化自然抬升至上帝的高度，认为人与自然的具有先定和谐效果的共同实体性，根本“不需要上帝去预先设定，因为它就是上帝：‘上帝，就是自然’”②。杜夫海纳是在充分肯定并论证了造化的原生性、创造性和强大性的前提下，引入人及其主观认知能力的。人类与造化建立的是奠基于本源和谐性上的主体间性关系。一方面造化创造人类、包围并滋养着人类，一方面人类在最高表现形态上彰显造化，并在审美的层面上见证造化。造化与人类不是康德主体中心论意义上的自然对象和人类主体的被认识、被支配和认识、支配的关系，而是存在论意义上的造化主体与人类主体的相互交往、彼此共存、水乳交融、相得益彰的主体间性关系。所以杜夫海纳的观点是：“我们不说：‘真正的崇高仅存在于判断者的精神之中，而不存在于产生这种素质的自然对象之中。’我们说：真正的崇高存在于这二者之中。在这个条件下，自然把我自己的形象反射给我，对我来说，它的深渊就是我的地狱，它的风暴就是我的激情，它的天空就是我的高尚，它的鲜花就是我的纯洁。”③在此，崇高既不再是自然事物本身的客观特性，亦非我这个认知主体的主观精神与情感，而是同时表征造化与人类的一体两面的镜子。深渊与地狱、风暴与激情、天空与高尚、鲜花与纯洁的两相融合，正是处于前谓词世界中原初意义上的造化与人类的基于血缘亲情关系的整体未分的状态。在我身上映现的是造化的伟大面貌，而通过造化我看到了那深藏于伟力深处的自己的显影。——二者难解难分的同一性特质，便是其本源和谐性的集中表征和体现。

---

① ［法］米盖尔·杜夫海纳：《美学与哲学》第 1 卷，第 41 页。
② ［法］米盖尔·杜夫海纳：《美学与哲学》第 1 卷，第 51 页。
③ ［法］米盖尔·杜夫海纳：《美学与哲学》第 1 卷，第41 页。

Dufrenne's Idea of the Nature and Its Inter-subjective Connotation of the Harmony: Beginning on a paradox in *The Phenomenology of Aesthetical Experience*

Yin Hang

Abstract: Phenomenological aesthetician Dufrenne expounds his characteristic idea of the Nature in *The Poetic*, which is his later period representative work . This idea endows a new and deep connotation to the notion of nature in ordinary sense, and establishes in the field of artistic creation and the aesthetical experience a kind of inter-subjective relationship between human being and nature. Beginning on the paradox—The aesthetical object is the nature—in his earlier period work *The Phenomenology of Aesthetical Experience*, this article explains his idea of the Nature, and attempts to reveal the inter-subjective connotation of the harmony between the Nature and the human beings in this idea.

Keywords: the Nature; require and reply; inspiration; harmony between the Nature and the human beings; inter-subjectivity

华兹华斯与柯勒律治自然观的比较研究

张玮玮*

摘要：随着浪漫主义生态学的兴起，重返浪漫主义已经成为当代生态批评界的学术热点之一。对浪漫主义遗产的继承将为我们形成更复杂、更现代的自然观奠定基础。但是，浪漫主义并非有着统一纲领的思想运动，浪漫主义作家也绝非观点统一的作家群体。对浪漫主义作家的比较研究将有助于我们更加全面和深刻地理解浪漫主义自然观的内涵，充分利用浪漫主义遗产。华兹华斯和柯勒律治同为英国早期浪漫主义的代表人物，但是尽管二人都反对人和自然的对立，主张人和自然统一，但对实现统一的途径却有着严重分歧。在诗歌中，华兹华斯主张上帝寓居于自然之中，人应当主动回归自然，接受自然的引领。而柯勒律治虽然早年与华兹华斯秉持相似的观点，但他在后期反对华兹华斯的自然崇拜，坚持人类心灵之于自然的优先性，自然的高贵在于与人类心灵具有同样的基础，是人类获得上帝启示的友伴。华兹华斯和柯勒律治将实现人和统一的途径分别给予自然和人类心灵的观点表明浪漫主义时期自然主义和唯心主义倾向的共存，以及浪漫主义者对于自然和人类何者居于主导地位的矛盾。但他们殊途同归，对自然在人类心灵自我构建过程中的价值都予以充分认可。

关键词：华兹华斯；柯勒律治；自然观

随着“浪漫主义生态学”（又被称为“绿色的浪漫主义”）的兴起，重返浪漫主义已经成为当代生态批评界的学术热点之一。正如美国环境史学家唐纳德·

* 张玮玮，齐鲁工业大学外国语学院讲师。

沃斯特(Donald Worster)所评价的,“浪漫派看待自然的方式基本是生态的”[①],浪漫主义作家通常反对机械论自然观,倡导一切事物的整体性和相互联系性。因此,对浪漫主义遗产的重新研究和继承将为我们形成更复杂、更现代的自然观奠定基础。但是,以往许多研究更加倾向于将浪漫主义作为一个整体来研究,忽略了浪漫主义作家之间的差异性。事实上,浪漫主义运动并非有着统一纲领的思想运动,浪漫主义作家也绝非观点统一的作家群体。以威廉·华兹华斯和萨缪尔·泰勒·柯勒律治为例,他们二人于1796年合作出版《抒情歌谣集》,共同拉开了英国浪漫主义的序幕,并因为共同在湖区生活的经历而与骚塞一起被并称为“湖畔诗人”。他们不仅曾经是生活中的挚友,更是彼此事业发展过程中重要的推动力量,用麦克法兰的话说,他们对话和互动形成了文学史上极为罕见的“共生”(Symbiosis)现象[②]。但是,尽管华兹华斯的作品及柯勒律治早年的诗歌大都以自然景物为主题并充满了对自然的热爱之情,经常被拿来相提并论,但实际上,他们二人的自然观尤其是在自然和人的心灵的关系上存在着巨大的差异,甚至可以说本质的区别。因此,对他们的比较研究将有助于我们更加全面和深刻地理解浪漫主义自然观的内涵,充分利用浪漫主义遗产。

一、华兹华斯的自然崇拜

从华兹华斯的著作出版到当代,历代文学研究者大都将他视为伟大的自然诗人,并意识到其自然观中浓重的泛神论色彩。根据《斯坦福哲学百科》的定义,泛神论就是把上帝等同于宇宙、认为上帝之外无他物的观点,或者反过来说,它拒绝承认其他任何认为上帝与自然分离的说法。[③] 换句话说,所谓泛神论,就是将自然与上帝相等同的一种哲学及神学思想。泛神论者还主张,由于上帝存在于万物之中,世间万物也分有了上帝的灵气和神性。在华兹华斯生活的时代,面对工业和科技对自然的促逼,泛神论把自然等同于上帝的观点恰好满足了当时思想界“返回自然”的诉求,因此几乎整个欧洲都被卷入泛神论的狂潮之中。华兹华斯本人也深受泛神论思潮的影响。因而,几乎在他的全部诗歌

① 参见[美]唐纳德·沃斯特:《自然的经济体系——生态思想史》,侯文蕙译,商务印书馆1999年版,第81页。

② Thomas McFarland. “The Symbiosis of Coleridge and Wordsworth,” *Studies in Romanticism*, Vol. 11, No. 4, Samuel Taylor Coleridge (Fall, 1972), pp. 263-303.

③ Levine, Michael, “Pantheism,” *The Stanford Encyclopedia of Philosophy*, 2012. http://plato.stanford.edu/archives/sum2012/entries/pantheism/(2014年9月5日访问)

中，自然都不仅仅是外在的客观事物，而是有神灵寓居于其中，充满了神性。诗人对自然中哪怕是最低等、最卑微的事物都满怀崇拜之情。在其早年的代表作《廷腾寺》中，华兹华斯如此盛赞自然：

> 我感到
> 仿佛有灵物，以崇高肃穆的欢欣
> 把我惊动；我还庄严地感到
> 仿佛有某种流贯深远的素质，
> 寓于落日的光辉，浑圆的碧海，
> 蓝天，大气，也寓于人类的心灵，
> 仿佛是一种动力，一种精神，
> 在宇宙万物中运行不息，推动着
> 一切思维的主体、思维的对象
> 和谐地运转。[①]

很显然，华兹华斯在诗歌中指出自然不是僵死的、无生命的，而是感到其中"仿佛有灵物"，它充斥于"落日的光辉"、"浑圆的碧海"、"蓝天"和"大气"等一切自然物中。并且这种"灵物"和"某种流贯深远的素质"既存在于自然物中，也存在于人类的心灵之中，它在宇宙万物之间运行不息，使一切都和谐运转、构成和谐的整体。

华兹华斯在另一首名诗《鹿跳泉》中也表达了同样的思想。许多年之前，一头公鹿被外出狩猎的沃特尔爵士追赶，最终精疲力竭，死于一口泉边。为了纪念勇敢的公鹿，爵士在泉边修葺了石潭和三根石柱，并将此泉命名为"鹿跳泉"。此后，这里一度泉水潺潺、一派繁茂。但是，时隔多年之后，诗歌中的"我"经过此地时却是另一番悲凉萧瑟之景："那些树，无枝无叶，灰暗萧索，/那土冈，不黄不绿，荒凉枯瘠"[②]，只是凭借残存的石柱才能判断出此地曾经有人居住过。后来，经过的牧民为"我"解开了心中的迷惑——"它毁了，糟了天罚。"报应的起因就是那头横死的公鹿，是造化以"神圣的悲悯"对公鹿的遭遇表现的哀悼。在结尾处，华兹华斯点明了诗歌的主旨：

> 上帝寓居于周遭的天光云影，

---

① [英]华兹华斯：《廷腾寺》，《华兹华斯抒情诗选》，杨德豫译，湖南文艺出版社 1996 年版，第 113～115 页。

② 参见华兹华斯：《鹿跳泉》，《华兹华斯抒情诗选》，第 99 页。

寓居于处处树林的青枝绿叶；
他对他所爱护的无害的生灵
总是怀着深沉、恳挚的关切。[①]

华兹华斯通过《鹿跳泉》表明：上帝就存在于天光云影、青枝绿叶等宇宙万物之中，他既爱人类，也爱其他一切自然事物。因为上帝之爱，自然万物都是神圣的，破坏自然中的任何个体，人类都将遭受上帝的惩罚。所以，诗歌的结尾是华兹华斯对人类的劝告："在我们的欢情豪兴里，万万不可/羼入任何微贱生灵的不幸。"

由此可见，华兹华斯诗歌中的自然世界总是一个"有神灵居于其中的天地形态，是一个神灵莅临的世界"[②]。国外有学者同样深刻意识到华兹华斯将自然神化为上帝的倾向，因此评价说，华兹华斯可能是"最后一个能说自己失去了对于父辈人的上帝之信仰的人。但是，他真正的上帝不是教堂中的上帝，而是山川中的上帝"[③]。

在人和自然的关系上，华兹华斯更进一步认为，上帝既然就存在于山川、河流之中，那么人类心灵理应回归自然之中，接受自然的引领。与自然的接触，"不仅能使他从人世的创伤中恢复过来，使他纯洁、恬静，使他逐渐看清事物的内在生命，而且使他成为一个更善良、更富于同情心的人"[④]。因此，华兹华斯经常在诗歌中歌咏自然对心灵提供的庇护。

《廷腾寺》中，面对着廷腾寺周围的自然美景，华兹华斯向人们讲述了记忆中的自然美景对于他心灵产生的重要影响。诗人在此诗写作五年前，曾经与妹妹多萝西·华兹华斯一起游历过廷腾寺。时隔五年，诗人再次造访，不禁回忆起廷腾寺的自然景观对他最初的震撼：

我初来这一片山野，像一头小鹿
奔跃于峰岭之间，或深涧之旁，
或清溪之侧，听凭自然来引导；
那情景，既像是出于爱慕而追寻，
更像是出于畏惧而奔逸。那时

---

① [英]华兹华斯：《鹿跳泉》，《华兹华斯抒情诗选》，第 99 页。

② 易晓明：《华兹华斯与泛神论》，《国外文学》2002 年第 2 期。

③ William Hale White, *The Autobiography of Mark Rutherford, Dissenting Minister* (2nd Edition), London: Oxford University Press, 1936. p. 21.

④ 王佐良：《英国文学论集》，外国文学出版社 1980 年版，第 79 页。

（童年的粗犷乐趣，欢娱戏耍，
都成了往事），惟有自然，主宰着
我的全部的身心。[①]

而后来诗人告诉我们虽然他与廷腾寺的美景一别五年，但是他对这里的美好记忆却一直为生活于喧嚣城市中的诗人提供着心灵的慰藉，保留着一片心灵中的净土：

……
当我孤栖于斗室，
困于城市的喧嚣，倦怠的时刻，
这些鲜明的影像便翩然而来，
在我血脉中，在我心房里，唤起
甜美的激动；使我纯真的性灵
得到安恬的康复；同时唤回了
那业已淡忘的欢愉：这样的景物
对一个善良生灵的美好岁月，
潜移默化的作用未必轻微：
他也曾出于善意，出于爱，做了
许多业已淡忘的无名小事。
我同样深信，是这些自然景物
给了我另一份更其崇高的厚礼
一种欣幸的、如沐天恩的心境
……[②]

对于华兹华斯，自然之于心灵的意义极为巨大，是其心灵的“主宰者”，也是其庇佑者和慰藉者。因而到接近诗歌的结尾处，华兹华斯对于自然的膜拜也被推向了极端。他宣称自己“能从自然中，也从感官的语言中”找到自己“纯真信念的牢固依托”，并且声称自然就是自己“心灵的乳母、导师、家长”，是他“全部精神生活的灵魂”。总而言之，在华兹华斯的诗歌中，自然具有绝对的优势地位，而人类要想获得心灵的健全应当主动地顺从自然的引领、与自然融为一体，接受自然的训导。这一观点与柯勒律治、尤其是其后期的思想形成了明显的对比。

---

① ［英］华兹华斯：《廷腾寺》，《华兹华斯抒情诗选》，第113页。
② ［英］华兹华斯：《廷腾寺》，《华兹华斯抒情诗选》，第113页。

二、柯勒律治早期的自然崇拜

与一直执著于在诗歌中讴歌自然的华兹华斯不同，以1802年为界，柯勒律治的思想及事业的重心都曾发生过重要的转变。虽然在1802年之后，柯勒律治逐渐从诗歌创作中抽身转向哲学和神学思辨，并且对自然和人类心灵关系的认识也发生了重要转折，但在此之前，柯勒律治与华兹华斯一样也深受泛神论思想的影响，是自然的爱好者和崇拜者，其自然观与华兹华斯十分相似。1774～1778年，也就是柯勒律治诗歌创作最鼎盛的时期，他创作出《风瑟》(*The Eolian Harp*)、《午夜之霜》(*Frost at Midnight*)、《这椴树凉亭——我的牢房》(*This Lime-Tree Bower My Prison*)一大批以自然事物为对象的自然诗歌。在这些诗歌中，柯勒律治笔下的自然物各不相同，但共同点是它们几乎都是有生命的，充满了灵性和神性。在《夜莺》(*The Nightingale*)中，夜莺不再是传统中忧郁的动物，而是充满灵气的生灵。它们“此一唱彼一和，互相引逗着：/小小的口角，变化多端的争执，/佳妙动听的喁语，急速的啼唤，笛韵一般的低吟——”①而面对月亮时，它们甚至还有着人类一般的情感和反应：

> 当月亮被浮云掩没，那一片歌吟
> 便戛然而止，霎时间声息全消；
> 而等到月亮重新露脸，激动了
> 大地和长空，这些醒着的鸣禽
> 又一齐吐出欢愉的合唱，俨如
> 一阵突起的天风，同时掠过了百十架风瑟！

而在《椴树凉亭——我的牢房》中，柯勒律治因为脚伤不能与华兹华斯兄妹以及来访的查尔斯·兰姆一起外出游览，于是他想象他们三人正走向那片“幽深狭仄、林木蔚然”的山谷。那里生长着一棵白蜡树，虽然它远离了阳光这一生命的源泉，但是奔流的瀑布足以使它的叶子重新焕发出生机。甚至《午夜寒霜》中的寒冷都具有某种“神秘功能”，能够将水滴冰冻成“无声的水柱，/静静闪耀着，迎着静静的月光”②。可以看出，在这些诗歌中，柯勒律治彻底抛弃了自启蒙

---

① [英]柯勒律治：《夜莺》，《老水手行——柯尔律治诗选》，杨德豫译，译林出版社2012年版，第151页。

② [英]柯勒律治：《午夜寒霜》，《老水手行——柯尔律治诗选》，第129页。

时代以来盛行的机械—粒子论自然观,他拒绝把自然看成毫无生气的、僵死的物质,而是呈现了一个具有创造力量的世界,上帝寓于其中。不仅如此,柯勒律治还拒绝了启蒙式的工具理性为了实现对自然的了解而将自然不断分解的做法。他认为上帝的力量无处不在,使整个自然形成一个不可分割的整体。

在心灵与自然的关系上,早年的柯勒律治与华兹华斯一样,都认为上帝存在于自然之中,所以自然必然地居于主导地位,人应当崇拜自然,主动地投身于自然之中,接受自然的滋养。《午夜寒霜》中,柯勒律治以教诲儿子哈特利的口吻说,人遨游在"湖滨、沙岸和山岭高崖下",能够看到各种瑰丽的景象,听到各种明晰的音响,而这些都是"上帝永久的语言"。上帝"在永恒中取法于万物,而又让万物取法于他",所以柯勒律治称上帝为"宇宙的恩师"。既然上帝能够塑造人的美好心灵,因此人应当允许心灵在自然中对上帝索取,接受上帝的颁赐。至于诗人,更应当投身自然,在自然中寻找诗歌灵感。柯勒律治在《夜莺》中提出诗人应当到自然中寻找灵感,诗人与其冥思苦想、雕章琢句,不如沐浴于自然中。唯有如此,才能使自己的诗歌"像自然一样动人"。

> 他与其如此,远不如悠然偃卧在
> 树林苍翠、苔藓如茵的谷地里,
> 傍着溪流,沐着日光或月光,
> 把他的灵根慧性,全然交付给
> 大自然的光影声色和风云变幻,
> 忘掉他的歌和他的名声![1]

直到1802年,在泛神论对他的影响已经逐步式微之时,仍然在写给好友的信中坚持自然之于心灵的优先性。他提到,"自然有它恰当的利益;相信并感觉到每一个事物都有自己的生命以及我们都是同一个的生命的人将会知道它是什么。诗人的心智应当与自然的伟大外观紧密地结合起来——不是以形式上的明喻的形式,处于摇摆不定中或者与它们的松散的混合"[2]。可见,在泛神论思想及英国经验主义哲学的影响下,柯勒律治早年的自然观与华兹华斯一脉相承。

---

① [英]柯勒律治:《夜莺》,《老水手行——柯尔律治诗选》,第151页。

② Samuel Taylor Coleridge, *Collected Letters of Samuel Taylor Coleridge*, ed. Earl Leslie Griggs, 6 vols, Oxford: Clarendon Press, 1956-1971, II, p. 864

三、柯勒律治后期自然观的转变及对华兹华斯的批判

随着柯勒律治游学德国归来，其思想发生了重要转变。他认为早年的泛神论自然观不但混淆了自然和上帝，认为一切都是上帝便等于没有上帝；更重要的是，它只强调自然对人心灵的主导作用，否定了人类心灵自身的能动性。在柏拉图主义、康德的先验唯心主义哲学和正统基督教等多种力量的影响下，柯勒律治开始笃信人的心灵是能动的，并借助对牛顿的批评对一切主张心灵被动性的哲学展开了批判。他说："牛顿仅仅是一个唯物主义者。在他的体系中，心灵对于外部世界总是被动的，是一个懒惰的旁观者。如果心灵不是被动的，如果它真的是按上帝的形象造就的，以及在最崇高的意义上，是按造物主的形象造就的。我们有理由怀疑，建立在心灵被动性之上的体系作为体系是错误的。"[①]在柯勒律治新的自然观中，柯勒律治重新确定了神、自然和人类心灵的关系。在他看来，上帝不再等同于自然，而是自然和人类心灵的创造者，并超验于自然之外。上帝的理性同时以自然法则和人类理性的形式存在于自然和人类心灵中，使得人和自然同时处于上帝创造的整体之中。但是，他对心灵与自然关系的认识却发生了反转。人类因为上帝赋予的理性成为自由的主体，而自然却受制于自然法则，不具有任何自由。因而，在柯勒律治后期的思想中，人类心灵具有了位于自然之上的优先地位。他主张通过理性"崇高的名号"，"人类的威严要求具有居于一切其他生物之上的优先性"[②]。相反，"自然中每一个开端的表象都是我们自身投射的影子。它是对我们自身意志或精神的反射"[③]。他甚至宣称，人类一切知识的本质都存在于心灵之中，人的心灵体现着自然法则，具有容纳自然的生成和成长的力量。他说："我们在自身中发现的是我们一切知识的本质和生命。没有'我'的潜在的存在，一切外在自然中的存在方式将如幻影一般从我们面前掠过，其深度和稳固程度将不会超过溪流中的石块或暴风

---

① S. F. Gingerich, "From Necessity to Transcendentalism in Coleridge," *PMLA*, Vol. 35, No. 1 (1920), pp. 1-59.

② Samuel Taylor Coleridge, *The Friend: A Series of Essays to Aid in the Formation of Fixed Principles in Politics, Morals, and Religion, with Literary Amusement Interspersed*, ed. Henry Nelson Coleridge, 3 vols. London: William Pickering, 1837, I, p. 259.

③ Samuel Taylor Coleridge, *Aids to Reflection*, In vol. I of *The Complete Works of Samuel Taylor Coleridge, with an Introductory Essay upon His Philosophical and Theological Opinions*, ed. W. G. T. Shedd, New York: Harper & Brothers, 1856, p. 272.

雨后的彩虹……人类心灵在它的首要和构成性的形式中体现了自然法则，是一个本身就足以让我们相信宗教的奥秘……"[①]

柯勒律治的诗歌创作也体现了他思想的这一转变。虽然后来柯勒律治将主要精力投入到哲学和神学思辨，其诗歌创作近乎停止，但在他发表于1802年的诗歌《失意吟》(*Dejection*:*An Ode*)却集中体现了他后期的自然观念。《失意吟》中，面对与此前的诗歌中类似的自然美景，诗人却再也找不到以往面对自然的喜悦之情，而是感到"我的元气已凋丧"。诗人感到从自然中无法找到任何抚慰，因为"激情和活力导源于内在的心境"，所以人不能"求之于、得之于外在的光景"。诗人更明确地指出："我们所得的都得自我们自己，/大自然仅仅存在于我们的生活里：/是我们给她以婚袍，给她以尸衣！"也就是说，此时的柯勒律治认为，心灵仅从自然中寻求安慰是不成功的，无论是"婚袍"还是"尸衣"都是人类心灵赋予自然的。很显然，不同于此前对自然的讴歌和崇拜，柯勒律治在这首诗歌中转而认为自然本身没有生命，仅仅依赖人易变的性情才有了生命。

正因为如此，柯勒律治后来不仅与自己早年的思想划清了界限，也与华兹华斯逐渐疏远，并对其展开了批判。他在写给友人的信中表示，华兹华斯在诗歌中完全混淆了自然和上帝："毫不讳言，华兹华斯的诗歌中我最不喜欢的特点就是这一可以推断的人类灵魂对出生地和居所的偶然事件的依赖，以及这种对上帝和自然的模糊的、无意识的或者毋宁说是神秘的混淆，还有随之而来的自然崇拜……而他后期作品中以古怪的方式引入流行的、甚至于粗野的宗教(就像哈兹里特说的，长着胡子的老人的突然出现)……让我想起斯宾诺莎和瓦特博士(Dr. Watts)的双面头。"[②]

从柯勒律治对华兹华斯的这段点评中我们可以看出，华兹华斯的泛神论让柯勒律治感到恼怒的，一方面是他对上帝与自然的混淆，另一方面还有随之而来的、将自然凌驾于人的心灵之上的自然崇拜。柯勒律治甚至进一步把过度的自然崇拜等同于迷信的偶像崇拜，他对华兹华斯总是把心灵置于伟大的"绿色头发的女神"[③]的服从地位十分不满。柯勒律治在1801年8月邀请弗朗西斯・兰厄姆

---

① Samuel Taylor Coleridge, *The Statement's Manual*, In vol. I of *The Complete Works of Samuel Taylor Coleridge*, *with an Introductory Essay upon His Philosophical and Theological Opinions*, ed. W. G. T. Shedd, New York: Harper & Brothers, 1856, p.465.

② Thomas Mc Farland, *Coleridge and the Pantheist Tradition*, Oxford: Clarendon Press, 1969, p.271.

③ qtd. in Raimonda Modiano, *Coleridge and the Concept of Nature*, London and Basingstoke: The Macmillan Press, 1985, p.45.

(Francis Wrangham)访问湖区的一封信中,以嘲讽的语气说华兹华斯一定会把自然中最好的事物的一切细节都介绍给他,因为“极少有人会为与自然夫人如此亲密而感到自豪”①。到1803年的一则笔记中,柯勒律治对华兹华斯发起了明确批判,指责他过度迷恋自然会挫伤人的心智:“为了从物体的美中获得快乐而一直关注物体的表面,以及对它们真实或想象的生命充满同情对于心智的健康和成长是危险的,如同凝视和揭示矫揉造作之物之于情感的质朴和想象的高贵和统一一般。”②

然而,柯勒律治对华兹华斯自然崇拜的批判是否意味着他对自然的彻底否定呢?答案是否定的。在他看来,虽然一切知识的本质都存在于人的心灵之中,但是心灵至高无上的地位却不能摆脱对外部自然的依赖。离开了自然,人类将不能获得任何知识。柯勒律治提出,人为了认识自身必须首先理解自身之中的自然以及以自身存在为依据的自然法则,原因在于“只有当他在他们联合的基础上已经发现了他们差异的必然性,在他们持续的原则中发现他们变化的原因时”,人才能将一切现象简化为原则,形成方法,最终理解每个事物同其他事物和整体以及整体同个体事物之间的关系,直至发现整体。③ 也就是说,只有人类意识到自然是既与自身拥有共同的源头,又相异于自身的事物时,才能超越感官的限制,发现终极真理——上帝及其创造的整体的存在。因此,柯勒律治对自然进行了象征性解读,认为自然作为上帝的象征是另一本《圣经》,能够向人类传达不能以其他形式言说的真理。在这种意义上,人类心灵仍然应当对自然心存敬畏。他说:“对于理性,与随意的说明及我的幻想的产物——单纯的明喻相比,我似乎更能在我所注视的这些悄无声息的对象中找到。我感到一种敬畏——如同有与理性的力量相同的力量存在于我的眼前——在尊贵性上稍逊一筹的同一种力量,因此是在事物的真理中建立的象征。无论是我凝视一草一木,还是对世界中的植物进行冥思时,我感到它就是自然之生命的伟大的器官。”④不仅如此,柯勒律治还认为上帝所赋予的理性不仅使人成为自由的主体,也同时使人类成为对自然负有道德责任的主体。人类的自由需要依靠对自然法则的尊重来平

---

① Samuel Taylor Coleridge, *Collected Letters of Samuel Taylor Coleridge*, p. 750.

② Samuel Taylor Coleridge, *The Notebooks of Samuel Taylor Coleridge*, ed. Kathleen Coburn, 5 vols, London: Routledge, 2002, I, 1616.

③ Samuel Taylor Coleridge, *The Friend: A Series of Essays to Aid in the Formation of Fixed Principles in Politics, Morals, and Religion, with Literary Amusement Interspersed*, ed. Henry Nelson Coleridge, 3 vols. London: William Pickering, 1837. III, pp. 199-200.

④ Samuel Taylor Coleridge, *Lay Sermons*, In vol. I of *The Complete Works of Samuel Taylor Coleridge, with an Introductory Essay upon His Philosophical and Theological Opinions*, ed. W. G. T. Shedd, New York, 1856, pp. 462-463.

衡，对自然的敬重和关爱是人类得以存在的前提，应当内在于人的生命之中："作为自由的人，必须遵守法则；作为独立者，必须服从上帝。作为理想的天才(ideal genius)，必须听从于显示世界、对自然的同情和于自然的内在交流。在中间点上，人类才能存在；只有两极的平等存在，生命才能得以昭示！"①

结　语

通过上文的分析可以看出，华兹华斯与柯勒律治都主张一种整体主义的自然观，倡导人和自然的有机统一，但是对于人类心灵和自然关系的认识却存在截然相反的看法。正是这一分歧更进一步导致了二人诗歌理念的差异，并最终使二人友情破裂、分道扬镳。美国文学批评家艾布拉姆斯在其著名的《镜与灯》中曾经一语中的地指出："柯勒律治与华兹华斯的分歧不是拖延过长，事后产生的，也不是(像人们有时指责的那样)这两位诗人不和的结果；这种分歧是根本性的，并非细枝末节上的分歧。"②实际上，华兹华斯和柯勒律治将优先性分别给予自然和人类心灵的做法是浪漫主义时期思想倾向的一个缩影。工业革命后，科学技术的飞速发展和机器大工业的逐渐流行，不仅造成了自然环境的大规模破坏，而且对工具理性的过度推崇也造成了人类自身精神的异化。因此，浪漫主义者一方面主张对自然的崇拜和热爱，另一方面他们又高呼"天才"、"自由"等口号，张扬人类自身的主体性。华兹华斯和柯勒律治的分歧便体现了浪漫主义时期这种"强烈的主观唯心主义倾向和同样强大的自然主义倾向的共存"③，以及浪漫主义者对于自然和人类何者居于主导地位的矛盾。正是这种共存和矛盾使得浪漫主义者在人和自然之间没有倒向任何一方，而是在二者之间维持着一种恰当的张力。更重要的是，透过他们的分歧我们也能看出，尽管他们对心灵和自然地位的认识不同，但他们却殊途同归，都没有把自然视为可供人类剥削和利用的客观对象，而是把自然视为人类摆脱物质的束缚、寻求精神自由的必然途径，对自然在人类心灵自我构建过程中的价值都予以充分认可。

---

① Samuel Taylor Coleridge, *The Theory of Life*. In vol. I of *The Complete Works of Samuel Taylor Coleridge, with an Introductory Essay upon His Philosophical and Theological Opinions*, ed. W. G. T. Shedd, New York: Harper & Brothers, 1856, p. 412.

② 艾布拉姆斯：《镜与灯——浪漫主义文论及批评传统》，郦稚牛、张照进、童庆生译，北京大学出版社1989年版，第176页。

③ Raimonda Modiano, *Coleridge and the Concept of Nature*, London and Basingstoke: The Macmillan Press, 1985, p. 54.

A Comparative Study on Wordsworth's and Coleridge's Views of nature

Zhang Weiwei

Abstract: With the rise of Romantic Ecology, a return to Romanticism has become one of the hot issues in the field of ecocriticism. Inheriting the heritage of Romanticism will help us to approach a more complicated modern view of nature. However, Romanticism was far from a movement with a unified principle, and the Romanticists were also not a group with identical thoughts. Thus a comparative study of the Romantic writers will contribute to our understanding of the connotation of Romantic view of nature and our ample application of Romantic heritage. As representatives of British Romanticism, both Wordsworth and Coleridge fought against the opposition of man and nature, and advocated the unity of them. However, there exists a radical divergence between their understanding of achieving this unity. Wordsworth considered nature as the place where God dwells, therefore, man should return to nature for its instruction. On the contrary, although Coleridge shared the same opinion at an early age, he opposed Wordsworth's nature-worship gradually. Instead, he argued man's mind has the privilege over nature, whose dignity just lies in its common ground with the former and its companionship in man's obtaining of God's revelation. Wordsworth and Coleridge's divergence indicates the coexistence of naturalism and idealism in the Romantic period, and the Romanticists' ambivalence towards the status of man and nature. On the other hand, both of them recognized the value of nature in the self-construction process of human mind.

Keywords: Wordsworth; Coleridge; view of nature

阿诺德·伯林特“身体化的音乐”及其研究意义

张　超*

摘要:“身体化的音乐”是柏林特对音乐审美体验所作的现象学解读,既是对音乐属性的再认识,也是对他介入美学[①]的核心范畴“审美场”、“审美介入”和“审美的身体化”[②]的有力阐释。“作为身体化存在的音乐”和“音乐欣赏的身体化”是柏林特“身体化的音乐”理论的两重意蕴。“身体化的音乐”对音乐审美经验的“整体性”和“身体化特征”的洞见,从根本上超越了传统主客二分、身心分离的静观美学,拓展了我们对审美对象和审美欣赏的理解。它将身体置于知觉经验的起源与核心,不仅唤起我国音乐创作、表演、欣赏和音乐教育中对“身体”态度的审视和思考,还对我们厘清柏林特介入美学思想体系和我国当代环境美学、生态美学的发展具有重要启示。

---

* 张超,文学博士,山东大学文艺美学研究中心博士后,济南职业学院讲师。

① 关于柏林特“Aesthetics of Engagement”的中文翻译,目前共有四种译法,即介入美学、参与美学、结合美学和交融美学。“介入美学”参见[美]阿诺德·伯林特:《环境与艺术》,刘悦笛等译,重庆出版社2007年版;刘悦笛:《从审美介入到介入美学——环境美学家阿诺德·伯林特访谈录》,《文艺争鸣》2010年第11期。“参与美学”参见[加]艾伦·卡尔松:《自然与景观》,陈李波译,湖南科学技术出版社2006年版;[美]阿诺德·伯林特:《生活在景观中——走向一种环境美学》,陈盼译,湖南科学技术出版社2006年版;[美]阿诺德·伯林特:《美学再思考——激进的美学与艺术学论文》,肖双荣译,武汉大学出版社2010年版。“结合美学”参见[美]阿诺德·伯林特:《环境美学》,张敏、周雨译,湖南科学技术出版社2006年版。“交融美学”参见程相占:《从环境美学到城市美学》,《学术月刊》2009年第5期;《论生态审美的四个要点》,《天津社会科学》2013年第5期。我们认为,“介入美学”的译法更为合理,它是对柏林特以“审美介入”为核心的审美经验理论的整体概括,而“参与美学”和“结合美学”只是对柏林特审美经验的“身体特征”和“整体性”部分描述。

② 关于柏林特“Aesthetic Embodiment”的中文翻译,目前国内共有两种译法:一种是“审美的身体化”,参见[美]阿诺德·伯林特:《美学再思考——激进的美学与艺术学论文》,肖双荣译,武汉大学出版社2010年版,第108页。另一种是“美学的身体化”,参见杨文臣:《当代西方环境美学研究》,山东大学博士论文,2011年,第68页。“审美的身体化”的译法更为合理。

关键词：阿诺德·伯林特；“身体化的音乐”；介入美学；研究意义；环境美学；生态美学

阿诺德·伯林特是美国长岛大学哲学系荣誉退休教授，曾任国际美学协会主席，是当代西方环境美学的最重要代表人物。他和艾伦·卡尔松一起被誉为“当代环境美学研究的双子星座”①。哲学家、美学家、作曲家和钢琴演奏家的多重身份，使得他的美学思想和他对音乐的理解存在着深层次的“可逆性”。音乐体验既是他美学理论的重要来源，也是验证他美学理论的最佳范例。关于音乐的体验，不仅牵引着他对现代审美理论的反思，“审美场”理论的构建，还拓展了他审美理论研究的范围，使他进军到环境美学研究的领域。也正如他自己所说，音乐是“审美场”的典范，可以提供一种对于它的概念洞见，并且，它可以作为一个范例来说明“审美介入”的观念……音乐这个典型也可用来帮助我们辨认存在于其他艺术和审美事件中的吸引人的连续性②，“我对环境美学的兴趣直接来自于上面提到的文本《审美场》，但也受到了个人艺术经验的自然牵引，特别是音乐的……我早期的经验美学（experiential aesthetics）和随后扩展丰富的艺术经验，尤其是音乐，很长时间让我陷于审美无利害性这一不充分的概念当中”③。“身体化的音乐”理论是柏林特对音乐审美体验所作的现象学描述，既是验证他前期美学思想范畴“审美场”、“审美介入”、“审美的身体化”的最佳范例，也是他后期环境美学得以演进的理论基石，我们有必要对其提出、意蕴、意义与局限进行一番仔细的考察。

一、“身体化的音乐”的提出

作为美学家和音乐家的双重经历，使得柏林特美学理论的建构与音乐体验有着深层关联。尽管在他前期“审美场”、“审美介入”的理论建构过程中曾将音乐审美体验作为它们的实践范例，并对音乐生成、音乐表演和音乐教育的实现等进行了现象学的描述，但是直到2002年，柏林特才在其发表的论文《音乐的

① 刘悦笛：《自然美学与环境美学：生发语境与哲学贡献》，《世界哲学》2008年第3期。

② 参见[美]阿诺德·贝林特：《介入杜威——杜威美学的遗产》，李媛媛译，《文艺争鸣》2010年第5期。

③ 刘悦笛：《从“审美介入”到“介入美学”——环境美学家阿诺德·伯林特访谈录》(1)，《文艺争鸣》2010年第11期。

身体化》(*Musical Embodiment*)[1]中首次提出并专门论述了他“身体化的音乐”理论的概念、内涵与意义。同年,此文被柏林特主编的著作《环境与艺术:艺术与环境的多维视角》作为第 11 章“身体化的音乐”(Embodied Music)[2]收录重印。其后,又在其著作《美学在思考——激进的美学与艺术学论集》的第六章“审美的身体化”(Aesthetic Embodiment ,2004)和论文《音乐不是什么与如何讲授音乐》(*What Music Isn't and How to Teach It*,2009)中对它作了进一步论述。

柏林特认为,西方哲学界对客体的固定看法也扩展到了艺术领域,认为艺术客体是被主体使用、控制和拥有的。这种“艺术客体中心论”不仅大大固定了我们的理解模式,也局限了我们对于艺术多个方面的关注。如果把艺术看成一个固定的客体,如一幅画、一首诗、一首曲子,就破坏了一个统一的过程。因为在审美的领域内,不管我们从艺术家、客体、欣赏者还是表演者出发,其他因素都有一个确定的位置。这个“位置”不因审美主体的“使用”、“控制”和“拥有”而发生改变。因此,审美欣赏的知觉经验中,既不存在固定的艺术客体如框架内的绘画、底座上的雕塑和舞台上的表演,也不存在欣赏者和欣赏对象之间的“审美距离”,存在的是它们在知觉经验整体中的各司其职和趋向统一。基于作曲家和钢琴演奏家的双重体验,柏林特对现代美学的审美静观理论提出质疑。他认为,将审美欣赏典型化为一种与主体有关的意识活动,并被设定为意识的一种特别类型,是不充分的。音乐则以其独特的存在方式颠覆了艺术客体的中心论,验证了艺术欣赏作为知觉经验的“整体性”和“身体化”特征。

(一)作为环境艺术的音乐与身体知觉

尽管音乐主要是以声音为表现手段的艺术,经常被表述为“时间的艺术”、“听觉的艺术”或“情感的符号”,但是柏林特认为,上述看法是基于传统二元论美学对音乐的误解,不能有效描述音乐属性和音乐欣赏的实质。音乐是什么?我们怎样以音乐自己的方式来理解它?这个问题由奥地利音乐美学家、批评家汉斯立克自 1986 年提出后,直到现在仍然处于不断的争论中。从澄清“音乐是语言建构的情感”这一现代美学的普遍观念出发,柏林特考察了“音乐具有语言

---

① Arnold Berleant, “Musical Embodiment,” *Tidskrift for Kulturstudier* (Journal of Cultural Studies) Stockholm: Uppsala, 2002 (5), pp. 7-22.

② Arnold Berleant (ed.), *Environment and the Arts: Perspectives on Art and Environment*, Aldershot: Ashgate, 2002, pp. 55-143.

特点"和"音乐是情感的符号"这两种音乐美学观念。他认为,将"音乐类比为语言"是音乐理解的形式化。它解决的问题远不如带来的问题多,因为对于语言本身来说,"意义的意义"问题本身就是个大麻烦。"将音乐视为情感或者将音乐看作一种关于情感的存在"则是音乐理解的主观化。这里面隐含着一个逻辑的错误,即将音乐的效果用于音乐的解释说明上。这是把效果当成原因的典型例子。进而柏林特指出,"将音乐视为体验"是消除音乐理解形式化和主观化的有效途径。音乐既不是一个抽象存在的客体,也不是主观情感的投射,而是一种针对特定感人现象的人类体验。作为一种体验,音乐不仅仅是一种物理事件,同时也是一种社会现象。它包括作曲群体、表演群体和听众群体,并且还有着对音乐进行练习和评价的悠久历史。因此,音乐就成了物理的、社会的、情境的,甚至历史化的艺术—— 一种"社会—环境"艺术。

柏林特将音乐作为一种环境艺术,不是说音乐是环境因素构成的艺术,也不是将音乐放置于环境之中,而是将"环境"观念作为一种表达方式来描述音乐体验的特征。柏林特的"环境"概念,不是我们今天广而言之的"客观环境",即环绕我们四周的客观存在,而有着它的独特内涵。他所谓的"环境"是一个包罗万象的普遍语境,最全面地囊括了人类体验的关系领域。它综合了身体、社会、文化和历史等因素,通过感知与趣味来塑造身体。[①] 作为环境中有意识的"有机体",身体是知觉经验的起源与核心。身体是环境中的身体,环境是"身体化"的环境。[②] 因此,作为环境艺术的音乐是"身体"体验和感知的结果。从这个意义上来讲,音乐是一种"身体化的艺术"。以此为基础,柏林特不仅颠覆了传统音乐欣赏的二元结构,论证了音乐的多维特性和音乐体验的整体性,还提出并阐释了"身体化的音乐"这一理论范畴。

(二)音乐的多维特性与"身体化"特征

柏林特认为,作为环境艺术的音乐,它具有多维特性。首先,音乐的时空性与环境性。音乐不仅仅是时间性的,也是空间性的。正像歌德对建筑的描述,"建筑是凝固的音乐"[③]。为什么在歌德那里二者具有可比性呢?柏林特认为,

---

① Arnold Berleant, "What Music Isn't and How to Teach It," *Action, Criticism & Theory for Music Education*, 2009 (8), pp. 54-65.

② 关于柏林特对环境、身体与艺术审美之间关系的进一步论述,参见张超、崔秀芳:《经验的美学与身体的经验——阿诺德·伯林特介入美学对约翰·杜威经验美学的承续与超越》,《山东大学学报(哲学社会科学版)》2014 年第 5 期。

③ [德]歌德:《歌德谈话录》,朱光潜译,人民文学出版社 1978 年版,第 153 页。

原因在于两者都可以"利用空间对运动、外形、质地、尺寸等观念进行把握"[①]。音乐又是弥散性的。它在时空中共鸣,在共鸣中扩张。从时间上看,音乐历久弥新,在空气和记忆中回响。从空间上看,音乐展开、吞没了产生它的整个空间,并越来越弥散开来。在这个背景中聆听音乐实际上是声音与身体的结合。我们可视主要声音限定的空间为"声音空间"。在"身体化的音乐"中,我们拥有的实际上是环境性的:身体—声音—空间。[②] 可见,"环境性"是柏林特对音乐多维特性的独特表述。

其次,音乐具有直接的物质性与完整的经验性。与其他大多数经典的艺术不同,传统欣赏者与艺术对象的二元结构对音乐并不适用。音乐既不是一个抽象的存在,也没有具体的空间界限。它没有一个可以集中于其上、容易辨认的对象,也不是那种自我限制、自律的片段和特制的音调和符号。它是听觉感知的直接在场,直接具有物质性和经验性。它通过声音将表演者、欣赏者以及他们的经验和所处的环境联系起来。"所有这些在此都是在场的,但却不是可以单独体验的或明显地区分开,而是在审美经验里紧密不分地结合。"[③]因此,音乐是一个没有明确物质上的分裂、完全介入的经验整体。

最后,音乐是"结合身体"的完全有机的参与。演奏者不仅通过声音来实现物理上的呼应,如节奏、强拍及音调与韵味的变化等,还很容易与听众协作。不但听众很容易参与到自己的音乐欣赏中,而且听众的这种参与还直接影响着音乐的表演者。并且,在参与的过程中,听众与演奏者不仅仅借助听力而欣赏音乐,而是通过耳朵甚至皮肤感受到音乐和音乐表演的力量。音乐还像心脏的节奏和呼吸的频率一样,影响着肌肉的紧张和运动。因此,音乐不仅仅是听觉的,而是听觉、触觉、视觉、动觉等诸多身体感知的联觉,是一种"身体化"的艺术。此外,音乐欣赏的过程中,表演者和欣赏者的意识、经验、知识、文化还被身体化入审美欣赏,成为音乐体验的一部分。

总之,音乐作为可听、可感、可回味的艺术,不仅仅是时间的、空间的和主体化的艺术,更是一种"身体化"的艺术。因此,将音乐作为"对象化的客体"或"情感的符号"来描述音乐审美体验都是不充分的。作为一种身体化的艺术,音乐与精神、身体、空间在音乐欣赏的知觉经验中结成了一个不可分割的整体。

---

① 刘悦笛:《从"审美介入"到"介入美学"——环境美学家阿诺德·伯林特访谈录》(1),《文艺争鸣》2010年第11期。

② [美]阿诺德·伯林特:《环境与艺术:环境美学的多维视角》,第117页。

③ 刘悦笛:《从"审美介入"到"介入美学"——环境美学家阿诺德·伯林特访谈录》(1),《文艺争鸣》2010年第11期。

二、"身体化的音乐"的意蕴

柏林特认为,当我们以欣赏的态度体验任何艺术时,产生的并不完全是个人主观、神秘而独特的体验,而是身处特定环境中的个人所拥有的感受力的实现。所有的艺术欣赏都是卷入身体并与艺术相互交流的过程。从这个意义上说,艺术都是身体化的。音乐是身体化的典范。它为艺术和艺术欣赏的"身体化"提供了有力证明。基于对"审美的身体化"的深入思考和作为作曲家和钢琴演奏家的特别体验,柏林特不仅对音乐的属性进行了再认识,还从"作为身体化存在的音乐"(Embodied Music)和"音乐欣赏的身体化"(Music Embodiment)两个方面论证了"身体化的音乐"的意蕴。

(一)作为身体化存在的音乐

音乐自身是以身体化的方式存在的,它以非同寻常的力度和直接性唤起身体化的体验。首先,乐音的身体特质。乐音不仅通过听觉传播,还贯穿整个身体。比如,听觉并不仅仅存在于耳朵的内部,它还通过身体传导。音调频率的变化、琴弦的振动和气柱的增强都通过身体发生作用。当停止拨动振源时,振动并不停止,而是继续在空气中传播,甚至还会沿着地板传到听众的身体中,听众的身体因而会与这种声音连为一体。[①] 其次,乐音不仅仅诉诸听觉,它还是多种身体方式协调配合的结果。在实际的演出中,表演者需要的也不仅仅是手指、手臂、舌头或喉咙,而是结合整个身体的表演。不管是弦乐器上弓弦的拉奏,还是钢琴或风琴键上手指的弹奏,不管是木管和铜管乐器的吹奏,还是铃鼓和响板的打击,都不仅仅是利用手指、手臂在演奏,而是结合整个身体的协同演奏。唱歌的声音是人身体的一部分,一个团体的演出也意味着团队成员之间的应答传唱和合唱,他们的声音和身体在这种交互性协作中达到立体空间的共鸣。最后,乐音直接讲述着身体的经验。这种情况最明显地反映在标题音乐中。标题音乐通过音调形象、节奏模式和组织结构直接讲述着身体的经验。比如,在圣一桑的《骷髅之舞》中,音乐直接描写了雄乌鸦打断了骷髅们狂怒的舞蹈,把它们赶回到自己的墓穴的身体经验。杜卡斯的《魔法师的弟子》中,连续的音乐运动巧妙地传达了故事中的强迫活动和身体的精疲力竭……在一支有

---

① John Dewey, *Art as Experience*, New York: The Berkeley Publishing Group, 2005. pp. 236-239.

关做弥撒人群的乐谱中，巴赫那些表现情感和活动的音调画面，同样对诸如坠落的眼泪之类的事物进行了生动的音乐描写。[①] 舞蹈完全把音乐身体化了。舞蹈中的音乐不仅渗透和激活了身体，还通过身体表达了其中蕴含的精神意义。音乐自身是以身体化的方式存在的，它以非同寻常的力度和直接性唤起身体化的体验。

（二）音乐欣赏的身体化

柏林特认为，身体化更加直接的意义，发生在艺术欣赏的反应中，即“欣赏者的肉体分享介入之时”[②]。这种“身体的参与”，即使在像绘画、文学、雕塑这些身体不能直接参与到对象中的艺术形式中，也在一个更加含蓄的层面发生着。在音乐中，这种情况更是得到了普遍的认可。柏林特主要从以下两个方面论述了音乐欣赏的身体化。

人类的身体在欣赏经验中积极出场。其一，人的经验被身体化入艺术，被赋予美感的形式。如，普塞尔《黛朵的悲歌》就是把悲伤的经验身体化入了我们的审美欣赏。我们不仅要忍受“黛朵的悲伤”，而且和黛朵一起悲伤，并积极地参与其中。其二，艺术被身体化入我们的欣赏经验之中。艺术创作的痕迹成为审美欣赏的一部分。如，色彩装饰音不仅仅是表面的音色，而是经过挑选的音，正如罗杰·弗莱所说的，“一条旋律线就是一种情态姿势的记录”。舞蹈是身体化艺术的典范，它不仅把音乐身体化了，还将身体和音乐通过多种方式结合起来。许多舞蹈是在音乐的伴奏下进行的，一定程度上是将音乐身体化的结果。通过舞蹈，我们不仅舞出了音乐，还舞出了画面。舞蹈通过身体化的运动，与音乐一起建立了一个世界。它不仅解释了空间，也证明了时间的流逝。总之，人的身体在欣赏经验中的积极出场，由舞蹈典型地揭示出来了。身体化的这种意义就是“艺术的强烈形式，道出了全部经验的真相……艺术总是把经验理解为身体化的。在人作为有意识的有机体的表演中，强调我们实际的出场。这样的出场总是属于某种情境的，因此我们也可以把对环境的经验称作身体化的审美”[③]。

“音乐的身体化”达成了音乐欣赏的“环境性”与“全人类的统一性(unity)”。音乐欣赏的“环境性”即音乐欣赏的情境性。音乐欣赏通过身体与音乐结合的

---

① 参见[美]阿诺德·伯林特:《美学再思考——激进的美学与艺术学论文》,第 110 页。
② [美]阿诺德·伯林特:《美学再思考——激进的美学与艺术学论文》,第 110 页。
③ [美]阿诺德·伯林特:《美学再思考——激进的美学与艺术学论文》,第 112 页。

多种方式，在知觉经验中形成了艺术作品、创作者、表演者、欣赏者、表演环境及其相关因素之间的“多层连续统”。而这种多层的动态联系在“审美场”的情境中得到了充分的体现。因此，柏林特断定，音乐体验是人与环境的最高结合，它为人类的充分融合提供了毋庸置疑的证据。而且，正是“音乐的身体化”达成了音乐欣赏的“环境性”和“全人类的统一性”。柏林特通过分析沃伦斯·斯蒂文斯(Wallace Stevens)的诗歌《大键琴上的彼得·昆》(*Quince at the Clavier*)和德彪西(Debussy)的音乐《沉没的教堂》(*La Cathedrale Engloutie*)阐释了音乐的身体化特征和音乐欣赏的环境性，并最终将音乐体验导向了“全人类的统一性”即人类众多维度的统一性。柏林特认为，沃伦斯·斯蒂文斯的诗是非凡诗意与敏锐洞察力的微妙结合。它利用音乐性的主题，在指称和隐喻方面，展现了精神到身体再到肉体的不断转换和反复。这种转换和反复不是含混，而是一种融合，是对身体和意识内在连续性和不可分割性的深度沉思。诗歌以含蓄的修辞洞悉了音乐、身体与意识的内在联系，弥合了哲学家力图分离而未果的东西。《沉没的教堂》的标题虽然只是作为回顾出现在乐谱的末尾，而源源不断的音乐之流中诉说了人类的各个层面，相关文化、音乐知识、表演者的表演、声音等则在现场听赏的过程中融为一体。相关的文化引导我们利用身体的各指称和隐喻去聆听音乐、观看表演；表演者的身体结合到演奏的作品当中，不仅成了乐器的延伸，也成了乐音的体验者。表演者通过直接接触乐器和耳朵感受声音的物理振动及听众的反应，投入全身心地聆听，这些又成为他继续演奏的一部分；音乐和音乐表演弥漫了表演的整个空间，也吞没了处于空间、声音、身体这个连续体中的观众。其中，知识虽然是最易变的，但它却具有强大的影响。知识的影响，不仅取决于参与者、表演者和听众各自的文化修养、教育背景、专业训练、过去的际遇等，还渗透着民族风格、作品、表演及欣赏的历史风格，而所有这些都通过认知结构得到协调统一。总之，音乐体验中，我们的感觉、意识、身体与音乐的结合成为一个经验的整体。其中，我们明显感受到了某种审美的融合。这种融合赋予了我们这种无法用二元论的哲学语言表达的“全人类的整体性(unity)”和我们众多维度的连续性(continuity)[①]。

---

① Arnold Berleant (ed.), *Environment and the Arts: Perspectives on Art and Environment*, Aldershot: Ashgate, 2002, pp. 96-98.

三、“身体化的音乐”的意义与局限

“身体化的音乐”对音乐审美体验的“整体性”和“身体化特征”的洞见，从根本上超越了传统主客二分的静观美学，拓展了我们对审美对象和审美欣赏的理解。它还将身体置于知觉经验的起源与核心，不仅唤起音乐创作、表演、欣赏和音乐教育中对“身体”态度的审视和思考，还对于我们正确理解柏林特介入美学思想体系以及我国当代环境美学、生态美学的发展具有重要启示。然而，尽管柏林特在论证“身体化的音乐”的同时，也广泛论证了绘画、建筑、雕塑、风景等审美经验的“身体化”特征，但是这种来源于音乐的“经验证据”能否涵盖所有的审美体验，并最终趋向于他所谓的“一元论美学”，还有待进一步探讨。

(一)“身体化的音乐”的意义

首先，“身体化的音乐”理论对音乐体验的“整体性”和“身体化特征”的洞见，不仅从根本上超越了传统认识论美学的“身心观”和“经验观”，还较好地描述了音乐审美经验的特征。这些都将为我国音乐教育的改革与发展提供理论的参考。

其一，“身体化的音乐”理论将音乐视为体验，有助于我国音乐教育突破传统注重知识和技法的音乐教育观。柏林特将音乐视为一种针对特定感人现象的人类体验，这种体验中包含了作曲群体、表演群体和听众群体以及对音乐练习和评价的悠久历史。柏林特主张，我们的音乐教育必须摒弃传统完全由技术、理论、历史信息构成的教育理念，转到体验音乐的道路上来，鼓励并引导他人不经过任何媒介，直接聚焦于音乐体验，并让他们认识到音乐体验的范围和变化，然后帮助他们开发参与体验的技能。“身体化的音乐”理论，不仅解构了作为我国音乐教育理论基础的现代美学的“审美无利害”和“艺术自律”的观念，还将音乐教育转到音乐体验的道路上来，具有重要的意义。

其二，“身体化的音乐”理论，将身体置于知觉经验的起源与核心，为我国音乐教育教学范式的转变带来新的视角。“当前我国音乐教育主要还以认识论哲学为基础，‘扬心抑身’的音乐教育教学范式存在着身体话语被遮蔽的现象，身体的缺席则成为导致音乐教育异化的根源之一。”[①]柏林特“身体化的音乐”对音

① 董云:《论身体、音乐与音乐教育》,《四川戏剧》2012 年第 5 期。

乐属性的再认识和“身体化”特征的描述，不仅给人耳目一新的感觉，还将唤起我国当前音乐创作、表演、欣赏和音乐教育中对“身体”态度的审视和思考。

其次，“身体化的音乐”的研究对于把握柏林特介入美学的理论内涵具有重要作用。音乐体验既是柏林特美学理论的来源，也是阐释他审美经验理论的最佳范例。“身体化的音乐”是柏林特基于现象学视角对音乐性质的再思考和音乐审美体验的描述，既是柏林特前期美学原论拓展的体验来源，又是其后期环境美学得以演进的理论基石，具有承前启后的重要作用。作为最佳的实践范例，“身体化的音乐”理论对于洞察柏林特驳杂多变的美学思想具有代表性。“身体化的音乐”理论是柏林特对音乐体验所作的介入美学解读。介入美学是柏林特审美经验理论的集中概括。“审美场”、“审美介入”、“审美的身体化”是他介入美学的三大理论基石。柏林特后期环境美学、文化美学和社会美学的延进都建基在以上三大核心范畴之上。因此，深入探究柏林特“身体化的音乐”的内在理路与意蕴意义，不仅可以深入地理解柏林特前期“审美场”、“审美介入”、“审美的身体化”的理论特征，还有助于我们深度洞察他后期环境美学思想的内在逻辑。

最后，“身体化的音乐”的研究对我国当代环境美学与生态美学研究具有重要意义。作为柏林特介入美学的最佳范例，“身体化的音乐”对于理解把握柏林特的环境美学思想具有直接的意义。对于“身体化的音乐”的探讨，不仅可以揭示柏林特环境美学思想的内在理路和独特内涵，进而为我国当代生态美学和环境美学向纵深发展提供理论参考，还可以为我国现代审美理论的反思和当代审美经验研究带来一种理论视角。

其一，我国当代环境美学与生态美学的产生与当代西方环境美学有着重要的关系。作为当代西方环境美学最重要的代表人物，柏林特的美学思想对于我国环境美学和生态美学的建构与发展具有重要的影响。我国环境美学学科的创构与生态美学的部分范畴等都直接或间接地参照了柏林特环境美学的核心范畴。也可以说，作为当代西方环境美学的创始人和重要代表，柏林特环境美学的理论体系是我国环境美学的建构发展基本参照系。同时，柏林特美学思想的核心范畴，如“审美场”、“审美介入”、“参与模式”等，也成为我国当代生态美学建设的重要理论资源。但是，由于缺乏对柏林特美学思想产生背景、内在逻辑和理论特征的深度认识，目前国内的研究还仅停留在对柏林特环境美学思想的核心范畴的阐发和借鉴使用的浅层次上。这不仅导致了他美学范畴“翻译的不统一”和“借鉴的多维度”，甚至还造成了研究评判中的偏差和借鉴使用中的

“食洋不化”。音乐体验既是柏林特美学思想的来源，也是他审美经验理论的最佳范例。“身体化的音乐”理论是柏林特介入美学体系建构之后，在对他音乐体验的反思和审视中提出的，因此更具有涵盖性和代表性。因此，深入探究柏林特“身体化的音乐”产生发展、内在逻辑及意义局限，有助于我们厘清柏林特环境美学体系的理论来源、内涵特征和演进逻辑，进而为我国当代生态美学和环境美学向纵深发展提供理论参考。

其二，以“身体化的音乐”为范例，柏林特不仅充分阐释了他“审美的身体化”理论，还以此为基点反思和重释了现代审美理论，为我国当代美学的转型、环境审美与后现代艺术的阐释带来一种理论视角。柏林特的“身体化的音乐”理论，通过对音乐属性的再认识和音乐体验的现象学描述，不仅颠覆了现代美学主客分离的二元结构，还将审美经验的来源与发生过程诉诸身体，拓展审美经验的范围与空间。随着我国生态危机的加剧和“审美泛化”的进一步扩展，我国当代美学向纵深发展的同时，也面临着诸多困境。在这一背景下，“美学的基本问题如审美经验的本质、美学研究方法、美学研究的意义等，都进入了一种新的理论层次并成为当下美学研究的重要理论热点”[①]。而“绝大多数环境美学问题的解决，最终都牵涉到美学基础理论的变革一样，对于环境审美的模式的考察，最终将触及对美与审美经验这样的核心美学问题的重新思考”[②]。因此，深入探究柏林特环境审美模式的来源——“身体化的音乐”的经验描述和内涵意蕴，对于厘清柏林特驳杂多变的美学体系具有基础性的作用，进而为我国当代美学转型发展提供一种理论视野。

(二)“身体化的音乐”的局限

尽管柏林特“身体化的音乐”理论对于他自身美学体系的建构与理解，对于我国环境美学、生态美学和音乐教育具有重要的启示，但它的局限性也是显而易见的。正如柏林特反对西方现代美学将绘画作为范例去概括美学理论。他认为，美学中的很多理论都有赖于那些被当作例证的艺术。这一问题带来的相应后果就是，某些概念似乎是属于整个美学的，但实际上只属于某些艺术，如距离、非功利、取景、再现等只属于绘画。虽然绘画鼓励采取分析、理性与静观的反应态度，但是其他艺术的欣赏则把人带向不同的方向。尽管他在论述“身体化的音乐”的同时，也对绘画、建筑、雕塑、风景的审美体验作了“身体化”的描

---

① 孙丽君：《生态视野中的审美经验——以现象学为基点》，《社会科学家》2011年第9期。

② 彭锋：《环境美学的审美模式考察》，《郑州大学学报》2006年第6期。

述,但是,他是否也存在用音乐体验去以偏概全的可能?他这种来源于音乐的“体验证据”能否涵盖所有的审美体验,最后趋向于他所谓的“一元论美学”?这是一个有待考察的问题。比如,他这种“身体化”的体验理论如何描述以语言符号的阅读为主的文学体验的身体化特征?当然,柏林特可以用他的“身体化”来统领一切。经验是身体化的经验,意义是身体体验到的意义,符号也是身体化的符号,但是在主体思维范畴化的过程中,确实也存在“非身体化”的理性思维对文学体验的直接支配,比如作家对“陌生化”手法的择取和“陌生化”对读者的“身体化体验”的间离。因此,柏林特以“身体化”这个更高的感知作为起点和核心,证明了音乐体验的“身体化”特征和“全人类的整体性”之后,还需要对各种审美感知和审美体验的过程作精细化的分析,从而更好地描述“身体化”的感知在各种审美体验中运作方式,以便促成它更具概括性的审美经验理论的形成。

总之,“身体化的音乐”是柏林特对“音乐的身体化特征”和“身体化的音乐体验”的集中阐释,也是其“审美场”、“审美介入”、“审美的身体化”理论得以呈现和验证的实践范例。深入考察“身体化的音乐”的内涵意蕴,不仅有助于我们理清柏林特驳杂多变的美学思想体系,为我国当代美学的转型发展提供一种理论视角,还有助于我们进一步洞察音乐的内涵特性,从而更好地指导我国音乐创作、音乐表演、音乐欣赏和音乐教育的实践。

On Arnold Berleant's "Embodied Music"

Zhang Chao

Abstract: "Embodied music" is the exemplification of music experience from the Aesthetics of Engagement. On these, Arnold Berleant not only rethought of the nature of music, but also exemplified his theory of "Aesthetics Embodiment." There are two connotations of "embodied music": music existing as a kind of embodiment and the embodiment of music appreciation. It was beyond the traditional aesthetics model of contemplation, and expanded our understanding of aesthetic object and aesthetic appreciation fundamentally. It would lead to the examination of body and rethought of aesthetic appreciation. "Body" was placed to the origin and core of perceptual experience, and the "embodied music" was verified by Berleant. As a conjunct category of Berleant's artistic aesthetics and environmental aesthetics, "embodied music" and "music embodiment" would bring so many enlightenments to the further study of environmental aesthetics and ecological aesthetics. But, could his theory coming from music experience cover all the aesthetic experiences, and ultimately achieve his monistic aesthetics? There are more researches that need to be done.

Keywords: Arnold Berleant; embodied music; aesthetics of engagement; research significance; environmental aesthetics; ecological aesthetics

试论阿诺德·伯林特的环境美学观与中国传统生态思想

岳 芬*

摘要:在众多的环境美学家中,阿诺德·伯林特是最为关注中国传统生态思想和生态智慧的哲学家之一。他在肯定中国传统生态观念对西方环境美学价值的基础上,对中国传统智慧进行探索,以期发掘中国传统生态思想中有助于提升和改进环境美学的观念。他试图在东方智慧中寻求某种路径来解决西方环境美学目前面临的问题,尤其是在环境美学遭遇悖论时,通过发掘东方生态智慧拓展环境美学的视野,重新建构自然的地位以及人与自然的关系。他尤其关注中国园林中的美学思想,认为中国传统美学并不完全接受西方所谓的环境美学的概念,中国园林是中国传统文化对自然美的具化。中国园林更接近生态美学的理想,中国美学不仅是对环境美学的某种超越,而且体现了一种综合的生态审美观。

关键词:阿诺德·伯林特;环境美学;生态思想;中国园林

美国学者阿诺德·伯林特(Arnold Berleant)是当今环境美学的奠基人之一,他的环境美学观不仅推动了环境美学的发展,而且促进了环境美学的进一步拓展。他的参与美学理论为解决环境美学中人与自然的对立、人类中心主义等问题提供了更多的选择。他在其环境美学理论中提出了明确的环境观,并重新定义了"环境"一词:"环境就是人们生活着的自然过程,尽管人们的确靠自然生活。环境是被体验的自然、人们生活其间的自然。"[①]环境不再是一个外在于

---

* 岳芬,苏州大学文艺学博士研究生,主要从事文艺学跨文化研究。

① [美]阿诺德·伯林特:《环境美学》,张敏、周雨译,湖南科学技术出版社 2006 年版,第 11 页。

人类群体的审美对象，甚至鉴赏者也被囊括在审美对象之中，“我们通过自己的身体了解我们的环境”[①]。鉴赏者的存在同被鉴赏者息息相关，原本被割裂的联系得到修复，身体上的每一种感觉都是审美的重要来源。伯林特消除了身体与环境之间、鉴赏者与自然之间的鸿沟，试图通过参与的方式让人类重新回到自然当中，他的参与美学观因此带有投身自然的理想色彩。

一

在众多环境美学家中，伯林特是最为关注东方传统生态思想和生态智慧的学者之一，他对东方文化语境中人与自然关系的诠释持肯定的态度：“在一些具有很长的历史连续性的东方文化里，如中国和日本，成为审美鉴赏力的文化传播的例证，这种意识的扩展也是文明得以实现的一种方式。”[②]就文化的关联来看，日本文化大量接受中国传统文化思想，伯林特对日本文化(主要是园林美学)的赞叹可以被归入到环境美学家对中国思想的接受。

在面对东方生态思想时，伯林特的观点同瑟帕玛等环境美学家的看法是一致的，他们采用的研究方法都是将东方智慧同西方思想进行比较，进而从东方环境审美出发重新审视西方的环境思想以及西方传统思想中的自然观，最终在东方思想中寻找到某种智慧来解决西方的环境问题及其相关的美学问题。

伯林特对中国的儒释道思想均有一定的涉猎，他在探讨参与美学的问题上，也借用了这些思想。例如，他将审美的感性认识同“气”的思想作类比：“佛教对于呼吸的意识，与之相关的是中国的气观念或日本的气观念。”[③]他认为这是对感性认识的某种独特的审美模式。他还将中国传统文化同西方文化进行对比：“在中国文化里，道家思想的根本特征是认为人与自然是互相贯通的，儒家哲学则认为人与社会是互相贯通的——这与西方哲学思想迥然不同，因为西方认为，人与自然之间、个体与社会之间、主体性与客体性之间都是对立的。”[④]他认为中国文化对人与自然关系的认识能够很好地帮助他对参与美学的思想进行提升。

在探讨不同历史时期的自然观时，伯林特发现只有将自然与人结合在一起

---

① [美]阿诺德·伯林特：《环境美学》，第168页。

② [美]阿诺德·伯林特：《环境美学》，第165页。

③ 程相占、[美]阿诺德·伯林特等：《生态美学与生态评估及规划》，河南人民出版社2013年版，第47页。

④ 程相占、[美]阿诺德·伯林特等：《生态美学与生态评估及规划》，第47页。

的态度才真正富于生态精神。例如,他认为美国原住民心目中的万物有灵论思想、19世纪英国的浪漫主义诗歌、新英格兰的超验主义以及中国古代山水画等均属于此类。[①] 他尤其关注到点彩画派和中国古代山水画中的生态精神:"点彩画派把人物同化到风景中去,以及中国古典山水画把人画成大景致中很小的一部分,种种做法都表现出类似的态度。这一观点不光满足于人与自然间的和谐,而且自然把人吸纳进自己的世界。"[②]在他看来,这些观点"多是人与自然间的理想状态"[③],在大多数时候,人与自然的关系并没有如这些艺术作品中表现的那样完美,但是这些艺术却将人与自然统一起来,对于环境美学而言,它们不仅意味着人类对自然态度的转变,而且为建构某种合理的世界模式奠定了基础。

在解析不同历史阶段的环境美学观的基础上,阿诺德·伯林特还提出文化美学的概念,他认为环境审美与文化和历史传统之间有不可分割的关系,他甚至认为环境也是一种综合的文化:

> 审美的环境,这一新概念将充实环境的内涵。它提醒人们去关注环境体验中时刻在场,却因为某些文化原因而遭忽视的美学层面。我这里所说的文化原因,是指有意孤立美学的倾向,把它仅仅当作西方工业、商业社会中世俗行为及产品的华丽包装而已,尚未普及开去。事实上,这种做法与其他大多数文明传统背道而驰。如中国和日本的传统文明、印度巴西亚巴厘岛和土生美国文化以及大洋洲、非洲和美国众多原住民的文明中,都有许多可供借鉴之处。现在西方社会中美学的影子只能在如下活动中依稀看到:宗教仪式、精美的宴会、园林和尚未被竞争压力破坏的户外运动,如散步、远足、野营、休闲游泳、划艇。[④]

伯林特将美学研究扩展到文化研究领域为从东、西方文化比较的角度透析环境美学提供了指引。通过历史和文化的回溯,伯林特发现美学在西方文化中逐渐被边缘化的趋向,自然也相应地被驱逐出人类文化的中心地。在伯林特看来,西方现代社会中自然只具有象征性和装饰性意义,自然的存在对于西方现代社会而言的装饰性意义远远大过精神价值。而在其他文化传统中,自然的地位却完全不同。无论是中国和日本的传统文化,还是美洲原住民的文明,人与自然的关系都被当作社会文化的基础。

---

① 参见[美]阿诺德·伯林特:《环境美学》,第9页。
② [美]阿诺德·伯林特:《环境美学》,第9页。
③ [美]阿诺德·伯林特:《环境美学》,第9页。
④ [美]阿诺德·伯林特:《环境美学》,第21页。

二

具体到中国文化传统而言，天、地和人的关系被当作社会思想的最高指引，几乎在社会政治和文化艺术等所有领域，天、地所象征的自然都具有独一无二的意义，自然的存在及其运转的规律是人类效仿和遵循的对象。伯林特不仅看到中国传统文化中的环境智慧，而且还试图将这一思想推广到西方环境美学研究中去，“我尝试着将中国古代城市美学原则‘象天法地’介绍到西方学术界”[①]。应该说，“象天法地”既是中国古代城市建设的美学原则，更是传统生态智慧的体现，是中国传统社会对人类地位的客观陈述。

伯林特在《中国园林中的自然与住所》(*Nature and Habitation in a Chinese Garden*)一文专门探讨中国园林[②]中的自然观问题。他认为，中国园林超越了单纯的审美价值，它在沟通人和自然方面起到了比美感更重要的作用。例如，在空间方面，中国园林利用建筑和植物将单一空间划分为多层次的多元空间，但是各个空间之间又保持着内在联系：

> 联系中蕴含着差异是一组相关的特征。当中国园林被划分为离散空间时，这些空间从来就不是完全孤立的，或者是彼此分离的。最小的小生境，门口，或窗口打开提供一个瞥见的空间，在于超越到更广阔的空间中。覆盖的行人通道连接室内外场景，并且蜿蜒的路径与景观紧密结合。[③]

故意混合的空间创造了一种独特的宇宙观，借助门廊、窗棂等细节，园林创造了许许多多小的审美环境，并将这些系统巧妙地连接起来。从环境美学的角度来看，园林的艺术性在于它构造了一种完美的生态系统，园林中的各个区域犹如自然生态系统一样，各个区域之间既相对独立又保持着关联。

在伯林特看来，中国园林是人类居所与自然万物和谐共处的典范，中国园林实则是将环境美学家的理想付诸实践。伯林特进而认为，中国园林背后是道家思想和自然观的影响：“在中国园林中，道家的自然哲学体现了潜在的认知与感知。”[④]作为观念基石的道家自然哲学促使园林在很多方面需要兼顾自然与人

---

① 程相占、[美]阿诺德·伯林特：《从环境美学到城市美学》，《学术研究》2009年第5期。

② 阿诺德·伯林特在这里所说的“中国园林”应指中国园林艺术，区别于现代园林，以下皆同。

③ Arnold Berleant, *Aesthetics beyond the Arts: New and Recent Essays*, Ashgate Publishing Ltd., 2012, p. 139.

④ Arnold Berleant, *Aesthetics beyond the Arts: New and Recent Essays*, p. 140.

的需求：

同时，我们可能会问，这些园林是否能帮助我们理解在实现自然和人类融合的环境中，要努力创造什么样的环境。将中国园林描述为体现道家思想中人与自然和谐相处的观点，意味着中国园林的传统可能有助于我们重新思考人与自然的关系。人工自然与自然栖居方式的融合是否适用于其他的文化环境？[①]

按照伯林特的理解，中国园林不仅继承了道家哲学思想，而且对于反思人与自然的关系来说具有现实意义。身处园林之内，面对自然的人不再感到焦虑或恐惧；相反，园林中的自然物给予观者的心灵以安宁，即使凋敝的自然也能够带来感官的愉悦。

从方法论的角度来说，伯林特的参与美学等环境美学观在理解中国的园林的美学内涵上得到应用："中国的水边赏月的凉亭请人们静观，然而，从这个环境里面静观容易唤起感情，不同于从远距离之外的无利害的静观。"[②]置身于景致之中的思想是参与美学的精神所在，它区别于康德式的审美传统。在参与美学看来，中国园林消除了人与自然环境之间的距离，环境和鉴赏者在审美活动中实现融合，"这种交融形式给游览者提供的是富有对比的感知，一系列前后相续的景色"[③]。中国园林象征人对自然审视的历史，借助空间的变换来隐喻时间的流转，鉴赏者可以在很短的时间内在园林中观看到自然一年四季的变化，人与自然实现了真正的通融。

三

在中国本土文化之外，伯林特还关注到中国传统文化的延伸——日本园林艺术中的美和生态意识："穿过拱形的入口与穿过长方形入口的感觉不同，穿过日本花圃和钥匙孔形入口进入中国园林仍然不同。"[④]作为静态的园林艺术，日本园林吸收了中国园林的基本思想，尽可能地克服人工自然的僵化、造作等问题，为观者提供了一个动态的审美对象：

---

① Arnold Berleant, *Aesthetics beyond the Arts: New and Recent Essays*, p. 137.

② [美]阿诺德·伯林特：《美学与环境—— 一个主题的多重变奏》，程相占、宋艳霞译，河南大学出版社 2013 年版，第 45 页。

③ [美]阿诺德·伯林特：《美学与环境—— 一个主题的多重变奏》，第 45 页。

④ [美]阿诺德·伯林特：《美学与环境—— 一个主题的多重变奏》，第 44 页。

> 在日本京都的龙安寺(Ryoto-ji),由沙和石构成著名的枯山水,处于不同的位置人所看到的景观也不同。事实上,为了获得园林的全貌,有必要不断地变化位置,因为不管从任何位置观看,十五块石头中总有一块被其他石头遮挡。[①]

日本园林需要鉴赏者不断转变自己的位置以便阅读整个园林的美,而不会因一成不变的景象感到厌倦。在位置不断变化的过程中,鉴赏者已经开始主动参与到园林之中,鉴赏者不再是旁观者,反而深入到园林之内,成为园林整体美的一部分。按照伯林特的参与美学理论来看,日本园林刚好为观赏者提供了参与的机会,参与者在不断变化的审美活动中逐渐体验到变化万千的自然的美。

对日本园林的关注是多位环境美学家共同的兴趣,但是从跨文化研究的角度来理解日本园林之于环境美学的意义却是伯林特的研究重点。作为一个全球性的问题,环境本身不可能被封闭在某个固定的文化圈环之中,因此,伯林特在多元文化层面审视环境问题,并对相应的美学问题进行探讨。伯林特认为,"日本园林和法国园林呈献给我们两种不同的世界,这种不同有力地证明了文化创造的差异"[②]。文化差异在思想上为环境美学提供了更多的选择,促使环境美学不再停留于单一文化语境之内。

中国园林和日本园林为伯林特参与美学与东方智慧的结合提供了最佳的样板,但是无论是中国园林还是日本园林,这些审美景观并非原初自然,它的本质是人工自然——自然处在人类可控范围之内,而中国古代园林美学亦是一种"人造"的审美模式。自然物必须按照人的审美需求进行排列,这本身与环境美学强调的无人的自然是有区别的。因此,对园林的考察还需要在自然层面予以反思,同荒野相比,园林中的自然同城市中的自然物显然更加接近。

人工自然虽然不能够代替原初自然,但是中国园林仍旧竭力在表达人与自然和谐的理想,这同环境美学家的愿望是一致的:

> 仔细研究中国园林和其他类似的人文传统景观可以发现更多的特征,还可以在环境设计方面给我们的思考提供更多启示。人类的生活条件以不可预知的方式产生的变化是有其社会历史特征的,环境条件的改变则需要人类进行适度调整。然而,我认为,独特的中国古典园林的建筑传统仍将是有价值的,因为它们受到人类生活条件和质量的影响,并受制于人类

---

① [美]阿诺德·伯林特:《环境美学》,第120页。
② [美]阿诺德·伯林特:《环境美学》,第157页。

对生存的需求。对于中国园林这类传统环境形式的研究是大有裨益的,它表明人间天堂是可以实现的。[①]

中国园林的很多观念对于自然美学而言都是具有启示意义的,园林用变化的自然之美来展现理想的人与自然相处的方式,自然的四季流转与时空变化都在园林中得到表达。中国园林的理念同生态美学观念一样,希望将人与自然万物一样放在平等的地位,并将人类融入到自然的整体美的欣赏中。可以说,在弥合人与自然的差异的基础上,中国园林创造了一种观念的奇迹。

伯林特研究园林美学的主要目的在于方法论的实现,促使鉴赏者"认识到活生生的身体是景观中的积极参与者,将身体的动态力量与大地及其特征融为一体,也就是将世界人性化并将人自然化"[②]。参与美学并不孤立地肯定自然或人类任何一方,而是强调人的审美情感与自然景观的对应,它的最终目的在于实现人与自然的融合。即使杳无人烟的荒野也"不与自然的其他部分相分离"[③],因为"它既没有本体论的地位,也不是价值中立的客体"[④]。荒野与园林都应当是自然美的一部分,在这两种美学形式中,自然美的内涵虽然相互区别,但都是"历史意义与社会意义的复合体"[⑤],人与自然的融合对于环境美学的提升而言是至关重要的,人的参与是对环境审美的核心内容。

伯林特看到了以中国为中心的东方传统智慧对于环境美学的意义,"东方文化提供了堪与西方最近的生态思想相媲美的学说"[⑥]。中国和日本的古代园林为参与美学提供了极具建设性的历史实践,伯林特几乎可以在中国园林中找到他对人与自然理想关系问题的所有样板,园林中的自然物既符合原初自然景观的形态和变化,在审美上也臻于完美。正因如此,伯林特才试图在东方智慧中寻求某种路径来解决西方环境美学目前面临的问题,尤其是在环境美学遭遇悖论时,通过发掘东方生态智慧拓展环境美学的视野,重新建构自然的地位以及人与自然的关系。

---

① Arnold Berleant, *Aesthetics beyond the Arts: New and Recent Essays*, p. 142.
② [美]阿诺德·伯林特:《美学与环境——一个主题的多重变奏》,第48页。
③ [美]阿诺德·伯林特:《美学与环境——一个主题的多重变奏》,第53页。
④ [美]阿诺德·伯林特:《美学与环境——一个主题的多重变奏》,第53页。
⑤ [美]阿诺德·伯林特:《美学与环境——一个主题的多重变奏》,第57页。
⑥ 程相占、[美]阿诺德·伯林特等:《生态美学与生态评估及规划》,第50页。

四

伯林特是环境美学研究领域最关注生态问题的美学家之一，在接触和理解东方智慧的基础上，他将生态思想引入到环境美学研究中，并对环境美学进行一定的修正和补充，甚至从环境美学走向生态美学："我们可以吸收生态学知识及其启示，将环境理解为生态系统，从而在环境美学的基础上发展出'生态的环境美学'。亦即生态美学。"[①]

从伯林特的环境美学理论来看，生态审美可以被分为两个方面的内涵：一方面是视角的转变，另一方面则是观念的提升。

在前一个方面，生态的视角意味着对环境这一定义的重新诠释。伯林特认为，生态的视野可以拓展环境的范围，使其从环绕于人类的周边自然走近人类世界，甚至将人类囊括其中，形成一个综合体："包括人类（当人类出现时）、其他生命有机体以及它们赖以生存的各种物质条件——包括地理特征和气候状况。"[②]从更广阔的视角来解释环境审美正是生态美学研究的始点，伯林特显然已经从传统的、相对孤立的环境美学研究中走出来，并且站在生态视角重新思考环境美学问题，从而拓展了环境美学的视域。例如，在探讨美国环境的改造时，伯林特认为，"我们必须学习像对待我们的家一样对待地球。不是通过专制的控制，而是通过共同的合作。一种人性化的环境体现了自然与人类的和谐，在这种和谐中，一种审美鉴赏力贯穿到所有其他的价值中，并使我们回归艾默生和梭罗的期望"[③]。

在另一方面，将生态观念纳入审美研究是对传统环境美学及其思想的一次重要提升。伯林特认为，环境审美走向生态审美的核心来自于观念的转变："有一种环境观将环境视为包括一切的语境——这种观念是生态认识的中心"[④]。伯林特认为，生态美学及其思想对于环境美学而言具有指导意义：

> 回顾环境美学的理论基础，我清醒地认识到，生态学能够作出意义深远、事实上也是决定性的贡献。通过从生态方向出发，我们对于这个研究获得了富有启发性的视野，因为生态方向大大提高了我们对于环境和美学

---

① 程相占、[美]阿诺德·伯林特等：《生态美学与生态评估及规划》，第46页。

② 程相占、[美]阿诺德·伯林特等：《生态美学与生态评估及规划》，第44页。

③ [美]阿诺德·伯林特：《环境美学》，第170页。

④ 程相占、[美]阿诺德·伯林特等：《生态美学与生态评估及规划》，第40页。

的认识。事实上，生态美学可以在这里充当指导性观念，也就是一种决定所有其他观念的观念。[①]

伯林特对生态美学的重视程度显然超越卡尔松等环境美学家，他还专门探讨了环境美学走向生态美学的可能："我从环境开始，然后转向美学，然后是生态学，最后在体验之母中解释所有这些概念。"[②]他认为，生态学"研究的是处于各种特定环境之中的各种有机体之间的互相依赖——而这些环境又被视为各种生态系统"[③]。在他看来，生态美学的基本观念能够避免环境美学在人和自然之间设置的障碍，能够避免审美鉴赏者和审美对象之间分裂："生态学促使我们将环境理解为密不可分的整体。因此，人和环境并非互不相干、相互分离的实体，环境并非由人与其环境之间的关系构成的；相反，环境包括人——人是与环境相互依赖而交融的成分。"[④]

生态美学将自然和人都作为整个生态的一部分进行考察，审美成为连接人与自然的桥梁，自然及其美的外显不再是外在于人的客体存在。从建设性后现代生态哲学的角度来说，自然与人的关系才是自然审美的基础。这也可以解释伯林特等美学家缘何重视中国学者对自然美和生态美的看法(包括传统儒家、道家等思想在内)。他认为，"生态在中国学者的环境美学研究中占据首要位置，中国学者特别强调区别于环境美学的生态美学"[⑤]。部分当代中国环境学者显然更看重自然与人的关系而不是自然美本身。实际上，中国传统自然观很早便被西方哲学家所接受，例如梭罗、海德格尔等人很早便意识到道家哲学在处理人与自然关系方面的智慧，中国园林就是对环境美学走向生态美学的一种经典阐释：

自然科学和自然主义的环境哲学认为，人类的存在是构成和参与自然世界的一部分。中国环境哲学家了解西方类似的思想来源，如梭罗和海德格尔的理论等。进化生物学、各种生态科学、实用主义和自然文学都有助于我们理解这一观点，在自然的进程中，人类扮演了积极的参与者的角色。与格雷戈里·贝特森的观点一致，我们确信一切生命存在形式都是有机体

① 程相占、[美]阿诺德·伯林特等：《生态美学与生态评估及规划》，第43页。
② 程相占、[美]阿诺德·伯林特等：《生态美学与生态评估及规划》，第45页。
③ 程相占、[美]阿诺德·伯林特等：《生态美学与生态评估及规划》，第43页。
④ 程相占、[美]阿诺德·伯林特等：《生态美学与生态评估及规划》，第51页。
⑤ 程相占、[美]阿诺德·伯林特等：《生态美学与生态评估及规划》，第43页。

和环境的结合,更不必说人类。[①]

在一些环境美学家看来,道家哲学奠定了中国环境观的基础,园林是对道的自然精神的诠释。园林美学既体现了环境美学和环境哲学的很多思想,在很多方面又体现了生态美学的理想。园林将中国古代哲人对自然的理解转化为多重变化的空间和持续绵亘的时间,错落的植物和掩映其中的建筑都可以看作是中国传统文化对理想生态系统的模拟,自然的美与人类社会是结合在一起的,将自然美与人分离的审美理念在欣赏中国园林时是很难完全理解园林的真正内在哲学精神的。霍尔姆斯·罗尔斯顿(Holmes Rolston)认为,"美学在环境伦理上讲是一个错误的出发点,至少在原则上讲是错误的,虽然在实践中并不总是这样。美学也是定位环境伦理的错误地点,无论在原则上还是在实践上"[②]。对环境美的欣赏降低了环境的地位,也将人类与自然分割开来。因此,从环境审美走向生态思考是在伦理上的深入,"环境美学将其重要的价值置于生态学思想、伦理学和其他哲学之树的分支之上、置于经常被忽视的各种价值之中"[③]。对此,伯林特总结道:"环境美学就是生态的。"[④]

总之,伯林特将环境审美和生态审美结合的观点对于推动环境美学的转变是具有借鉴意义的,正如他所看到的,"环境作为被体验到的环境无法与人类分离,它总是与人类相关的,与人类世界的利益、活动和实用相关。这就是生态学的人类意义"[⑤]。他的观点对于解决东西方在环境问题(包括环境审美、环境治理等问题)方面提供了探讨的空间,并将政治、社会以及历史等问题纳入其中:"是否可能在西方文化的技术力量与东方宇宙的均衡性之间找到一个平衡点?对于这个问题的答案,取决于人类文明的社会与政治发展是否已经获得了解决这个问题的能力。"[⑥]

---

① Arnold Berleant, *Aesthetics beyond the Arts: New and Recent Essays*, p. 140.

② [美]霍尔姆斯·罗尔斯顿:《从美到责任:自然美学和环境伦理学》,[美]阿诺德·伯林特主编:《环境与艺术:环境美学的多维视角》,刘悦笛等译,重庆出版社2007年版,第153页。

③ 阿诺德·伯林特:《导论:艺术、环境与经验的形成》,[美]阿诺德·伯林特主编:《环境与艺术:环境美学的多维视角》,第5页。

④ 程相占、[美]阿诺德·伯林特等:《生态美学与生态评估及规划》,第46页。

⑤ 程相占、[美]阿诺德·伯林特等:《生态美学与生态评估及规划》,第51页。

⑥ 程相占、[美]阿诺德·伯林特等:《生态美学与生态评估及规划》,第53页。

小　结

伯林特认为，如园林艺术这样的中国传统景观审美体现了中国传统美学精神与西方美学观念的区别，通过园林艺术，中国美学创造了一种独特的审美形式，而且中国园林还能够为西方当代环境美学提供更多的启示。在审美方面，中国园林是中国传统文化对自然美的具化。中国园林所展现的自然并不是环境美学所提倡的纯粹的自然美。正如伯林特所看到的，中国传统美学并不完全接受西方所谓的环境美学的概念，中国园林更接近生态美学的理想，在一些时候，中国园林对自然美的表达甚至与环境美学所倡导的观念格格不入。中国园林尝试在人与自然之间建立一种平衡，实现精神与自然的交融。在某些观念上，中国园林不仅是对环境美学的超越，而且体现了一种综合的生态审美观。

On Arnold Berleant's Environmental Aesthetics and the Chinese Traditional Ecological Thoughts

Yue Fen

Abstract: Arnold Berleant is one of the environmental aestheticians who pay most attention to the Chinese traditional ecological thoughts and the ecological wisdom. On the basis of affirming the value of Chinese traditional ecological concept to western environmental aesthetics, he explores the Chinese traditional wisdom, in order to find out the concept of Chinese traditional ecological thought that can promote and improve environmental aesthetics. He tries to find a way to tackle the problems of western environmental aesthetics through Oriental wisdom. Especially in environmental aesthetics paradox, he tries to expand the perspective of environmental aesthetics by exploring the ecological wisdom of the East, reconstruct the natural status and the relationship between human and nature. He pays particular attention to the aesthetic thoughts in Chinese gardens. He believes that Chinese traditional aesthetics does not totally accept the western concept of environmental aesthetics. Chinese gardens are the embodiment of natural beauty in Chinese traditional culture, which are more close to the ideal of ecological aesthetics. Chinese aesthetics is not only something beyond environmental aesthetics, but also a comprehensive ecological aesthetics.

Keywords: Arnold Berleant; environmental aesthetics; ecological thought; Chinese traditional gardens

从“绿色之思”到“生态诗学”

——生态文艺学学科范式的生发、转换与升华

龚丽娟*

摘要:“绿色之思”是中国生态文艺学的早期范式,规约了文艺研究的生态化路径,引领文艺学的学科转型。从“自然”到“生态”,传统文艺学经历了学科本体范畴、理论范式、结构范型各方面的转换,构建起本土化的生态文艺学。在其范式转换中,生态文艺学将传统文艺学的自然审美观,发展至融自然、和谐、美于一体的生态审美观,强调文艺整体之生态内涵、关系、结构与规律,逐渐朝生态诗学范式升华。

关键词:生态文艺学;绿色之思;自然;生态;生态诗学

生态文艺学是20世纪90年代生态思潮下的新型学科形态,意在用生态学观点、理论与方法,探究文学与艺术现象的生态美蕴,及其与自然、社会及人的精神状态的生态审美关系,乃至文艺内在的生态规律。生态文艺学遵循自然法则、艺术法则、社会法则三位一体的学科规律,以文艺的绿色之思,追求文艺学在生态文明时代的新发展。在过去二十多年的发展中,中国生态文艺学日显成熟。范式是在学科历史中生成的具有普适价值的理论范型,规约引领学科的理论内涵与发展方向。生态文艺学的学科范式在此过程中也不断发生转化,路径曲折,经过哲学本体、审美方式、结构形态三个方面的转向,从回归自然形态、实践生态伦理研究的“绿色之思”,转型升华至具有和谐美学内涵的“生态诗学”。

一、绿色之思:生态文艺学的学科草创与范畴生发

20世纪50年代至七八十年代,中国的文艺学学科建设进入新的时期。一

* 龚丽娟,博士,广西民族大学文学院副教授,硕士生导师。

方面，传统诗学体系解散，转向杂糅了西方诸多文艺理论的新型范式；另一方面，形成以反映社会生活、服务大众与意识形态为主的文艺思想体系。20世纪八九十年代，全球性的生态危机大肆来袭，国外生态人文学理论舶来，中国生态文艺学发端。它以生态的眼光与理论，发掘文艺与自然的深层关系及其自然审美内涵，进而动态考察文艺现象，深入研究其内在本质、特征及生发规律。可以说，生态文艺学循着传统“自然”的“绿野仙踪”，希图以人文学科的生命内质拯救世界的非美、自然的失绿，将现实世界里干涸固化的“绿色”，重新明亮灿然地植入表现人类灵魂与生命的文学之中。

“自然”作为内在于文艺活动中的先天条件，渗透进文艺对象的生成机制与审美属性中。除了特定时期的文艺规范与标准外，“自然”既是从古至今文艺的审美生境与书写对象，又是其所追求的艺术品格与审美境界。可以说，传统文艺与自然融为一体。现代主体论文艺观强调主体性的文艺创作与文艺研究，将侧重点放在了单向度的个体生命体验上。高度物质化、疏离式的现代生活方式，造就了“自然”在文艺生活中的缺席。因此，现代文艺观将文艺从自然中剥离出来，生态文艺学向生态领域迈出的第一步，便是归还文学艺术的绿色自然、自然之眼、自然之灵韵。

早在20世纪90年代，国内生态文艺学逐渐以主流文艺观的方式进入研究领域与接受领域，涌现了大量生态文艺及相关研究成果。“自然”与“绿色”成为有意凸显学科内涵的关键词，也成为文艺学承担起生态人文学科职责的重要标志。因此，文艺的“绿色之思”，一方面强调文艺与自然的关联，另一方面强调自然在文艺中的审美格调，创作的绿色化，评论的绿色化，将自然之表层特质安放于文艺对象之上，是生态文艺学发展的必经之路，但毕竟还不是学科发展的目的与终点。生态思潮下的文学思想转型，文艺发展的生态基点，绿色之思的文艺理念，无一例外地强调自然在文艺中的在场身份。这既是对传统生态思想的回归，也是特定社会环境中文艺学的自我觉醒。自然之美与纯净，自然与人的和谐审美关系，以及自然在文艺中的固有渗透，被一一凸显。绿色自然的回归，不仅表现在文艺活动中、感性直观的文艺对象上，而且表现在专门研究文艺现象内在本质与规律的文艺学学科中。

如此一来，文艺从走出的自然中回归了，不仅还原了其绿色的生命、和谐的品格，还彰显了其内在的生命构成与规律。实际上，“绿色”在文艺中只是过渡色，生命的萌芽、生态的构成应是多层次、多质地、多彩的，文艺不仅是单纯的对绿色大地的吟咏与歌唱，还有对蔚蓝天宇的向往与追怀。蔚然深秀的世界，经由文艺而成为无所不能包容的符号化、审美化的万象之境。文艺的使命与初衷，是经由人的情感与认知，创造充满美感的理想之境，包罗绿色自然、和谐美好。“自然”之于文艺，应该片刻不弃，须臾不离。

生态，即生生之力量，灵动之样貌。文艺向自然的回归，可以看作是人类审美活动的空间转向与行为自律，以及重构和谐生态关系的精神自觉行为。他律性的外部环境，无法将文艺引入最高端的发展阶段与最自由的审美境界。浅层的生态关系重构与急切的环境伦理重建，都无法将文艺学引入应有的深刻之境。生态文艺学理应超越狭义的“自然文学”、“生态写作”、“环保艺术”等，正如鲁枢元教授所说：“一门完整的生态文艺学，应对面对人类全部的文学艺术活动做出解释。”[①]若要构建既渗透生态哲理，又充盈生态审美光辉，还能彰显文艺学自身学科本质与规律的生态文艺学学科，其最主要的是从哲学本体范畴、审美范式、结构范型三个方面，以生态方法将文艺现象当作活态的生态整体，从外延性、浅表性的自然研究，过渡至更深层的生态研究，进而构建生态诗学体系，推进其学科范式的升华。

二、从“自然”到“生态”：生态文艺学的范式转换

（一）从自然人化到人的自然化、生态化——生态文艺学本体范畴的转换

学科范畴有其特定的生发条件，语境不同，内涵迥异。人类社会系统中的自然，是与社会单元结构相对应的空间，一般指实体自然；哲学视域中的自然，相对于形而上的精神领域与形而下的物质存在，主要指哲态自然；艺术语境中的自然，是相对于人工、雕琢、修饰性的美感存在而言的天然之美，是审美自然。自然与人，自始以来，就是辩证统一的二元存在。实体自然是人的生存之本，哲学自然是人的行为准则，审美自然是人的生命追求。人类在各个时代、各个领域与自然的关系动态平衡发展，既相互拮抗，又相互吸引。

文艺作为特殊的审美形态，发生在特定的审美空间中，自然是其最直接的表现维度之一。远古自然蛮荒，充满危险，随着人类文明肇始，自然逐渐褪去魅惑与悸怖，日益柔美可爱，人与自然之间生发出奇妙情愫，进而创造了融入人类审美理想与情感表达的文艺经典。如中国古代文艺，由自然化育而出，远山近

① 鲁枢元：《生态文艺学》，陕西人民教育出版社2000年版，第28页。

水，明月清风，浸润滋生出无数晶晶宝玉般的艺术作品。《诗经》里的蒹葭白露，溱洧汉江，陶潜一心归园田居，深醉桃源，王维描摹远村人家，墟里孤烟，苏轼想象天上明月宫阙，人间如画江山，古典园林里的小桥流水，仙山琼楼，水墨山水画中的平林漠漠，白雪皛皛，金石丝竹中的铮铮其声，淙淙其形，无不美妙，皆成经典。这些传统文艺生发于自然，融入艺术家们高超的审美情致，幻化为梦一般的艺术空间与审美意境。因此，在中国传统文艺中，山水自然，花鸟虫鱼，皆能入诗入画，友与人类。自然进入人的审美世界之后，其关系由古朴的天人感应，上升至充满美感的与身俱化，无一不确证着自然在人的审美经验与艺术创造中的高度融合状态。因此，早期文艺是自然的人化与人的自然化、生态化有机统合的典范形态。

但是，文艺思想同样是历史的产物，合和着文明发展的节拍与步伐不断前进。中国文学经历了“兴观群怨”说，“文章，经国之大业，不朽之盛事”的工具论之后，现代文学理论里出现了经典命题“文学是人学”。这一文学命题揭示出文学最根本的精神价值与学科责任之一，影响深远，可以说是自西方启蒙运动之后现代文艺思潮在中国演变的一个缩影。这归根于文学对现实人生的表达与追问的永恒主题。此前文艺将这种追问融于与世界的和谐关联之中。但是在特定的政治语境与社会生活中，文艺一方面作为人的审美需求的特殊产物，另一方面，也是更重要的功能体现在其已逐渐演变为人的本质力量对象化的表现形式中。在经过长时间的演变之后，文艺也被视为人类本质力量审美外化的重要形式。中国现代文学史上的“五四”文学、延安解放区文学乃至新中国成立后的“十七年文学”，可谓是此种转变在中国现代化进程中几个历史节点上的重要表现。有学者认为，“文学与政治互相渗透，构成了生态学的协同演进关系”[①]。可见，历史生态与政治生境也是构成文学生长的生态条件。

西方近代以来的浪漫主义艺术思潮，与中国的现代化进程中的文艺革新，虽在时间上有所错位，但都极大地促进了人的主体意识的觉醒。前者以强烈的感情、想象、诗意，超越了启蒙主义时代的理性精神，回归自然，高扬个性，追求自由的文艺理念，表现在文学、音乐、戏剧和造型艺术诸多领域；后者则转向文艺的现实主义，从生活的多样性里捕捉解决人生困顿的诗意，或以昂扬激情拯救处于特殊时代与环境中人的精神沉沦。然而，部分文艺最终不仅制造了艺术家的孤单想象，对比出不为所动的残酷现实，就连人之自然本性，也在其中黯然

① 余晓明：《互渗与回环：政治文化视角下的文学与政治关系》，《求索》2005年第11期。

失色。及至工业文明时代，不曾被万重高山阻隔的人与自然之间的和谐关系，轻而易举地被钢筋水泥禁锢其间，自然与人日益疏离。现代人与自然的剥离状态延伸至文艺之中，同样表现为不关切自然。综观当下的青春文学与商业电影，《小时代》之类作品以非主流生活方式影响青少年，充斥着空洞无物的华丽臆想与欲望表达，对肤浅的形式之美的偏执与狂热，致使人的内心退化为单薄、脆弱、苍白的空壳，远离自然之根基，毫无自然之审美格调。无论何种形式的疏离，都会使文艺日渐枯萎，绿色尽褪，不再丰实。

自然的人化与人的自然化、生态化，是两个相互作用的生态机制，人的远离自然导致与自然的疏离与对抗。马克斯·舍勒对人的自然化问题有过理想化的阐释："最深切地根植于地球和自然的幽深处的人，产生所有自然现象的'原生自然'中的人，同时作为一种精神存在的人。"[①]中国传统文艺思想具有潜在的生态向性，传统文艺学的生态之域与自然之根，创造了无数影响力巨大的文艺经典。早期的生态主义运动中，人类对自然的尊重与敬畏，目标更多落在人本身的利益诉求之上，因此被视为"人类中心主义的同谋"。林泉之心，融入野地，本是人类天生的审美本能与生命诉求，却在与自然的关系畸变中被迫改变。"文学作为人学……因此，生态论文艺学应当把重建文艺与自然的关系作为自己的中心任务，把人与自然的关系放到核心的地位上。"[②]从面对自然到参与审美，走进自然里，活在景观中，在自然、社会、精神三维立体构建的生态和谐系统中生存、生活与审美创造，是人类及其审美活动与自然关系的原始状态，也是文艺生态的本源所在。生态文艺学，不仅应该强调在与自然的和谐关系重构中，重拾自然化引入文艺的传统，还应该使人摆脱与自然的割裂分离状态，高度自然化、生态化，进而生态审美化。

(二)从自然审美到生态审美——生态文艺学理论范式的转换

审美作为生态文艺学的学科本质属性之一，理应发挥其原初功能。事物的审美形态、意义与价值，在人的审美活动中得以明晰与凸显。生态时代的文艺学不仅将其学科对象局限于文艺现象，其文化批判功能在学科对象的壮大中得以强化，理论与方法也相应转换。发展初期的生态文艺学，在自然科学的视域、范畴、理论与方法的共同作用下，学科认知在理性化、专业化、系统化的同时，过度强调自然主义、环保主义、生态主义，褪去了作为人文学科的诗化色彩与浪漫

---

① 转引自鲁枢元:《生态文艺学》，陕西人民教育出版社 2000 年版，第 112 页。

② 曾永成:《生态论文艺学:本体基础、核心内涵和学科性质》，《当代文坛》2004 年第 5 期。

气息。然而值得庆幸的是，人类经由审美活动而不断完善对世界的感性认知，经过生态视域的延伸，生态思维的扩容，文艺学学科边界由侧重于静态自然审美领域拓展至生态审美领域。生态审美不仅涵盖了人类原始的审美心性、审美经验、审美机制与审美方式所带来的审美快感与审美愉悦，而且在此过程中，我们愈加深刻地感知到复杂生态系统中的生态审美机制、内涵与规律。

传统文艺学中的自然审美，扭转了生态文艺学诞生之初强化环境伦理的理论向度，使其回归至文艺的审美本质上。自然审美在是生态文艺学极其重要的维度之一。它既能通过生态审美创造改善自然的非美现状和生态困境，也能经由生态审美路径培育人的生态审美心境与生态艺术涵养。曾永成教授的《文艺的绿色之思》，从人本生态观出发，构建马克思主义指导下的绿色文艺生态学。“节律感应”作为文艺审美活动的原生特性，成为其文艺生态学的核心范畴，并以此来探讨人类审美行为的自然基础与生态本源性。① 经过发展的生态文艺学，将其学科的理论范式由偏于客体存在的自然审美转向偏于关系状态的生态审美，更凸显其对学科对象的动态学理观照。生态的艺术化与艺术的生态化是双向互动、耦合并进的文艺生发机制，其中包含着各个维度的生态审美规律。鲁枢元教授将生态文艺学的对象界定为“自然生态、社会生态、精神生态三位一体的生态整体”②，也就意味着生态文艺学不能将学术视野集中在自然审美对象上，而应该在学科整体视野下，同时关注文艺内部所包含的社会生态与人的精神生态。

西方哲学始于对自然科学规律的探索，中国哲学始于对人与世界关系的哲思，这种终极性的研究影响到文艺的发展。西方哲学、文艺学中一脉相承的“理式”，极具抽象色彩。而中国古典文艺思想中的气象、意境之类的审美范畴，介乎于感性认知与抽象概括之间，充满哲理意味，且有一种模糊朦胧的诗意美感。中国古典文艺思想，正如王羲之所言，仰观宇宙之大，俯察品类之盛，大气恢弘，时刻都有整体性的宇宙在场，体现了艺术世界里时空的客观性以及审美场域的相对无限性。气韵之灌注于文学，实则是文学内部自然生命性的重要表现，更是对文艺内在的自然底蕴、生命意蕴的概念性阐释。司空图《二十四诗品》，最后一条是“流动”，“若纳水輨，如转丸珠”既是形容自然界的圆通流转，也是形容文学与自然生态、人的精神生态的同一性。石涛“一画论”里“以万生一，以一生万”的内在规律，是现实世界与审美幻象里整体性思维的最好注解。因此，中国

---

① 参见曾永成：《文艺的绿色之思——文艺生态学引论》，人民文学出版社 2000 年版，第 72 页。

② 鲁枢元：《生态文艺学》，陕西人民教育出版社 2000 年版，第 146 页。

古典文论史，蕴含着多维的生态审美内涵，有着突出的生态向性，是一部从自然审美到生态审美的发展史。

文艺现象从来都不是以孤立的姿态出现，它以特有的方式折射生态系统的复杂性美感。生态审美范式包含着生态文艺学中自然审美的维度，一如既往地发扬文学与自然亲密无间的审美交融的传统，发展了此前被忽略的社会生态和精神生态维度。生态文艺学视域中的文学文本乃至一般文本，自然生态依然在场，社会生态与精神生态日益突出。文艺作品以超越现实审美经验的方式，对世界与人生进行了审美表达，其对社会生活的深度精神性探索，已成为文艺主要职责与功能构成。虽然这些维度已然以其他方式存在，比如西方的社会历史批评与精神分析流派，也关注文艺的社会生态与精神生态，但是生态审美范式更为重要而强大的功能是，将多个维度以整体结构的方式相互关联，从而推进生态文艺学结构范型的转换。

（三）从自然结构到生态整体——生态文艺学结构范型的转换

生态文艺学自其诞生以来，就蕴含着多层次学科结构与复杂的理论系统，具有从主体论向整体系统论转型的倾向。文艺所展示的既非单纯的镜像世界，也不是纯粹的精神世界。在人与世界的关系中生长出的文艺文本，从一开始就具备了活态运转的属性。然而，生态文艺学诞生之初，其研究结构并不活态立体，而是静态发展的。但是很快就有学者意识到“生态文艺学要想成为一门独立的学科，就必须有自己的概念、范畴和逻辑体系”[①]。逻辑体系，不仅是对生态文艺学学科内在规定性的要求，也是对其系统整体性的要求。文艺对象具有明确的生态性，文艺活动具有整体性结构，这在最早的文艺理论研究中已有出现。比如，古希腊哲学大家亚里士多德在《诗学》中对戏剧文学“整一性”结构规律的研究，即有最早的生态文艺观的萌芽，最早自觉强调文学文本中处于整体之下的部分与个体。

当然，生态文艺学研究的先驱与大家们，以学术的深刻与清醒，超越了一般生态人文学所强调的自然，直抵之前被忽略的生态审美本质与规律。鲁枢元教授《生态文艺学》提出了生态文艺学的结构与功能，初创了生态文艺学整体结构与框架，最早具备了将文艺学的结构从传统板块结构，延伸至活态生态结构的学术自觉。鲁枢元先生曾经将文艺学学科比作一棵树，以此来阐释“文学艺术

---

① 蔡同庆：《生态文艺学：崛起与困境——兼述中国首届生态文艺学学科建设研讨会》，《苏州大学学报》2003年第2期。

是一个有机开放系统”[①]这一命题。而笔者以为，这棵树根深植于充满审美养分的土壤中，因此决定了其成长过程与外在形态的审美色彩，区别于其他学科。文艺创作好比树的根植培育者，使其在大地之上、天空之下，广受恩泽庇护，在成长过程中，被文艺批评研究者引导、建议，更加茁壮健康，开出的美的花朵，结出好的果实，被文学接受者所欣赏、接受。这足以证明，文艺理论的整体框架，容纳了包括文艺创作、欣赏、研究、批评在内的所有审美创造部分。这是一个浸润着无限生命力的整体结构，活泼灵动，充满意趣。生态文艺学将这种空间与可能性又进行了扩容，使其真正成为充满生趣的活态开放系统。

文学活动的整体性，“文学树”的生长，在生境与环境的共同作用下，经历种植者、培育者、接受者的诸多环节，终生成活态运生的生态整体。文艺学理论中对其整体性规律的研究，有其发展的历史。中国古典文论里这种系统思维出现较早，刘勰《文心雕龙》被称为“体大虑周”之作，序列化展开文学活动、体裁、风格等文艺理论构成部分，司空图《二十四诗品》将为文之结构规律与天地宇宙活态运行的规律相耦合，可谓系统全面。20 世纪 40 年代美国学者艾布拉姆斯著名的诗学理论专著《镜与灯》，以现实主义和浪漫主义的分歧为契机，提出以作品为中心，辐射作者、读者、世界的文学四要素结构图，首次以系统思维考虑艺术与外界自然、与欣赏者、与作品的内在关联性，但这是一个单线循环的平面结构。20 世纪 60 年代，刘若愚在艾氏观点基础上提出“文学循环系统”，宇宙、作家、作品、读者成为双向运生的文学要素，虽然以动态眼光在结构上理清了文艺的内部构成，但依然未能以生态思维将文艺活态运行的结构与规律揭示出来。袁鼎生教授在生态美学理论规范下，揭示出绿色阅读、生态批评、美生研究、生态写作诸环节的生态关联，及其生发构成的美生文明圈超循环运转的结构规律。[②] 超循环活态运生的文艺活动与要素，不仅构建起审美世界，还构建起与之耦合共进的艺术人生。

由此可见，在传统的文艺学研究结构中，单纯的文学规律的研究、文学史的线性更替、文学批评的实践，已经不能满足文艺本身的发展需求。文艺发生学涵盖了文艺内部的所有部分与环节，文本的动态发展、文学活动的超循环运进、文艺价值的多维统合、文本对象的生态性、文学艺术史的动态演进、文艺现象的生态意味与生态审美内涵等，不是彼此分离、无所关联的板块的部分，而是相互作用、关联密切的文艺理论整体的构成部分。文学的结构性内涵是文艺理论的

---

① 鲁枢元：《生态文艺学》，陕西人民教育出版社 2000 年版，第 51 页。

② 参见袁鼎生：《整生论美学》，商务印书馆 2013 年版，第 180 页。

重要研究对象，也是文学研究在整体框架之下进行的必要前提。文学现象作为有机的生命体，其内部的生发机制与规律，以各种形态呈现在文学对象中。文学结构看似复杂，实则系统有序。但是，历代文论中，有线性罗列其结构组分与板块的论述，也有在含蓄的诗性表达中强调文艺整体性的理论。

生态文艺学诞生之初，集中在文化伦理批判方面，其对文艺本身的生态规律关注甚少，对文学的生态结构更是未有深入研究。文艺文本、文艺活动、文学艺术史书写、文艺理论等领域的生态研究，一方面可以挖掘出潜含于文艺内部的生态内涵、生态规律，另一方面可将外在于文艺现象的生态特征、生发形态公之于众。生态文艺学的学科生态演进，文学史的生态演绎，研究对象的生态拓展与审美回归，本体范畴、审美范式与结构范型的转换，自然生态、社会生态、精神生态的审美表现与再现，文学现象的生态规律探索，多维价值与规律的生态化呈现，生态批评的文化拓展，都促使生态文艺学的结构日臻丰实。

三、生态诗学：生态文艺学的范式升华

纵观人类文学发展史，诗是最具代表性的经典性文学文体，亦最能凸显文学以情感与想象为媒介，以富含审美精神与哲学隐喻的辞采为形式的独特属性与学科本质。“文学性就是诗性，那是人类原始生命的出发点，同时也是人类精神提升的制高点。”[①]如果说哲学是所有学科思维模式的高端形态，反映了世界的真理，那么诗学可以说是人文学科审美理想的高级表现形态，以形象化的思想和审美化的语言表达超越一般真理的普遍真理，是人类一切意识特别是审美意识的精华。可以说，诗学承载了民族、个人在历史中的审美积淀与审美意识。

中西方文论史上，有诸多诗学体系的构建环节，西方重客体的模仿说和重主体的天才说，中国含蓄古典的性灵说和意境说，共同造就了以诗学特性、规律研究为主体的诗学体系。以中国诗学发展为例，中国文艺史创造了发达的诗学体系。先秦两汉，儒学兴盛，“诗言志”的主流文学观，奠定了文学在政治与伦理领域的地位；魏晋南北朝时期，道教玄学中兴，文学追求人自由性与自然抒情，出现了深刻系统的文学理论研究成果，曹丕的“诗赋欲丽”、“文以气为主”（《典论·论文》），陆机以兴、比、赋“三义”、“诗缘情而绮靡”得出“夫诗者，众妙之华实，六经之菁英”（《诗品》），阐释了文学的本质属性与审美特征，刘勰《文心雕

① 鲁枢元：《文学的跨界研究：文学与生态学》，学林出版社 2011 年版，第 16 页。

龙》则以“体大虑周”的气魄系统研究了文学的内部规律。唐宋时期社会进步，文化开放包容，诗歌文体高度繁盛，进入文艺自觉发展时期，诗学研究相应发达，司空图《二十四诗品》以道态文化精魂探讨诗歌审美风格，严羽总结诗之“别才，别趣”、“妙悟”、“吟咏性情”（《沧浪诗话》），总结了诗歌的形象思维方式、审美体验方式，这也影响到后来的“神韵”、“性灵”等古典审美范畴的出现。而王国维的“意境”说，可以说是中国古代诗学研究的又一个高峰，从哲学的高度深刻剖析了诗歌内在的审美本质及所蕴含人与世界的审美关系。20世纪，中西方文学理论研究都进入了更加复杂的社会语境，文化语境更加多元，中国文学重新回归到强调文学现实性与功用性的时期。比如，20世纪二三十年代文艺要“为人生而艺术”、“为大众服务”，40年代毛泽东《延安文艺座谈会上的讲话》指出文艺要“为工农兵服务”，建国后十七年间文艺等，文艺在满足现实需求的同时进行自我发展。诗学研究在这一时期也发生相应变化，其文学性、审美性在现实功用性中得到部分彰显。

由此可见，东方诗学传统根基深厚，诗言志，诗缘情，性灵，气韵，意境，境界，既有对偏于主体论的生命美学的探索，也有对文学中人与自然、世界关系的探索，更有对文学本质及其内在规律的深刻研究。而西方诗学也有其发展脉络，它与古希腊、古罗马的主要诗体——悲剧、史诗、喜剧——同步生发的经典诗学、诗艺研究，影响了16世纪之后西方的文艺思潮，出现了布瓦洛、卢梭等自然主义诗学的经典著作。显然，东西方诗学在强调自然主张与生态意味的基础上，是两个具有可通约性的学术系统。因此，有学者在十多年前预言：立足于传统美学的东方诗学范式与强调自然主义的西方诗学范式，在生态文艺学的学科建构中，应该是最具有发展前途的学术范式。[①]

相比之下，生态诗学用生态眼光、人文情怀、生态审美为标准和尺度，探索文艺现象、审美文化乃至一切文化形态，探索其内在的生态审美内涵、特征、价值及规律，意在回归并超越传统诗学的经典规定性。张皓教授的《中国文艺生态思想研究》，从中国传统文艺思想中探求文艺思想的生态根源与流变，探索儒释道文化中的生态文艺思想，以及生态话语的本土建构和生态诗学的传统发微。他认为：“生态诗学不仅需要追寻诗学境界，而且给诗学、文艺学提供了新的视角、观点与方法。……二者相互渗透，结合为文艺生态学、生态诗学。”[②]生态诗学对传统诗学的回归与继承体现在，以审美性、想象性、抒情性规定文学创

---

① 参见彭松乔：《生态文艺学：视域、范式与文本》，《江汉大学学报》2002年第3期。

② 张皓：《中国文艺生态思想研究》，武汉出版社2002年版，第31页。

造及其理论研究，其超越性表现在，生态诗学关注的不仅是人类世界的审美经验所营造的艺术世界，而且关注自然与世界中所有标注有生态审美符号的生态存在。

传统文艺学理论的理性结构化展开，与生态文艺学学科的诗性系统化整生，传统文艺学单一价值及规律探索，与生态文艺学多维立体价值及规律研究，形成了几组对应的互补关系。生态视角、系统思维在诗学研究中可追溯的历史并不短。白居易《与元九书》讲道："诗者，根情，苗言，华声，实义。"其中文艺思想，已具有浓郁的生态意味。生态文艺学等生态人文学科将其引申发展，使其散发出传统文艺学的新的生命力。

生态人文学科，有其特定的发展路径，不能长久地依附于生态学的部分理论、知识与方法，如此，势必流于零散化、细碎化、片面化。因此，生态文艺学、生态批评等生态人文学科，其前景将是生态诗学。诗意，即意味着充满生命的欢欣，审美的情趣，和谐的关系。生态诗学的对象不再局限于文学艺术，因为，文学文本与非文学文本的鸿沟日浅，在文艺文本兼顾文学性与其他表达目的的同时，世界在审美的道路上前进，很多非文学文本恰恰在人类的审美共趋性中具备了文学性、艺术性的审美价值与生态根基。生态诗学的责任，在于延续发展审美形象力，统合以主体论为基础的传统文艺学与以整体论哲学观为基础的生态文艺学。生态诗学的价值，则存在于人之诗意栖居的终极理想之中。重构发达的生态诗学体系，真正需要做的是，立足学科自身属性与规律，发展自身学科的前沿理论，构建系统健全的学科理论结构。生态诗学最终的归宿则在于，在生态审美结构中，遵循生态审美规律，重建文艺活动、文化现象中的人与自然、世界、他者及自我的和谐诗意的审美关系。

From "Green Thinking" to "Ecological Poetics": The development, Transformation and Sublimation of the Paradigm of Ecological Theory of Literature and Art

Gong Lijuan

Abstract: "Green thinking" is the early paradigm of Chinese ecological theory of literature and art, and it has regulated The ecological path of literature and art research, and has led the transformation of the literary and art disciplines. From "nature" to "ecology", traditional literary theory has experienced the conversion of all aspects of the subject domain ontology, theoretical paradigm, structural paradigm, and built the localization of ecological literature and art. The ecological literature developed the traditional literary theory of natural aesthetic conception to ecological aesthetics vision which melt the nature, harmony and beauty as a whole in the paradigm shift. It emphasized ecology connotation, relation, structure and rules of literature and art as a whole, and gradually sublimed towards ecological poetics paradigm.

Keywords: ecological literature and art; green thinking; nature; ecology; ecological poetics

Some Questions for Ecological Aesthetics

Arnold Berleant*

Abstract: "Aesthetic" is the term generally used to denote the normative experience associated with the appreciation of art and of beauty in nature. Aesthetics is the study of such experience. A powerful influence on aesthetics in the past half-century and more has been the use of particular scientific theories as a key to understanding aesthetic phenomena. One of the seminal contributions in the recent turn to ecology in aesthetics was made by Jusuck Koh and the recent development of this idea is made by Xiangzhan Cheng. It is instructive to compare these two outstanding efforts at establishing an ecological aesthetics, that of Jusuck Koh with that of Xiangzhan Cheng. Cheng goes further to develop at length what he calls "ecological aesthetic appreciation," arguing that ecological knowledge is essential to fully appreciate the natural environment. Unfortunately, Cheng is guided here by ecological and ethical values rather than by aesthetic ones. These issues, in short, suggest the need to recognize values in environment that are important though different: ecological values, ethical values, and aesthetic values. This critique of the important theories developed by Koh and Cheng can help us identify the conceptual errors and methodological misapplications that occur in some recent efforts to develop an

* Arnold Berleant is an emeritus professor of Department of Philosophy in Long Island University.

ecological aesthetics.

Keywords: ecological aesthetics; environment; ecological values; ethical values; aesthetic values

I. Introduction

The passion for knowledge and control of nature has been a persistent force throughout the course of world history. It led the Greeks to create elaborate mythologies describing divine explanation and influence, as well as to the earliest speculative natural philosophies. It led to the creation of the great national folk epics from cultures in Asia, Africa, the Americas, and Europe[①], fictitious historical narratives that provide a basis for ethnic identity and a justification for ethnic claims. Various rites developed that offered ways of attempting to influence natural events and processes. All these were followed, of course, by the emergence of early modern science and its more recent spectacular theoretical and technological developments that have provided greater understanding and more effective control of natural forces and events.

Yet science is replete with concepts and constructions intended to help us grasp the invisible forces and powers at work in nature. Its modes of explanation are imaginative as well as rational. They lead us away from the directness and immediacy of perceptual experience and into the safety and solitude of abstractions and conceptual constructions. The history of modern science documents a remarkable cultural achievement that has transformed both human life and the planet.

In all this, the experience we call "aesthetic" has not fared well, though it has been recognized and valued, despite official suspicion and discouragement, from Plato to the present. "Aesthetic" is the term generally used to denote the normative experience associated with the appreciation of art and of beauty in

① Wikipedia lists twenty-five in Europe alone.

nature. Aesthetics is the study of such experience, a multi-disciplinary study that may be philosophical, psychological, sociological, or historical in its orientation. While there is general agreement on the meaning of "aesthetic," the accounts that guide its application to objects and experiences are heavily theoretical, influenced by an almost two thousand year-old history of cultural thought and theory in the West. So much is encompassed by the term "aesthetics" that some reference works do not include an entry under that term because of the lack of general agreement on conceptual, theoretical, semantic, and empirical grounds.[①] I shall deal here mostly with the philosophical understanding of the aesthetic.

II. Aesthetic Appreciation

Since early in the course of Western thought philosophers have recognized the power of people's aesthetic engagement with nature and the arts. The Classical Greeks early recognized that the experience we call "aesthetic" transcends the rational order. Plato acknowledged this reluctantly; his great suspicion of the arts came from a profound disapproval of this transcendent experience.[②] Aristotle was less condemnatory and developed his theory of catharsis to account for the powerful effect of tragic drama on its audience.[③] Throughout most of the subsequent history of the arts, suspicion and censorship predominated until modern times, although both Church and State readily turned to the arts to provide experiential support for their own purposes. Since the Renaissance, however, the arts have proliferated in variety and popularity, testifying to the fascination they hold and to their distinctive force. And while writers during the Classical period expressed admiration for nature, it wasn't until the seventeenth century that the natural environment was recognized by artists and writers as deserving both aesthetic

---

① A notable example is *The Encyclopedia of Aesthetics* (New York: Oxford, 2nd ed., 2015).

② See especially *The Ion*, but also *The Republic*. CHK Phaedrus.

③ Aristotle, *The Poetics*.

appreciation and scientific understanding.[①] Interest in the aesthetic value of the arts and of nature continued to grow over succeeding centuries. Why so much interest? Why so much concern for its influence?

While the arts have long been admired for their aesthetic attraction, the aesthetic appreciation of nature has developed more slowly. Natural beauty shares with the arts the appeal of a distinctive kind of pleasure. While aesthetic experiences have long been recognized, it was not until the eighteenth century that aesthetics began to be incorporated into systematic philosophical thought, acknowledging it as an identifiable and important area of philosophic study. The landmark event was the publication of Alexander Baumgarten's *Aesthetica* in 1750, and its definition of aesthetics cast the die for the work that followed. Turning to the Greek term, *aisthēsis*, which literally means perception by the senses, Baumgarten defined aesthetics as "the science of sensory knowledge directed toward beauty," and art as "the perfection of sensory awareness."[②] Kant's turn to aesthetics in the late eighteenth century for the completion of his philosophical system was the founding act of modern aesthetics and remains the dominant influence.[③] The crucial insight in this tradition is that aesthetic appreciation rests on sensory perception.

Yet Plato's suspicion of the aesthetic persists today philosophically as well as politically, and the history of aesthetics is replete with attempts to control the arts by political constraints and to enclose the aesthetic within a cognitive system. Sometimes this was a theological order that justified constraints on the aesthetic so that it would not exceed the bounds of theological doctrine. Sometimes it was the social order that imposed the conventions of moral propriety on the arts and their experiences. Sometimes the larger socio-cultural forces took form in a philosophical order that imposed limits on what

---

① Marjorie Hope Nicolson, *Mountain Gloom and Mountain Glory*, New York: Norton, 1963, c1957.

② While our perceptual experience is never pure sensation since it is shaped into complexity by previous experience, education, and cultural conventions, aesthetic appreciation nonetheless centers around perceptual experience.

③ Immanuel Kant, *Critique of Judgment*, 1790.

was acceptable. Yet the aesthetic has continually broken out of such constraints, dismaying theologians, moralists, and philosophers.

It is clear that the dominant intellectual order of the modern world is science and, from the mid-twentieth century on, science became model for much of Western philosophy, including aesthetics. Attempts to enclose aesthetic experience within scientific boundaries have taken different forms. Some use science as a cognitive model and emulate scientific method through careful definition and analysis of concepts and language. Various scientific disciplines have been used as models by which to guide the investigation of aesthetic phenomena. Psychology is a notable example, ranging from experimental investigation in the second half of the nineteenth century (Fechner, Wundt, Helmholtz) and continuing in empirical studies of the arts, to the powerful influence of Freudian psychological theory in explaining creativity and aesthetic experience,[①] and now most recently, the popularity of neuro-science has led to its application to aesthetic phenomena.

A powerful influence on aesthetics in the past half-century and more has been the use of particular scientific theories as a key to understanding aesthetic phenomena. Marxism, with its mixture of science, history, economic theory, and philosophy is a continuing example. In recent years evolutionary theory has been prominent in accounting for artistic and aesthetic activity.[②] Other writers make the general claim that scientific knowledge is necessary for the full appreciation of nature.[③] Still others have taken the scientific theory of ecology as a model for the aesthetic appreciation of nature.[④] While there are suggestive insights in many of these efforts, all represent the effort that began with Plato to respond to the distinctive experience of aesthetic appreciation by making it subordinate to an intellectualist standard or model. While the recent

---

① An important mid-twentieth century study of the contribution of science to aesthetics was Thomas Munro's *Toward Science in Aesthetics* (New York: Liberal Arts Press, 1956), which ranges over psychology, sociology, and art history within a naturalistic philosophical framework.

② Cite books by Denis Dutton, Stephen Davies, and Katya Mandoki.

③ Allen Carlson is especially notable for his insistence, but Holmes Ralston III and Glenn Parsons should also be mentioned.

④ Jusuck Koh, Zeng Fanren, and Xiangzhan Cheng are especially prominent in this effort.

turn to scientific explanation may be motivated by different concerns from Plato's, it represents the same effort to somehow subsume the perceptual experience of the aesthetic under the aegis of a cognitive model.

Scientific influence can assume very different forms. Such efforts are misguided when they turn away from the primacy of the phenomena of aesthetic experience by subsuming them under a scientific model. The scientific study of aesthetic phenomena, whether perception, experience more generally, or behavior patterns of individuals and groups, is a legitimate direction for research. It is essential, however, to avoid the misapprehension that such inquiry will explain these phenomena by considering them through the psychology of perception, biological processes, generalizable patterns of behavior, and the like. Another questionable use of science is in applying a credible theory such as evolution, causal determinism, relativity physics, or ecology to define, explain, or account for aesthetic phenomena or experience. The danger that lies throughout these efforts is in attempting to constrain or explain the distinctive power of the aesthetic by the order or model of some form of scientific cognition.

The proposal in this essay to qualify the use of science in aesthetics by challenging its hegemony as a universal explanatory model is in response to certain influential efforts to use the dominant prestige of science to account for aesthetic appreciation. It applies to Carlson's imposition of scientific cognitivism on the aesthetic appreciation of nature. It qualifies applying evolutionary and ecological theories to the aesthetics of nature, resulting in aesthetics becoming a sub-field of evolutionary or ecological theory. This is not a question of the relevance or usefulness of science in aesthetics but a question of hegemony: Can the aesthetics of nature, for example, become a sub-field of evolutionary or ecological theory? The scope of inquiry that this question requires is equally broad, far more than can be pursued in a single paper. Let me, then, select one recent instance of the application of a scientific discipline to aesthetics: the use of ecology in accounting for aesthetic value. This will also allow us to consider the more general and critical question of the relation of scientific cognitivism to aesthetic appreciation.

III. Ecology and Aesthetics

The tendency to turn to the biological sciences for a model of aesthetic practice is not surprising. Since evolutionary theory loosened the underpinnings of the medieval theocentric and anthropocentric world view in the mid-nineteenth century, the sciences have forced us to re-shape our intellectual landscape. It is a process that continues, not without its benefits but not without some inherent problems. I should like to discuss here one such influence: ecological theory.

Ecology offers a holistic principle of explanation founded on a biological model by considering the interactions among organisms and their environment as interdependent systems. An ecosystem refers to a community of organisms and environment functioning interdependently as a complex unit. Since its origin in biological science in the mid-nineteenth century, ecology has been a rich and productive biological concept applied to an endless range of scientific and humanistic disciplines: psychology, politics, philosophy, literature, and now aesthetics. Its application in the natural sciences has led to a wide range of scientific studies, not only in biology but in natural resource management, agriculture, and the like, where it lends itself particularly well to environmental sciences. What needs to be considered, however, is how well it applies to the social and human sciences, such as economics and psychology. In some of its uses, ecology has left the study of environmental systems far behind in becoming a generalized principle of explanation. Its application to the aesthetics of nature is one of these, and the question needs to be asked of how suitable ecology is in these non-biological contexts. It is a question particularly appropriate for this conference.

One of the seminal contributions in the recent turn to ecology in aesthetics was made by Jusuck Koh, who developed the idea of an ecological aesthetics in the early 1980s. Koh made a wide-ranging and inclusive case for a holistic conception of environmental design. In a paper entitled "Ecological

Aesthetics: A Holistic Evolutionary Paradigm for an Environmental Aesthetics,"① Koh articulated three principles of ecological design that he has continued to advocate. The first is inclusive unity as a principle of the creative process. This integrates form with its purpose and context and is, he argues, a necessary condition of the creative process in nature and in humans, and reveals an interrelationship between the creative process and aesthetic experience. Moreover, ecological aesthetics goes beyond the subjectivism of traditional Western aesthetics to rest on the human desire to be in unity with landscape. He associates this with an interactive relationship of persons and contexts, a unity of people and place, similar to Berleant's idea of an aesthetic field and Barker's idea of behavioral setting. ② Ecological design, for Koh, centers on designing human-environment interaction in which architecture is understood as environment and the role of ecological designers as concerned not so much with form and structure of objects or environments as on designing human-environment interactions.

A second principle of the creative process is the inclusive unity of form as a system with its purpose and context, a unity of environment and place, as well as with the users as participants. Inclusive unity, Koh argues, denies distance and separation between subject and object, man and nature. And a third principle is dynamic balance, a qualitative equilibrium that is concerned with ordering creative and developmental processes in and between organic and inorganic forms. Koh associates this with what he calls "complementarity," a principle that overcomes the dualities that pervade our thinking about nature

---

① Jusuck Koh, "Ecological Design: A Post-Modern Design Paradigm of Holistic Philosophy and Evolutionary Ethic," *Landscape Journal*, Fall, 1982, vol. 1, no. 1, pp. 76-84, Madison: University of Wisconsin Press. Specific references are to this paper. Jusuck Koh, "An Ecological Aesthetic," *Landscape Journal*, 1987, pp. 177-191; "Ecological Aesthetics," *Landscape Journal*, Fall, 1988, pp. 77-191 (first written in 1985); "An Ecological Theory of Form, Evolutionary Principles of Design," *Proceedings of the 71st Annual Meeting of the Association of Collegial Schools of Architecture*, 1983; "Seeking an Integrative Aesthetics," *Gimme Shelter: Global Discourses in Aesthetics*, 2009. International Association of Aesthetics, *International Yearbook of Aesthetics*, 2011, vol. 15.

② Arnold Berleant, *The Aesthetic Field: A Phenomenology of Aesthetic Experience*, Springfield, IL: Charles Thomas, 1970; Roger Barker, *Ecological Psychology: Concepts and Methods of Studying the Environment of Human Behavior*, Stanford: Stanford University Press, 1968; J. J. Gibson, *The Ecological Approach to Visual Perception*, Boston: Houghton-Mifflin, 1979.

and the world. He stresses the indivisibility between subject and object, time and space, solid and void, as well as conceptual divisions of form and content, matter and form, romanticism and classicism, feeling and thought, conscious and unconscious. Complementarity is also an aesthetic principle, joining formal order with richness of meaning, inside with outside, eros with beauty.

Koh sees these three principles: inclusive unity, dynamic balance, and complementarity, as helpful in understanding both Western and Oriental art, fine and practical art, architecture and landscape design. Ecological aesthetic, he claims, is an inclusive paradigm in that it deals with the total perceptual experience, not just the visual, and sees human and environment as a system. It is evolutionary because it focuses on processes and change as well as formal order, and "regards both the built environment and human perception of it as a creative, evolutionary, adaptive product and process."[①]

The idea of an ecological aesthetics has been taken up by a number of writers since Koh's work in the 1980s. Space and time do not permit me to review this literature, which includes contributions by Allen Carlson, Arnold Berleant, and Fanren Zeng. Let me turn, for contrast, to the recent development of this idea by Xiangzhan Cheng.[②] After a comprehensive review of the development of environmental aesthetics and of ecological aesthetics, Cheng recognizes the distinctive approach of each but insists that the idea of ecological aesthetics be given a strict meaning based on ecological ethics, "treating the natural environment as a dynamic organic ecosystem and holding a respectful attitude towards the natural environment."[③]

In his essay "On the Four Keystones of Ecological Aesthetic Appreciation,"[④] Cheng emancipates aesthetics from its narrow focus on beauty

---

① "Ecological Aesthetics," Conclusion.

② Cheng Xiangzhan, "On the Four Key Points of Ecological Appreciation," in X. Cheng, A. Berleant, P. Gobster & X. Wang (eds.), *Ecological Aesthetics and Ecological Assessment and Planning*, Zhengzhou: Henan People's Press, 2013.

③ Cheng Xiangzhan, "Environmental Aesthetics and Ecological Aesthetics: Connections and Differences," Ch. 1 in Cheng et al., p. 29.

④ Cheng Xiangzhan, "On the Four Keystones of Ecological Aesthetic Appreciation," Ch. 3 in Cheng et al., pp. 85-104.

in order to expand the notion of appreciation to include ecology, an idea he calls "ecological appreciation." Such appreciation joins an ethical dimension to the aesthetic and makes ecological awareness central. It uses ecological knowledge to stimulate imagination and feeling so as to go beyond anthropocentric values and preferences.

In a careful analysis, Cheng ascribes four points to ecological aesthetics. The first is that ecological aesthetics abandons the contrast or opposition between humans and the world, replacing it with aesthetic engagement to encourage their unity. In this Cheng is in full harmony with Koh. "Only through aesthetics of engagement that transcends the subject-object opposition can an intimate relationship between human and the world be established."[①] Cheng's second point predicates ecological aesthetic appreciation on ecological ethics. He claims that ecological consciousness of ethical values is inherent in ecological aesthetic appreciation. This ecohumanism, recognizing the interconnectedness of humans, human institutions, and the non-human environment, is in direct contrast to the Western tradition in aesthetics that removes ethical values from the scope of aesthetic appreciation.

The third keystone of ecological aesthetics appreciation that Cheng identifies is the necessity of ecological knowledge for full ecological aesthetic appreciation. This challenges a fundamental issue in the tradition of Western aesthetics, its essential non-cognitivism, and it requires fuller consideration. It is well known that Kant, who claimed that judgments of taste have universal validity not on cognitive grounds but only subjectively,[②] and Western aesthetics has followed doggedly in his footsteps. Ecological knowledge is fundamentally a scientific discipline claiming general validity on the basis of objective, empirical evidence. The study of natural processes is, to be sure, central to ecological science; the question is whether and how this is relevant for aesthetic appreciation.

It is essential to confront the issue here squarely and directly. Cheng cites

---

① Cheng Xiangzhan, "On the Four Keystones of Ecological Aesthetic Appreciation," Ch. 3 in Cheng et al, p. 89.

② Immanuel Kant, *Critique of Judgment*, § 8.

Leopold in a telling reference. [①] Of critical significance here is that Leopold emphasized the importance of the perception of natural processes. That is, whatever knowledge we have of natural processes is aesthetically relevant if it affects our perception and not as cognition in itself. Cheng's discussion falters here, for he refers extensively to Callicott's interpretation of Leopold's land aesthetic in which Callicott goes beyond Leopold's restriction of knowledge to its perceptual influence. As Callicott writes, "The experience of a marsh or bog is 'aesthetically satisfying' less for what is literally sensed than for 'what is known or schematically imagined of its ecology.'"[②] Cheng seems to agree to include non-perceptual ecological knowledge in ecological aesthetic appreciation. More on this in a moment.

The fourth and final keystone Cheng identifies in ecological aesthetic appreciation is the principles of biodiversity and ecosystem health. This brings to a point the issue of the relevance of ecological knowledge in aesthetic appreciation. That these principles are at the heart of ecological appreciation is clear and there are dramatic examples of the problems for ecosystem health caused by invasive species, one of which Cheng cites (i. e. eichhornia or water hyacinth). Here Cheng's moral concerns become paramount, for he insists that "love for the beautiful has to be founded on the respect for all things equally", which means that to appreciate the beautiful requires ecological awareness. [③] It is not difficult to let one's knowledge of widespread ecological abuse and injustice become dominant, and we can sympathize with Cheng's intent to couple the ethical with the aesthetic, the better to support his moral perception. The question is whether and to what extent such an association is aesthetically relevant.

---

① Aldo Leopold, *A Sand County Almanac, and Sketches Here and There*, Oxford, UK: Oxford University Press, 1949.

② Aldo Leopold, *A Sand County Almanac, and Sketches Here and There*, Oxford, UK: Oxford University Press, 1949, p. 99. The reference is to B. Callicott, *Companion to A Sand County Almanac: Interpretive and Critical Essays*, Wisconsin: The University of Wisconsin Press, 1987.

③ Cheng Xiangzhan, "On the Four Keystones of Ecological Aesthetic Appreciation," Ch. 3 in Cheng et al. p. 102.

IV. Critical Questions

It is instructive to compare these two outstanding efforts at establishing an ecological aesthetics, that of Jusuck Koh with that of Xiangzhan Cheng. In joining ecology with aesthetics, Koh emphasizes ecology's holistic, systemic character. The aesthetic character of environment displays a unity of form and purpose, of creativity and aesthetic experience, but it goes beyond subjectivity in recognizing the human need to be in unity with landscape, a unity of people and place. ① Indeed, such inclusive unity "denies distance and duality between the subject and the object," between man and nature, transcending dualism in recognizing the environmental engagement that is inherent in the dynamic balance of an ecosystem. Koh takes this as an aesthetic principle. ② And by including the idea of complementarity as an aesthetic principle, Koh recognizes that aesthetic value can be achieved when meaning is integrated in aesthetic experience. "When the beautiful and the meaningful and the form and content are integrated, the aesthetic experiences are likely to be more intense, perhaps because human perception and cognition mutually complement [one another] and are indivisible... "③

Cheng's use of ecology is quite different. Going beyond Koh's unity and complementarity, Cheng asserts the necessity for ecological knowledge as the basis for aesthetic appreciation. ④ His argument is rich and complex, for it introduces the integral role of morality in ecological aesthetic appreciation. ⑤ The proper reference for such moral awareness is not humans alone but the

---

① Jusuck Koh, "Ecological Design: A Post-Modern Design Paradigm of Holistic Philosophy and Evolutionary Ethic," II, pp. 1-2.

② Jusuck Koh, "Ecological Design: A Post-Modern Design Paradigm of Holistic Philosophy and Evolutionary Ethic," III, p. 2.

③ Jusuck Koh, "Ecological Design: A Post-Modern Design Paradigm of Holistic Philosophy and Evolutionary Ethic," III, p. 2.

④ Cheng Xiangzhan, "On the Four Keystones of Ecological Aesthetic Appreciation," Ch. 3 in Cheng et al., p. 96.

⑤ Cheng Xiangzhan, "On the Four Keystones of Ecological Aesthetic Appreciation," Ch. 3 in Cheng et al., p. 96.

entire biosphere, and this distinguishes it from traditional ethics, which is human-centered. He finds this broader scope not only in Leopold's thinking but in the long-standing Chinese tradition of recognizing the essential harmony between humans and nature, which is really an ecologically-based humanism.

Cheng goes further to develop at length what he calls "ecological aesthetic appreciation," arguing that ecological knowledge is essential to fully appreciate the natural environment. [①] He acknowledges his divergence from the Western aesthetic tradition that has been heavily influenced by Kant, who claimed that aesthetic appreciation is non-cognitive. Cheng derives his argument from Leopold's land aesthetic, observing that Leopold appealed to ecological knowledge to enhance "the perceptive faculty." However, Cheng diverges from Leopold's association of cognition with perception to follow the argument that Carlson uses to justify what he calls "aesthetic cognitivism:" just as background knowledge of art history is necessary for art appreciation, so knowledge of nature is necessary for nature appreciation.

While this analogy may seem plausible at first, it is actually fallacious. Knowledge of art history can, indeed, enhance our appreciation of art, but it does so not by adding cognitive content to our perceptual experience but rather by sensitizing us to perceptual features and details that we may have overlooked or not understood. Thus, understanding the theory of cubism enables us to visually apprehend a cubist painting as presenting multiple views of objects on the same picture plane, thus enhancing our perceptual experience. Similarly, knowing the theory of light and color that guided the Impressionists, and the aesthetic theories of the expressionists, abstract expressionists, color field painters and other movements enables our visual apprehension of what might seem chaotic or confusing to the uneducated eye. The point here is that knowledge of painterly techniques and artistic styles can enhance our perceptual sensitivity and thus our aesthetic appreciation. Such information may be satisfying in itself but, if taken alone, it is aesthetically irrelevant.

---

① Cheng Xiangzhan, "On the Four Keystones of Ecological Aesthetic Appreciation," Ch. 3 in Cheng et al., p. 98.

There are instances, to be sure, in which ecological or evolutionary knowledge can help free our perception from irrelevant considerations. Leopold calls this "the mental eye." Yet at the same time he retains the tie with aesthetic experience by joining such knowledge with perception. Unfortunately, Cheng turns to Callicott's interpretation of Leopold's land aesthetic to support his ecological cognitivism. This is regrettable because Callicott is not sensitive to Leopold's careful practice of associating such knowledge with perception, and it is only this tie that validates such an ecological aesthetic. As Cheng relates it, Callicott holds that "the experience of a marsh or bog is 'aesthetically satisfying' less for what is literally sensed than for what is known... of its ecology."[①] This leads Cheng to give surpassing importance to biodiversity and ecosystem health, important considerations for ecosystem appraisal but perceptually irrelevant. And it brings Cheng to conclude that the two guiding principles of ecological value for ecological aesthetic appreciation are biodiversity and ecosystem health.

Unfortunately, Cheng is guided here by ecological and ethical values rather than by aesthetic ones. Yet at the same time he cites Leopold approvingly, who required sensible perception in environmental aesthetic appreciation. There may well be an equivocation here in determining which is essential and has primacy: ecological knowledge, ethical value, or aesthetic experience. Indeed, it seems that by emphasizing biodiversity and ecosystem health as principles of ecological value, Cheng has entirely overlooked the aesthetic. Indeed, Paul H. Gobster, in his contribution to the same collaborative volume as Cheng's essay, considered various conditions under which conflicts between ecological and aesthetic values may occur. He calls this an "aesthetic-ecological disjuncture" and concludes that "Aesthetic quality and ecological quality are conceptually separate dimensions of landscape quality... and it might make more sense to deal with them in separate

---

① Cheng Xiangzhan, "On the Four Keystones of Ecological Aesthetic Appreciation," Ch. 3 in Cheng et al., p. 99.

assessments."[①] I deliberately overlook here cases, such as the effluvium of a festering bog, in which the health of an ecosystem entirely contradicts experiences of beauty and aesthetic delight.

V. Conclusion

These issues, in short, suggest the need to recognize values in environment that are important though different: ecological values, ethical values, and aesthetic values. Ideally, we might wish these values to be mutually complementary, for all are important factors in the human world. At the same time, candor requires that we acknowledge their differences, and it does nothing to resolve those differences to simply assert their compatibility in an ecological aesthetics or ecological ethics. There is no *a priori* necessity that these values harmonize with each other. Indeed, the very fact of their frequent conflict raises the issue of their incompatibility.

Appreciation is a valuing experience and, as we have seen, it can be based on different things, such as identifying important ethical considerations, recognizing and valuing the understanding that ecological and other scientific knowledge can provide, or experiencing the aesthetic qualities of a situation. When Cheng speaks of ecological appreciation, he is referring to a cognitive value, not an aesthetic or an ethical one. It is therefore misleading to speak of "ecological aesthetic appreciation" as if these two forms of appreciation are joined or even necessarily compatible. There are instances, not that common, in which both cognitive, ethical, and aesthetic values, though different, can be combined in enlightened land use planning, zoning, or social and

---

① Cheng Xiangzhan, "On the Four Keystones of Ecological Aesthetic Appreciation," Ch. 3 in Cheng et al.; Ch. 4, esp. p. 145.

environmental policy. There are cases, more common, in which they are in conflict.[1] This points up the confusion in the very idea of a cognitive aesthetics, which Cheng seems to join with Carlson in advocating, for the concept of "cognitive aesthetics" is actually an oxymoron. That is because aesthetic values are grounded in perception and cognitive ones are conceptual, both entirely different, as Kant reminded us. One must hope that by developing an awareness of these values and of their differences, we will encourage the greater collective normative realization.

Perhaps ecology may best serve as a metaphor for the holistic, contextual character of environmental aesthetic experience. Such a sign of the unity of humans and environment in the experience of aesthetic engagement is close to what Koh has consistently urged and, in fact, is in harmony with traditional Chinese thinking. Science can contribute much to our understanding and appreciation of environmental experience and values. To the extent that scientific knowledge sensitizes us perceptually to our environmental transactions, it is aesthetically relevant and can enhance appreciation. To the degree to which ecological and other scientific information enlarge our intellectual appreciation and admiration of nature by expanding our perceptual awareness and acuity, it offers cognitive value that has aesthetic consequences. Thus, for example, relativity physics has transformed our understanding and our perception of the physical universe. Using this knowledge in recognizing the relativity and legitimacy of our spatial experience has enormous aesthetic significance, for it enables us to apprehend environment always in relation to the participating perceiver. Similarly, when our knowledge of evolution sensitizes us to the perceptual details that accompany adaptive changes of fauna and flora to changing environmental conditions of light, wind, climate, and ambient temperature, this may be

---

[1] Normative contradictions are, unfortunately, far more common. These include a festering, organically productive bog, whose rich effluents create a repugnant stench, the proposal to fill in a coastal wetland that provides a buffer for storm surges and a haven for migrating waterfowl in order to provide a site for vacation houses with a scenic vista, a plush, silk oriental rug whose thousands of knots were tied by children's fingers, and the most obvious instance of all, the Pyramids, an architectural and engineering marvel built by slave labor.

aesthetically relevant and significant. Moreover, there is important scientific research on perception that has direct implications for aesthetic theory.

This critique of the important theories developed by Koh and Cheng can help us identify the conceptual errors and methodological misapplications that occur in some recent efforts to develop an ecological aesthetics. None of these values—ethical, scientific, or aesthetic—is necessarily dominant in any particular environmental complex. Most often they constitute a normative complex in which their relative importance is determined by the unique character of the situation and by the judgment of those making the assessment. It is more justifiable to argue for a respectful acknowledgement of the important contributions of each, of ethical, scientific/ecological, and aesthetic dimensions, in environmental experience and understanding. Environmental appreciation must be understood, I believe, by a philosophically-guided study of appreciative, that is, normative experience on its own terms, whether scientific or aesthetic. I call this "philosophically-guided" because philosophical assumptions play a central role here, and uncovering such assumptions is both clarifying and liberating.

I hope that this critique has outlined a broad field of inquiry that needs to be pursued further both theoretically and in particular environmental complexes. Enthusiasm for the rich possibilities of ecological awareness should be balanced by recognizing its differences with ethical and aesthetic interests and values. A proper application of scientific knowledge in environmental experience must be accompanied by recognizing the ethical values inherent in particular environmental situations, along with their possibilities for aesthetic appreciation, accompanied by a careful consideration of situations in which they are joined. My hope is that this discussion has helped by clarifying how these values may be recognized and how, while different, they may be compatible.

生态美学的几点问题

[美] 阿诺德·伯林特

摘要：本文以探讨生态学在审美价值论证中的运用为例，通过梳理生态美学理论的发展，尤其是对韩裔美籍学者高主锡和中国学者程相占相关理论研究进行观照，可以看出，二者在把生态学与美学联结的过程中，存在一些概念性错误和研究方法的误用。环境的各种价值包括生态价值、伦理价值、审美价值，我们希望这些价值能理想化地互为补充，但同时，我们必须接受它们的差异性。简单地用生态美学或生态伦理学的方式坚持其互补性丝毫不能解决其差异性，没有什么先验必然性确保这些价值和谐共存。没有哪一种价值一定在某一特定的复杂环境问题中占据主导，大多数情况下，它们构成一个规范性复合体，其相对的重要性由当时情况的特殊性质和进行评价的人的判断所决定。更恰当的做法是，为每一种价值在环境体验和认识中所做的重要贡献争取尊重和认可，包括伦理的、科学的/生态的和审美的。

关键词：生态美学；环境；生态价值；伦理价值；审美价值

Aesthetic Ecosystem Services: Nature in the Service of Humankind and Humankind in the Service of Nature

Yrjö Sepänmaa*

Abstract: The term "ecosystem services" refers to the material and spiritual benefits and goods that we receive from nature, in a broad sense from all kinds of environment. The various forms of such benefits have begun to be called "services". Nature serves people by producing the material and intellectual prerequisites for life for them. This is the foundation of our aesthetic well-being too. Does humankind reciprocally serve nature—or only itself through nature, with the intention of exploiting it? What do we know of nature's reactions? We see when nature suffers or flourishes, and we also observe our own effect on its state. As much as our well-being is dependent on nature's services, nature's well-being is increasingly dependent on us and our culture. Talking of services brings back the anthropomorphism passed over by the natural sciences, which refers to a similarity to humankind, to its point of view and language. I direct most of my attention to this way of speaking that personifies nature, and to the way of thinking controlled by it. Does the use of language combining humankind and nature bring genuine fellowship and closeness, even love? Does the language of service therefore promote an understanding of our environmental relationship and a

* Yrjö Sepänmaa is a professor of environmental aesthetics of University of Eastern Finland.

rapprochement, or does it lead back to a mystifying concept of nature and the establishment of a mutual system of values involving a servant and the one served, benefiting one over the other? Or perhaps a new age of humankind is arising or has already arisen, the Anthropocene, in which matters and words combine: ecology and philosophy become ecosophy and aesthetics and ethics become aethics?

Keywords: ecosystem services; anthropocene; ecosophy; aethics

Ⅰ. As Servants of Each Other

The whole of human life is based on goods and services provided by nature. Some are produced directly by nature in a state of nature, but nowadays an ever increasing number are produced by the cultural and built environment. Cultural services—education and teaching, art, leisure activities, recreation—are built on an essential natural foundation, but distance themselves from it and develop into their own species. On the one hand, all kinds of shaping of the environment impoverish, but, on the other hand, increase the richness and diversity of the environment.

Nature serves humankind, but humankind also serves nature, interactively. At its best, this is mutual caring; at its worst, it is the subjugation, forcing, and suffocation of one by the other. Besides functioning interaction and mutual dependence one also finds a reluctant service relation, a refusing of the role of servant and even outright opposition. To win the struggle for existence, humankind has had to fight stubborn nature and tame its wildness: frosts, drought and wetness, barrenness, predators and insect pests. Nature has had to be conquered, not only with rationality, but also by violence and cunning. A love-hate relationship has unavoidably remained.

The services obtained from nature are either material (food, raw-materials), or intangible. Typical intangible, i. e. intellectual services are recreational and welfare services, among which aesthetic services are also counted. Of these, beautiful landscapes and impressive natural phenomena, such as rainbows and aurora borealis, which produce sensory experiences, are surface aesthetic. Deep aesthetic services in a conceptual sense are the harmony and dynamism of a system, an unbroken life cycle. Understanding the behaviour of an ecosystem produces intellectual pleasure; admiration of, even surprise at the functionality of a multi-dimensional system tempts one to think of a higher intelligence hidden behind it, which then appears in common parlance.

Humankind, for its part, serves nature not only by protecting it, but also be developing and refining it, producing something that nature itself is not able to do. This creates a cultural diversity in the environment, not as an intrinsic value, but for our own benefit. Our goals are various. The aesthetic motive of our actions is the preservation, promotion, and creation of beauty, the means being the practices of applied environmental aesthetics and the ethics that support it. (The term *aethics* is sometimes used to refer to a combination of aesthetics and ethics.)

II. Side by side

We are a part of nature, but as we manipulate nature we are always distancing ourselves from it and keeping a critical distance to it. Parallel to and in place of nature's system we develop our own systems, a built and designed parallel nature. By its activeness, humankind serves the ecosystem, which responds by producing well-being for it. In a friendly relationship nature gives thanks for protection, environmental care, building protection—all activity that takes the environment into consideration and honours it. Otherwise it is insubordinate—or, if dominated, it disintegrates.

An increasingly large part of the environment is designed or made by humankind, made to suit our purposes. The urban environment is the most processed, not only its buildings and streets, but also the gardens, the parks, and the city woods. Our responsibility extends both to the urban nature and the buildings and other artefacts. Cultural ecology and evolution become alternatives to, and replacements for natural process; they all overlap, mix, and merge into one. Humankind is an increasingly important influence; its footprints reach back to natural ecology, often as a form of disturbance, but also in acts of repair.

Is everything untouched by humankind ecologically healthy? Nature's own disturbances, extreme phenomena, and direct environmental catastrophes are the uncontrolled increase of some species, earthquakes and tsunamis, drought or excessive rain, heat or frost, cold winters. The state of the environment is dynamic, self-correcting, and adaptable, not static.

Nature's own ecology can be compared with a positive *all is well* aesthetic, cultural ecology with a critical aesthetic, because one thing and another can always be found that needs to be improved and developed. The aim is the mutual well-being of humankind and nature. This is thus a matter of the mutual oversight of interests. Humankind is self-evidently dependent on nature, even if not as greatly and directly as previously. What about the other way round, is nature dependent on humankind? At least cultural nature, the agricultural and urban environment can thank human activity for its existence, appearance, and character. There is a symbiosis between the parties, an interactive relationship—an interdependence.

Humankind is a party to ecosystems, in which its effect is increasingly central. It brings with it new types of well-being: cultural, social, and economic, that do not belong to wild nature. We can speak of novel ecosystems[①] and their beauty. This is a matter specifically of the functional, operational beauty of systems.

III. Personification

The service idea humanizes the non-human. The personification of nature

---

① Emma Marris, Joseph Mascaro & Erle C. Ellis, "Perspective: Is Everything a Novel Ecosystem? If So, Do We Need the Concept?" in Richard J. Hobbs, Eric S. Higgs & Carol M. Hall (eds.), *Novel Ecosystems: Intervening in the New Ecological World Order*, John Wiley & Sons, Ltd., 2013, Chapter 41, pp. 345-349.

and the entire environment acts as an aid to thinking, but it also confuses. In the background, a mythical image of nature acts, though to modern people mainly as an allegory and metaphor. Personification has become literally illustrative. This manner of speaking—which the actual natural sciences carefully avoid—is still common in essay-like nature-writing and lyric nature poetry, which emphasise the interaction between humankind and nature. The operations of nature are explained in human terms of intentions and goals, predilections and rejections. Nature is seen as an understanding companion, conversational company, to which we are connected by an emotional bond. Arnold Berleant describes this kind of engagement as follows, "*As experienced, environment does not stand apart but is always related to humans, to the human world of interest, activity, and use. This is the human meaning of ecology.*"①

It is not only organic nature and its individual members that are seen as a partner, it can equally well be a machine, building, or an intellectualized home region, native land, and common world.② Natural and cultural sites that are regarded as significant to an individual or group have begun to be "adopted", which means a commitment to taking care of them. In cases of displays and performances some have gone even further: involving "marriage" to the Lake Kallavesi in Finland, to the Eiffel Tower in France and the Berlin Wall in Germany.

Thus, surprisingly, the natural and cultural sciences, which are the foundation of ecosystem thinking, have had to leave space for metaphorical thinking that sounds mythical. When language takes control, nature becomes, in talking, the image of human body and like humankind, which reinforces an emotional relationship and empathy. For example, one can sorrow for uncultivated fields being taken over by forest, or, for deserted villages—at the same time knowing that the residents who have left may be happier elsewhere.

---

① Arnold Berleant, "An Ecological Understanding of Environment and Ideas for an Ecological Aesthetics," in Xiangzhan Cheng, Arnold Berleant, Paul H. Gobster, Xinhao Wang, *Ecological Aesthetics and Ecological Assessment and Planning*, Henan People's Press, China, 2013, pp. 54-72.

② On cultural ecology, see Piergiacomo Pagano, "Eco-Evo-Centrism: A New Environmental Philosophical Approach," *EAI. Energia, Ambiente e Innovazione*, 2014, 2(3), pp. 93-99.

Detaching from where one grew up must, perhaps, be interpreted as taking an initiative and being energetic: being ready to leave to find a better life. The fields that have been left behind, covered in spring by dandelions and in mid-summer by cow parsley, are certainly visually beautiful, but in the eyes of someone who values farming they are melancholy images of work that has lost value and been wasted.

IV. Aesthetic Welfare Services

Welfare can be examined from the point of view of both humankind and nature. One expression of this kind of thinking is precisely speaking about the well-being of nature and the environment. Our conception of what is best for nature is often a narrow mirror image of our own well-being. We think that we know from the model of our own experience what is best for plants, animals, and even inanimate nature.

Aesthetic welfare, which Monroe C. Beardsley examined in his congress lecture "Aesthetic Welfare" in Uppsala, Sweden, in 1968 (published in 1970 and 1972, enlarged 1973), refers not only to the taking care of the preconditions of our needs involving beauty, but also to the pleasure arising from the fulfilment of these needs. A welfare state sets foundations and standards for well-being of its citizens. It arranges and ensures the material, institutional, and social preconditions for happiness and welfare. These include work and income, safety and education, the possibility to practise physical and intellectual culture, leisure pursuits and recreation. Society cannot ensure realization and subjective satisfaction—which, possible or not, remain the responsibility of each person.

According to Beardsley, the environment has aesthetic wealth, capital, from which each person can only take a part for his own use. Use presupposes not only sensory sensitivity, but also conceptual competence and skill, which can be taught and learned, thus permitting one to realize his own possibilities. Prerequisites are given by aesthetic education and culture. Nature itself, the whole environment, guides by its reactions through trial and error. The experience of welfare thus cannot be ensured or proven from outside. However, such preconditions as a beautiful and stimulating environment, and cultural offerings and leisure-activity possibilities can, and should be ensured. The framework of welfare—clean air, silence and peace, communications, town and country planning with all that is involved—are primarily the responsibility of society. The realization of the welfare of the individual on this basis requires each person's own activeness, knowledge, skill, and sensitivity.

Beauty is, on the one hand, the source of our well-being, on the other hand, the result. The aestheticality of the environment is, as a means too, something that maintains and produces human well-being. The health effects, both physical and mental, are particularly important instrumental values, whereas actual aesthetic well-being is a value in itself, like art. The aesthetic environment has many kinds of instrumental value, but they are, however, secondary.

Environmental design and product development that take nature's well-being into account create cultural well-being. Renewable natural resources and the recycling of these resources are preconditions for the sustainability of a system. Through its solutions, design can support sustainable development. The extension of the useful life of things and products by repair and maintenance is one way to save natural resources. Programmatic "trash design" leaves a product's previous stage visible and reminds us of the process's continuity: at the end of one life cycle another starts. This is also represented by ecological nature care, in which signs of deliberate planning are left: that which seems abandoned can actually be intended. ① Forest fire is nature's renewing ecological act and as such aesthetically acceptable. ②

V. From Eco-culture to Eco-civilization and Wisdom

An environmental culture is a system of relationships between humankind

① Paul H. Gobster, "Aldo Leopold's Ecological Esthetic: Integrating Esthetic and Biodiversity Values," *Journal of Forestry*, February 1995, pp. 6-10.

② Zsuzsi I. Kovacs, Carri J. LeRoy, Dylan G. Fischer, Sandra Lubarsky and William Burke, "How Do Aesthetics Affect Our Ecology?" *Journal of Ecological Anthropology*, 2006, 10, pp. 61-65.

and the environment at any one time. As such, it is value-neutral. Cultures are environmentally positive and negative. A civilized environmental relationship, environmental civility, is value-positive. It signifies good behaviour towards the environment, responsibility and care, respect and esteem, while preserving the dignity of the other. Environmental wisdom or ecosophy is a positive culture based on this kind of knowledge and feeling. Wisdom is to receive services from nature, without overexploitation, preserving and developing nature's ability to serve. The question is not, however, only of thinking about benefits, but rather of accepting the other as itself, for its uniqueness.

Cultural diversity is an addition, which humankind has brought, parallel to natural diversity. Both represent wealth being offered. A humanistic point of view emphasizes the positive actions and possibilities of humankind. Humans increase the richness of nature, though they may also reduce it. Animals and plants are bred and their numbers regulated, at the same time artificial structures and environments are developed, which nature does not produce alone and from itself: road networks, data communications connections, entire communities and societies.

The Dutch aesthetician Jos de Mul declared when speaking of environmental matters, "*Not going back, but going forward to nature.*" ① According to him, nostalgic *return-to-nature*-type Utopias, sought from the past, will not succeed, instead we must see the future. We can promote the implementation and development of ecosystem services. This is a task for active, applied environmental aesthetics. The Italian Pagano's idea of cultural evolution② is linked to this. To generalize, there are two directions: a return to a simpler, more natural life that merges with nature, and, on the other hand, going forward to one suited to humankind, without knowing precisely what kind. Alongside nature-centred ecosystem thinking, an increasingly

---

① Jos de Mul, "Earth Garden. Not Going Back, But Going Forward to Nature," Lecture at International Conference Environmental Aesthetics & Beautiful China, University of Wuhan, May 21, 2015.

② Piergiacomo Pagano, "Eco-Evo-Centrism: A New Environmental Philosophical Approach," *Energia, Ambiente e Innovazione*, 2014, 2(3), pp. 93-99.

culture-centred ecosystem thinking based on humankind has visibly developed. The humanistic outlook trusts humankind's possibilities and its responsibility for its environment—and itself—as a refiner, but also as a guard and preserver.

Beardsley, whom I have referred to above, notes that there is competition rather than opposition and conflict between values. In practical situations, goals that are, as such, regarded as being good must be placed in order of importance, prioritized, and in that case the environment's aesthetic values may have to make way for health, economic, and security viewpoints. What means could be used so that aesthetic, in a broad sense beauty values would have a better chance in this competition? The first condition is to show their concrete importance to welfare. The aim is not the supremacy or absolutism of aesthetic values, but to give them a reasonable share in the totality of values and in the life model, which arises as a result of many kinds of compromise.

Aesthetic—unlike material—ecosystem services are generally public. As public goods they are freely available without charge to be enjoyed by all. By concentrating on intangible, intellectual goods instead of material things, nature would be saved. A landscape is not worn down by looking at it, but peripheral activities, like moving around tourist sites, nearly always lead to wear, and, in the worst cases, destroy valued sites.

VI. Environmental Aesthetic Civility and Guides to the Good Life

Environmental civility and wisdom are about how to live in harmony with the environment. A balanced environmental relationship and a life derived from it can well be seen as similar to good human relationships and polite behaviour. It recognizes nature, but also human rights. Losses as such cannot be compensated in money or other forms, but perhaps something valuable in another sense may be gained instead. The natural environments and earlier cultural environments are exchanged for something that is regarded as more valuable. A civilized environmental relationship means good manners:

generousness, uprightness, respectfulness, taking the other party into consideration, caring, empathy. Civility is knowledge, skill, and competence, a respectful attitude. Wisdom is more than that: sympathy and understanding, civility of the heart, seeing totalities and the common good.

One intermediary is investigative and model-giving art. Environmental eco-art is of two kinds: that which is ecologically made and that which promotes ecological values by its example or its declaration. Large environmental art and building projects have aroused criticism due to their detriments, even when they have had a positive effect in raising ecological consciousness. The best known and most discussed are surely Christo's massive packaging and covering projects; they have been implemented mainly for documentation, and permanent changes in the landscape have not been intended.

Finally, I refer to two examples of fighting or pamphletary environmental art realized in Finland, the Finn Ilkka Halso's *Museum of Nature* series of photographs[①] and the Latvian Kristaps Gelzis' environmental artwork *Eco Yard 2000: 100 m² Fenced-off Land Safe from Urbanisation (1995-2014)*.

Museum of Nature is a series of photographic manipulations. The natural objects and sites are placed on display like museum pieces, surrounded by massive constructions; their scale extends from a covered river, rapids, and part of a cornfield to individual trees. In an imaginary near-future culture, a world dominated by technology preserves the nature it has conquered as reserves and sample pieces. The place of the past is as a natural and cultural heritage in a museum cabinet. Halso framed and encased, Christo packaged.

Eco Yard 2000 is (was) a work of environmental art, in which a wire-net steel fence enclosed an area of 100 square meters (an are) of wasteland that had survived in the middle of the city of Helsinki. Opposed to each other were nature and culture, perhaps also the countryside and the city, permanence and development. The work, which should have lasted 5 years, from the start of 1995 to 2000, lasted—it is true, forgotten—to the end of 2014, almost

---

① Ilkka Halso Halso, *Museum of Nature*, Text: Pessi Rautio, Galerie Anhava, Helsinki, 2005.

precisely 20 years. Now, however, it has lost its battle, is destroyed, vanished leaving no trace, the only memory photos and written documents. The urban environment has conquered wasteland-nature. The struggle has ended in the loss and destruction predicted in the work's name; the area is being metamorphosed into a built park.

What of optimistic, visionary Utopias, which became real? They too exist—or existed: the garden city Tapiola in Espoo on the outskirts of Helsinki, which was then compacted, contrary to its idea; or Oscar Nijmayer's Brasilia, the capital, which expands without control as differently named satellite towns. Beardsley even, an esteemed professional aesthetician, stated of the original, aestheticized Brasilia, governed by aesthetic values only, "*—enormous and desperate social needs were left unmet, and a government ruined itself in the effort to realize a (perhaps) magnificent aesthetic dream.*"[①] The fate of Utopias seems to be to give way due to their unyieldingness.

Shadowed by threats, the second phase of ecosystem services is in front of us, in fact already around us, our cyborg-like connection to the environment, imposed by a technological culture, which is increasingly artificial nature and virtual reality. Culture should not, however, destroy the old, but move in step with it. A human nature, in which we play a constructive and not a destructive role, could still be created. Plural *natures* could arise, with which it is possible to construct endlessly varied systems of relationships, i. e. cultures, including the characteristically aesthetic ones like Brasilia.

---

① Monroe C. Beardsley, "Aesthetic Welfare," Proceedings of the Sixth International Congress of Aesthetics, Uppsala, 1968, in Rudolf Walter Zeitler (ed.), *Acta Universitatis Upsaliensis*, *Figura Nova*, Series X, Uppsala, 1972, pp. 89-96. [Also published in: *Journal of Aesthetic Education*, October 1970, 4(4) pp. 9-20.] Monroe C. Beardsley , "Aesthetic Welfare, Aesthetic Justice, and Educational Policy," *Journal of Aesthetic Education*, October 1973(Special Issue: *The Arts*, *Cultural Services*, *and Career Education*), 7(4), pp. 49-61.

审美的生态系统服务:自然造福于人类与人类造福于自然

[芬兰]约·瑟帕玛

摘要:“生态系统服务”这一术语指的是我们从大自然也即广义上的各种环境中获取的物质与精神福祉。大自然通过为人类提供生命赖以存在的物质和知识的先决条件为人们服务,这也是我们审美幸福的基础。正如我们的福祉要仰仗自然的服务,自然的福祉也越来越依赖于我们和我们的文化。无论何时,环境文化都是关于人类和环境之间相互关系的系统。从环境角度来看,文化可分为正文化和负文化。友好的环境关系以及环境文明是积极正向的。它意味着对待环境的友好行为是责任、关爱与尊重,与此同时维护对方的尊严。环境智慧或生态哲学是基于这种知识和情感的正向文化。在享用大自然供给的福祉时不过度开发大自然,并能维持和发展自然提供福祉的能力,这就是智慧。

关键词:生态系统服务;人类纪;生态智慧;审美伦理学

Nature Aesthetics and Art: Shifting Perspectives West and East

Curtis L. Carter*

Abstract: This paper will examine implications of the changing role of nature in the art of the West and in China. In the traditional aesthetics and art practices of both China and the West, nature has had a prominent role. Yet, beginning in the mid nineteenth century in the West, and in the mid-twentieth century in China, the place of nature in the prevailing art practices has been called into question by the evolving aesthetic theories and changing art practices.

From the beginning of the twentieth century, challenges emerged to the honored place that nature held in traditional Chinese art as they had previously altered the course of western art. The central reasons for this development were the critique of nature in art which emerged with the introduction of western modernist art into China, social changes within China itself calling for art that would address the societal needs of the people, and the increasing urban developments in China reflecting a shift from rural to urban society in the late twentieth and the beginnings of the twenty-first centuries.

The first major intervention of art from the West came when Chinese artists began studying art in Japan and later in Paris in the early twentieth century offering new possibilities for making art

---

* Curtis L. Carter is past president of the International Association for Aesthetics, Philosophy Department, Marquette University, USA, with research interests in art theory.

without necessarily focusing on nature. The next main global challenge to nature's place in Chinese art comes during Mao Zedong's "Cultural Revolution" when a Chinese version of Socialist Realism adapted from the Soviet Union became a dominant force in Chinese art. Here, the threat to traditional art, which placed a high value on nature, proved more of a challenge as efforts to advance the practices of Socialist Realism through its adoption as the official art of the state prevailed. Subordination of art to politics was implemented during the reign of Mao Zedong. Mao Zedong's plan called for a reeducation of artists and writers directing their focus on the revolutionary struggle for liberation in concert with the lives of workers and peasants. Traditional arts with their celebration of nature did not any longer have the same value or support as in the past. Indeed, artists who persisted in the practices of traditional art fell out of favor. The call for a new Chinese modernism (GAO Minglu) independent of western modernism, based on a concept of place offers a basis for future reflections on the place of nature in Chinese society.

Still, there are good reasons to remember why nature's presence in the arts is important. Nature's presence in art serves as a reminder that we, as human beings, together with other life forms, continue to participate in nature. As one intelligent form of nature we have a responsibility to protect nature and be mindful of the risks of abusing nature, through over-consumption and exploitation of its resources. From an ecological perspective we cannot afford to overlook our responsibilities as stewards of the rest of nature. The continuing presence of nature in the arts is one small way in which we are able to engage in experiences of the beauty of nature and to reinforce the links between human life and the other life forces of nature. For Chinese, the nature in art remains one of the central themes essential to linking their rich culture over many generations to the present.

Keywords: art; nature; social change; ecology

In the traditional aesthetics and arts of both China and the West, nature has had a prominent role. Yet, beginning in the mid-nineteenth century in the West and in the mid-twentieth century in China the understanding of nature aesthetics and the place of nature in the prevailing art practices have been called into question by the evolving aesthetic theories and changing art practices. Key factors in the changing role that nature has held in art are the introduction of modernity in western arts and the increasing prominence of urban environments due to the changes brought about by social, industrial and technological revolutions. These changes resulting in the shift from an agrarian based life to city life have either directly or indirectly raised questions concerning the role that nature has traditionally held in art. The focus in this essay will be to examine a selection of the prevailing changes and the resulting shifts for the role of nature in the arts of the West and China.

I. Concepts

Before proceeding to the main issues, it is useful to pause briefly to offer an account of the terms "nature" and "city" as the two domains where environmental aesthetics is focused.

Nature: In examining the literature of nature aesthetics, one finds a wide range of understandings of nature. For some, nature consisting of picturesque visual vistas, featuring mountains, forests or lakes. In this popular sense, nature is valued mainly for its visual features and its aesthetic value is sometimes likened to appreciation of a painting. This view of nature has been criticized for its failure to differentiate aesthetic appreciation of nature from appreciation of art, and for its failure to address ecological values that contribute to aesthetic appreciation as well as to other aspects of human well being. Recent interest in the aesthetics of nature, among philosophers such as Noel Carroll, Alan Carlson, Malcolm Budd, Arnold Berleant and others has viewed the appreciation of nature in a more comprehensive manner so as to include information provided both by attention to the perceiver's experiences, properties of the environment, and concepts of philosophical aesthetics necessary to articulate such distinctions.

Urban: Another important aspect of environmental aesthetics are urban spaces consisting of constructed environments representing human values, shaped by density of human settlements and specialized functions including its economic, political, and cultural processes that take place in cities. While urban spaces offer a plenitude of images for aesthetic appreciation based on visual properties of architecture, street formations, and human activities, aesthetic appreciation of urban environments calls for active experiences of participation that extend beyond the visual. Engagement with architecture, commerce, government, manufacturing, transportation, and cultural life all offer possibilities for aesthetic participation. The corridors of the city streets serve as an interactive web in which humans find their places and engage in complex activities of creativity, communication and production. As Arnold Berleant has observed, the focus of interest and influences in cities has shifted throughout history and continues to evolve. [①] The one constant in the urban environment is change.

II. Nature's Role in Art

While each of the respective views of nature aesthetics cited here offers a plan for exploring issues pertaining to aesthetic understanding of the natural environment, they do not sufficiently address an important source of aesthetic appreciation of nature as it appears in art. There are notable depictions of nature in literature of course including poetry, as well as in the visual arts. For a closer look at the shift in issues pertaining to the aesthetics of nature, it is thus of interest to look at changes pertaining to nature's role in art. First, it is useful first to take a passing look at the situation of nature in western visual arts. As the authors in a special issue of *Naturopia* have argued, nature has

---

① Arnold Berleant, "Distant Cities: Thoughts on an Aesthetics of Urbanism," Chapter 10, in Aldershot Hants (ed.), *Aesthetics Beyond the Arts*, England and Burlington, Vermont: Ashgate Publishing Co. (in Press), pp. 125-148.

"been a preferential theme of creative art."[1] This is true of the West as elsewhere. Indeed art is one of the important ways by which we make an active connection and give meaning to nature. To mention only a few highlights: Claude Lorain (17th century), Thomas Gainsborough (18th century) and Caspar David Friedrich and Vincent Van Gogh (19th century), brought their respective artistic visions of nature to prominence in western art.

In his essay "The Painter of Modern Life", the French art critic and poet Charles Baudelaire, often referred to as a guidepost for the beginnings of western modernity, signals a change in the way artists in the West view the place of nature in art. We find in Baudelaire's "The Painter of Modern Life" this jolting claim, "The majority of errors in the field of aesthetics spring from the eighteenth century's false premises[where] nature was taken as ground, source and type of all possible Good and Beauty."[2] Baudelaire, heading in the direction of modernity, counsels that the arts, including fashion and other manifestations of beauty, originate in the creativity of human minds as they seek to remedy blemishes imposed by nature on human life.

Baudelaire directs our attention to the artist as one whose kaleidoscopic vision embraces the whole scope of human life, one who is driven with a "passion for seeing and feeling" informed by curiosity concerning every aspect of human life.[3] The artist's vision is shifted to urban life, as is reflected in Baudelaire's collection of poems, *Paris Spleen* published after his death in 1869.[4] Consequently, individual and societal behaviors taking shape in urban life replace nature as the main subject of art.

Our main concern here will be with the assault on nature as a source for beauty, as this notion undermines the importance of nature in the future development of western art in the twentieth century and beyond. From this

---

① Valeriano Bozal, "Representing or Constructing Nature," *Naturopia*, 2000, 93, Special Issue: *Representation of Nature in Art*, pp. 4-5.

② Charles Baudelaire, "The Painter of Modern Life," in Jonathan Mayne (trans.), *The Painters of Modern Life and Other Essays*, London: Phaidon Press, 1964, p. 31.

③ Baudelaire, "The Painter of Modern Life," pp. 7, 9.

④ Charles Baudelaire, *Le Spleen de Paris* (1869), Keith W. Waldrop (trans.), Middleton: Wesleyan University Press, 2009.

point onward in western art, nature will occupy a diminished role as art moves into abstraction and then into pluralism of the present.

Having taken note of the diminished role predicated for nature in the art of the West, it is useful to consider how nature has fared in a leading non-western setting. China seems ideal for this pursuit, as nature has perhaps been even more central to Chinese art than in western art. Nature has held a prominent role in Chinese art from the times of the Han (206 BC-220 AD) and T'ang (618-907 AD) Dynasties into the twentieth century and beyond. In China, the roots of traditional arts (painting and poetry) are founded essentially in two elements: calligraphy inspires the form, and nature serves as the principal subject. Ink and brush markings of calligraphy are closely connected to the structures of the ink and brush paintings, as well as to the poems that represent the main features of traditional Chinese Art. By the time of the Tang Civilization, often considered a high mark of creativity in all of the arts of China, poetry, painting, sculpture, music and dancing, were considered as important marks of cultural achievement.

A main topic of interest was the depictions of nature, especially in poetry and landscape painting. As it was practiced in the Tang era, poetry reflected the interests of society including the educated leaders, but also extended to the lives of the people. Both the paintings and the poetry of this era idealized nature, presenting it in the form of an imaginary paradise. Landscape paintings of the early Tang era, for example, featured sparse mountain-water themes depicted in monochromatic tones rendered with rhythmic strokes and atmospheric mood.

Among the important painters who employed mountain and water images featuring nature was the Chan Buddhist painter-poet-musician, and statesman Wang Wei (701-761). His poem "Autumn Evening at Mountain Abode," exemplifies the importance of nature in Chinese art of the Tang era.

> Empty Mountain after a fresh rain,
> Evening air has a hint of autumn.
> The bright moon shines into the pines;
> The clear spring flows over the rocks.

Bamboo rustles, washerwomen return;
Lotuses move, punts are put into the water.
Enjoy when the spring's fragrance fades,
The prince should certainly stay. [①]

Alternate Translation:

After rain the empty mountain
Stands autumnal in the evening,
Moonlight in its groove of pine
Stones crystal in its brooks
Bamboos whisper of washer-girls bound home,
Lotus-leaves yield before a fisher-boat—
And what does it matter that springtime has gone,
While you are here, O Prince of Friends?

In "Prose Letter" written to his friend P'ei Ti, Wang Wei recollects a night of roaming about a mountain side where he experienced "the moonlight tossed up and thrown down by the jostling waves of Wang River."

From the beginning of the twentieth century, challenges emerged to the honored place that nature held in traditional Chinese art, as they had previously altered the course of western art. Two central reasons for this development were beginning influences from the West, and social changes within China itself calling for art that would address the societal needs of the people. The first major intervention of art from the West came when Chinese artists began studying art in Japan and later in Paris in the early twentieth century offering new possibilities for making art. The brothers Gao Qifeng (1889-1933) and Gao Jianfu (1879-1951) were especially important to the introduction of Western art into China in the early twentieth century.

One result was a new style Chinese painting known as New National Painting. Gao Jianfu's aim was to create a new pictorial language for Chinese art based on a synthesis of Western art and Chinese art. These western interventions did not immediately influence the place of nature in art. Gao

① Jinjing Wang, *The Chinese Interpretation of Wang Wei's Poetry*, The *Chinese University Press*, 2007, p. 65.

Jianfu called for replacing traditional nature based art with art that would look beyond the traditional painting to art that would contribute to the betterment of human nature and the betterment of society. He believed that traditional nature based painting failed in all of its social functions, except for the few elite scholars and the literate aristocracy. ① His aim was to challenge and replace traditional art with art that would serve to reform the thought pattern of persons at every level of society. This meant replacing reflective, poetic scroll paintings and poems with art that is visually attractive, attention getting, and containing an element of shock.

One of Gao Jianfu's paintings, "Flying in the Rain" (1932) portrays a squadron of biplanes over a misty ink wash landscape with a pagoda in the background, said to have been based on sketches said to have been made from an airplane, a daring perch for a painter in the early age of aviation in the late 1920s. ②

The next main global challenge to nature's place in Chinese art comes during Mao Zedong's "Cultural Revolution" when a Chinese version of Socialist Realism adapted from the Soviet Union became a dominant force in Chinese art. Here, the threat to traditional art, which placed a high value on nature, proved more of a challenge as efforts to enforce the practice of Socialist Realism through its adoption as the official art of the state prevailed. Subordination of art to politics was implemented during the reign of Mao Zedong. Mao Zedong's plan called for a reeducation of artists and writers directing their focus on the revolutionary struggle for liberation in concert with the lives of workers and peasants. ③ Traditional arts with their celebration of nature did not have the same value or support as in the past. Indeed, artists who persisted in the practices of traditional art did not find support. Art focused on advancement of societal objectives with explicit political and social

---

① Christina Chu, "The Lingnan School and Its Followers: Radical Innovations in Southern China", in Julia F. Anderson & Kuiyi Shen, *A Century of Crisis: Modernity and Tradition in the Art of Twentieth Century China*, New York: Guggenheim Museum Foundation, 1988, p. 68.

② Michael Sullivan, *Art and Artists of the Twentieth Century China*, Berkeley and London: University of California Press, 1996, pp. 52-55.

③ Mao Zedong, "Talks at the Yan'An Forum on Literature and Art," May 2, 1942.

content aimed at the celebration of the workers' life, and reflecting the values of the People's Republic of China, replaced art dedicated to the celebration of nature.

The third stage of global intervention essentially began in China in the 1980s when Chinese artists began their migrations to the West in search of greater freedom of artistic expression and economic opportunity. Soon after, in 1985 the American artist Robert Rauschenberg launched an Overseas Culture Exchange project, which brought paintings, installations, and mixed media arts incorporating found objects to the China National Art Gallery. One result of this exposure to Western art was that young Chinese artists also began to exhibit installations following Rauschenberg's introduction to these new art processes. At about the same time, the Chinese government established art journals with a Western art agenda such as *85 New Space* produced by the Pool society and Fine Arts News, published by the Arts Research Institute of the Ministry of Culture in Beijing, for the purpose of promoting innovation and the presentation of world art to Chinese audiences. ① Subsequently, major art academies began to offer the study of western art alongside training in Chinese art.

None of these globalizing developments bode well for the place of nature in Chinese art. Each one introduced alternative ways of approaching the creation and appreciation of art. This did not mean that nature was to be immediately abandoned. The museums would continue to show nature art as an important element of the history of Chinese art. As there are many levels of art practice, academic, regional, commercial, or amateur, it is not unexpected that art-featuring nature might continue apart from the main stream.

Other approaches to environmental aesthetics that focus on nature in new ways that take the appreciation of nature in art to a different level are emerging. For example, a closer look at the practices of contemporary Chinese experimental practices, versus more traditional art practices, would suggest that if nature is to retain a significant place in the art practices of today it will

---

① Andrews, "Black Cat White Cat," pp. 24, 25.

be more along the lines of artists addressing social concerns relating to the environment, such as the risks to nature in such projects as the Gorges Dam project.

Or perhaps the interest in nature in art in the future will be channeled into preservation and creative uses of existing art symbolizing the past depictions of nature as interpreted by the master landscape artists and poets. If the choice is for the latter, it will be important to secure adequate institutions to preserve and interpret the nature as it has been registered in the images of Chinese art history.

Having observed that modernity in western cultures resulted in a diminished role for nature, what might we expect from a reemergence of modernity in reference to contemporary Chinese art? Again, what is the likely outcome for the place of nature in the present and future of Chinese art? An alternative approach to modernity is emerging among scholars such as GAO Minglu who seek to understand the developments in Chinese Avant Garde art in reference to a new Chinese modernity. GAO Minglu offers a version of Chinese modernity which aims at unifying aesthetics, politics, and social life. For GAO Minglu this aim is to be realized by a fusion of western and Chinese aesthetic and artistic practices so as to forge a new tool for addressing changing political and societal aspirations. He contrasts western modernity, based on a progression of temporal-historical epochs (pre-modern, modern, post-modern) where the avant-garde emerges in the conflict between aesthetic autonomy seeking individual creative freedom and capitalist bourgeois materialist values, with "total modernity" in Chinese contemporary culture. According to GAO Minglu, Chinese history does not fit the linear periodization of the western system. ①

Total modernity, as GAO Minglu argues, consists of "particular time, particular space, and truth of mine," and represents a century-long effort in China to realize an ideal environment by focusing on specific physical spaces and social environments. Contemporary avant-garde art in China as understood

---

① Gao Minglu, *Total Modernity and the Avant-garde in Twentieth Century Art*, Cambridge: MIT Press, 2011, pp. 2-5.

in the context of "total modernity" thus aims toward integrating art and life as a whole by concatenating art into particular social projects and taking into account changes in the social and political environments.① Given these assumptions, as Gao Minglu would argue, Chinese avant-garde art today is best understood in the context of specific local time and space embodiments. This does not mean that the Chinese embodiments occur in isolation from external influences or artistic movement from the west, as Gao Minglu acknowledges the influences of Dada, Surrealism, and Pop art explicitly. Similarly he recognizes the complexities of globalization and other shifting social and political forces for Chinese avant-garde artists.

What then might be the outcome of GAO Minglu's total modernity for the place of nature in art? In part this depends on how we understand the specific local time and space embodiments that he speaks of. Given developments toward urbanization in China, it seems unlikely that the spaces and places that fill GAO Minglu's world will be focused on nature. Rather the changing focus of landscape, would appear to be on expanding the urban landscape. The question then becomes, will urban landscapes replace nature, thus abandoning the traditional belief cited by art historian Michael Sullivan that "the purposes of art were to express the ideal of harmony between humans and nature, to uphold tradition, and to give pleasure?"②

At this time, for example, in Beijing and numerous urban centers else where in China, the push for economic expansion of real estate markets is enormous as rural villages and the natural landscape continue to shrink. The situation for artists as well as other citizens who value nature becomes critical as the economic development consumes more and more of the land once reserved for appreciating nature. It is not too much of an exaggeration to suggest that soon the urban landscapes may replace, or significantly reduce the place of nature as a focus for artists' attention and enjoyment by the people. Gardens in urban settings of course help to keep a presence of nature. But the

---

① Gao Minglu, *Total Modernity and the Avant-garde in Twentieth Century Art*, pp. 3-4.

② Michael Sullivan, *Art and Artists of Twentieth Century China*, Berkeley and London: University of California Press, 1966, p. 26.

garden, when it exemplifies nature as a symbolic presentation, offers at best a limited opportunity for reflection on nature.

A central question for our inquiry, then is this, how might Gao Minglu's plan for a new Chinese modernity view nature as it has been understood in Chinese culture in the past? Or will this new modernity instead prefer to refocus Chinese values on the urban landscape as the new symbol of Chinese culture and thus encourage the focus on the spaces and place of urban spaces and cultural symbols derived from urban experiences over the past appreciation of nature? Will nature in fact be relegated to the cupboard of cultural icons reminiscent of the past, to be reserved for experiences of the museum? And what of the reflections required for writing and appreciation of poetry? Must they too redirect their themes to the forces of urban life?

Perhaps after all, the place of nature in contemporary Chinese art and life will yield, willingly or otherwise, to the emerging forces of the urban landscape. In the context of a new Chinese modernity, the images of the urban landscape with an emphasis upon the particular transformed spaces and places of present and future Chinese cities may well provide a vital source for creating icons in the Chinese art of the future. Here too we cannot escape the influences of globalization as more and more Chinese cities reflect the influences of western architects.

Returning for a moment to the earlier remarks of Baudelaire whose writings linked modernity to images of the streets of Paris, it would not be surprising to discover that, following upon Baudelaire's conclusions, a new modernity in Chinese culture may find fertile ground in the urban landscapes of today, thus overtaking nature as it was represented in the traditional arts of Chinese landscape paintings and poetry of the past.

Facing this notable shift in the landscape as it moves from nature to urban spaces, not all Chinese artists or theorists will agree on the best routes to follow. Some may even choose to continue to imagine nature as it was and attempt to revitalize the traditional roles of nature in art. But it may be a difficult stance to maintain in the face of the changing geography of the new China.

Still, there are good reasons to remember why nature's presence in the arts is important. Nature's presence in art serves as a reminder that we, as human beings, together with other life forms, continue to participate in nature. As one intelligent form of nature we have a responsibility to be mindful of the risks of abusing nature, through over-consumption and exploitation of its resources. From an ecological perspective we cannot afford to overlook our responsibilities as stewards of the rest of nature. The continuing presence of nature in the arts is one small way in which we are able to engage in experiences of the beauty of nature and to reinforce the links between human life and the other life forces of nature. For Chinese, the nature in art remains one of the central themes essential to linking their rich culture over many past generations to the present.

自然美学与艺术:西方与东方变化中的视野

[美]柯蒂斯·卡特

摘要:本文将检视中西艺术中持续变化的自然观念的含义。在中西传统美学与艺术实践中,自然一直占有重要的地位。但是及至西方19世纪中期和中国20世纪中期,自然在主流艺术实践和流变过程中的地位被不断发展的美学理论和不断变化的艺术实践所质疑。从20世纪初开始,出现了对中国传统艺术中具有尊崇地位的自然的质疑,这些质疑在此之前亦改变了西方艺术的轨迹。这一理论发展的核心原因在于对艺术中的自然观念的批判,这些批判伴随着西方现代艺术在中国的介入而展开。当然,中国自身的社会变化亦要求能够表达人们社会需求的艺术的出现,并且,20世纪末至21世纪初,中国不断发展的城市化进程也折射出乡村社会向城市社会的转型。西方艺术对中国的第一次重要介入肇始于20世纪初中国艺术家在日本及其后在巴黎的学习过程中,这为脱离以自然为焦点的艺术创作提供了新的可能性。紧接着对中国艺术中自然地位的又一主要的全球性挑战发生在毛泽东时代的"文化大革命"时期。在此期间,从前苏联转化而来的中国社会主义现实主义成了中国艺术的主导力量,威胁了宣扬自然价值的中国传统艺术。在对社会主义现实主义的吸收和对其艺术实践的推进过程中,作为中国的主流官方艺术,中国传统艺术所作的努力与面临的挑战并行。艺术服务政治在毛泽东时代被贯彻执行,毛泽东的计划要求对艺术家和作家进行再教育,要求他们与工人和农民的生活相适应,关注解放革命斗争事业。与自然共存的传统艺术不再拥有昔日的价值,坚持传统艺术实践的艺术家也失去了支持。最后对独立于西方现代主义的中国现代主义(高明璐)的召唤,为自然在未来中国社会中的地位的反思提供了一种理论观念基础。除此之外,还有许多理由可以提醒我们去追寻在艺术中显现的自然的重要性,呈现于艺术中的自然可以提醒我们人类是与其他的生命形式共生于自然之中的。作为自然界的一种智力形态,我们人类有责任保护自然,并时刻对自然资源的过度消费和开采保持警醒。从生态学视角出发,我们不能忽视对自然中除了人类其他部分的管理责任;艺术中不断呈现的自然也是一条路径,通过这个路径,我们能参与性地获得自然美的经验,并能强化人类与自然中其他生命力之间的联系。对于中国来说,艺术中的自然依然是核心主题,它对中国数代的丰富文化与当下间的关联起着不可或缺的作用。

关键词:艺术;自然;社会变迁;生态学

Inter-subjectivity and the Principle of Eco-criticism

Wang Xiaohua*

Abstract: In the modern history, the ecological movement has paralleled the increasing awareness of the rights of individuals. It originates from, and belongs to, the general liberation of the oppressed—the slaves, women, children, animals, which is both a modern and post-modern phenomenon. From the very beginning, ecology regards the organisms as the subjects of life who can "take in the household of nature", i. e. , have the ability to interact with the others and physical environment. In this new context, man, animals, and plants are citizens of the ecological community, and none of them is superior/inferior to the others. Since each organism is the subject (agent) of interaction, the relation of human and the other organisms is that of different subjects. So, the "core" of ecology is the principle of inter-subjectivity, and it has no counterpart in the pre-modern culture (pre-Qin or ancient Greek). In

---

* Wang Xiaohua is a professor of literature in Shenzhen University, a PhD holder of literature from Nanjing University in 1997. His research field is literary theory and aesthetics, especially eco-criticism and soma-aesthetics. He is author of six books, including *Depression and Expectation* (1998), *Philosophy of Individuality* (2002), *Ecocriticism* (2008) etc. He has been the visiting professor of The Chinese University of Hong Kong (2000), Claremont University (USA, 2002), University of Central Lancashire (England, 2004), Dong-eui University (Republic of Korea, 2008), University of Zurich (2014). He is now vice-chairman of the Association of China Youth Eco-critics as well as a director member of China Association of Literature and Art Study.

fact, the extension of ethics and politics, from human society to the natural world, is crucial to the ecological movement. It is the result of the enlargement of citizenship from ancient Greek to the 20th century. In the culture field, only when poets and writers extend his love, sympathy, respect of man to the natural life, the green literature has chance to emerge. Furthermore, the growth of eco-criticism itself is also influenced by the modern and contemporary politics, sociology, ethics and even metaphysics, from which the critics absorb the concept group concerning inter-subjectivity. It is still an unfinished task to explore the multiple spiritual resource of eco-criticism, especially its political and moral background. So, one of the missions of eco-criticism is to develop a multi-dimensional study in the perspective of inter-subjectivity.

Keywords: citizen; liberation; subject; inter-subjectivity; eco-criticism

When William Rueckert published his seminal essay "Literature and Ecology" in 1978, the eco-criticism was a marginal experiment.① Eighteen years later, in the introduction to *The Ecocriticism Reader*, Cheryll Glotfelty complained that "there is no essay on an ecological approach to literature" in an authoritative guide to contemporary literature study. But, after more than thirty years, the eco-critics have redrawn the map of literature study, by enlarging the boundary of it. In the 21st century, eco-criticism has become a burgeoning, global practice. For example, Chinese scholars have published more than 20,747 essays concerning the topic from 2000 to 2014.② Even so, the basic dimensions of eco-criticism are still ambiguous, especially for the oriental scholars: Is it only an "earth-centered" movement? There were plenty of "earth-centered" literal texts in the pre-modern culture, both east and

① Cheryll Glotfelty & Harold Fromm (eds.), *The Ecocriticism Reader*, Athens and London: The University of Georgia Press, 1996, pp. 105-123.

② http://epub.cnki.net/kns/brief/default_result.aspx. The first Chinese essay under the title of "Ecologist" is in *The Ecologist Social Work* published in Social Welfare, Volume 6, 1997.

west, then why should we regard it as a "new" discipline?

According to the retrospect of Cheryll Glotfelty, the eco-critics "did not organize themselves into an identifiable group. "[①] In his essay "Ecocriticism: Containing Multitudes, Practicing Doctrine," Scott Slovic also emphasizes that "ecocriticism has no central, dominant doctrine or theoretical apparatus. "[②] Nevertheless, this does not mean the eco-criticism has no "theory". Otherwise, there would be no "eco-criticism". From the view of logics, "eco-criticism" must be "ecological". So, the key point is: what does the prefix "eco-" mean?

Contrary to the point view of some eco-critics, I prefer to give an answer in a more restricted sense: the ecological movement has paralleled the increasing awareness of rights of individuals. It originates from, and belongs to, the general liberation of the oppressed—the slaves, women, children, animals, which is both a modern and post-modern phenomenon. It follows that the "core" of ecology is the principle of inter-subjectivity. It has no counterpart in the pre-modern culture (pre-Qin or ancient Greek); the prefix "eco-" does not mean that we are warranted to eulogize the pre-modern culture, such as the primitive and ancient polity, belief, philosophy, and literature. If this seems like a radical claim, it is radical only from the perspective of unexamined ecologist viewpoint.

I. Organism, Eco-citizen and Inter-subjectivity

The emergence of ecology was a modern phenomenon. In 1865, German biologist Paul Reiter combined two Greek words—*oikos*, meaning "house" or "home", and *logos*, meaning "the study of"—to coin the term ecology.[③] A year following Reiter's introduction of the term, Ernst Haeckel defined it as

① Cheryll Glotfelty & Harold Fromm (eds.), *The Ecocriticism Reader*, pp. xvi-xvii.

② Laurence Coupe (ed.), *The Green Studies Reader*, London and New York: Routledge, 2000, p. 160.

③ S. J. MacNaughton & Larry L. Wolf, *The General Ecology*, Chicago and London: Holt, Rinthart and Winston, 1979, p. 1.

the science that studies living organisms in their organic and inorganic environment. ① Here is his explanation of the organic conditions:

> As organic conditions of existence we consider the entire relations of the organism to all other organisms with which it comes into contact, and of which most contribute either to its advantage or its harm. Each organism has among the other organisms its friends and its enemies, those which favor its existence and those which harm it. ②

From the very beginning, ecology regards the organisms as the subjects of life who can "take in the household of nature", i. e. , have the ability to interact with the others and physical environment. ③ This idea has been inherited by the latter ecologists. For example, Arne Naess suggested that "the right to live is one and the same for all individuals." ④ The most important thing is not the species but the vital interests of the organism. In the contemporary book, ecology is defined as "the study of interactions between organisms and their environments." ⑤ Since each organism is the subject (agent) of interaction, there is no "centre" in the eco-field. The relation of human and the other organisms is that of the different subjects. And, according to the elaboration of Aristotle, the subject is the agent where the actuality resides: "The actuality resides in the subjects, seeing in the see-er, theorizing in the theorizer and life in the soul." ⑥ A subject is seeing, walking, eating, theorizing, building. So, the subjectivity of an organism consists in its action. Every organism is the locus of interaction with environment. Although there are organic and inorganic environments, the most important thing for an organism are the other organisms (from ameba to human individual). If each organism is the subject of its life, then the relation of the two is of different

---

① Joseph R. Des Jardins, *Environmental Ethics*, California: Wadsworth Publishing Company, 1993, p. 177.

② Frank N. Egerton, "History of Ecological Science," *Bulletin of the Ecological Society of America*, July 2013, p. 226.

③ Frank N. Egerton, "History of Ecological Science," *Bulletin of the Ecological Society of America*, July 2013, p. 227.

④ George Sessions (ed.), *The Deep Ecology for the 21st Century*, Boston and London: Shamabhala, 1995, p. 222.

⑤ Peter Stiling, *Ecology: Theories and Application*, New Jersey: Prentice Hall, 1999, p. 4.

⑥ Aristotle, *The Metaphysic*, London: Penguin Books Ltd. , 1998, p. 275.

subjects. The "principle" of *oikos* is inter-subjectivity. The *oikos* is not a big organism but a community of organisms.

One of the earliest models to guide ecological science was the organic model. In this view, "individual species were related to their environment as organs were related to body."① But, the eco-system is not a big body. Rather, it is the world of interactions of innumerable bodies (organisms). So, we should not view the eco-system as a big organism which arises, grows, matures and dies. By the early twentieth century, the ecologists began to view nature as communities. The ecosystem is not a big organism but communities in which the parts are related to the whole as citizens are related to society. For this reason, the organic model, which viewed the nature as a body (organism/organic entity), has been eliminated gradually in the competition of ideas. By the early twentieth century, it gave way to community model which incarnates the principle of inter-subjectivity:

> In this view, the ecologists began to view nature more as society than as an organism. Thus, parts are related to the whole as citizens are related to a community or individuals are related to their family. Change is viewed less as development or growth, and more in terms of interactions and mutual dependencies. Members of community fill different roles or "professions" that contribute to the overall functioning of the community. In the community model, ecology truly does study nature's "household". ②

In this context, "citizen" and "member" are not mere metaphors. They signify the real relation among different organisms. In the human society, citizen is the agent (subject) of rights and duty who must cooperate with the other citizens. By analogizing the non-human organism to "citizen", the ecologist has already recognized its subjective role as the owner of rights and interests. This shows that the ecological movement has been greatly influenced by the modern and contemporary politics, sociology, and ethics. It is connected with, and dependant on the process of social liberation movement. Essentially, it is the consequence of it.

---

① Joseph R. Des Jardins, *Environmental Ethics*, p. 178.

② Joseph R. Des Jardins, *Environmental Ethics*, p. 178.

But, now, the question arises: there were plenty of ideas of inter-subjectivity in pre-modern culture, why did the ecology have no chance to emerge until 1860s? Is the ecological idea the remnants of pre-modernity? Or, paradoxically, it is the result of the modernization which has been frequently viewed as the source of environmental crisis?

Many Chinese eco-critics, as well as their western counterpart, suggest that the pre-modern culture is essentially ecological. For example, Chinese professor Lu Shuyuan holds that the poems of Tao Yuanming, an ancient postal poet and officier in the Eastern Jin Dynasty, are "ecological" and what we should do is to respond the call of the ancient Sages, to return to the spiritual source of them. ① Similarly, in his assay "Landmarks in Chinese Ecocriticism and Environmental Literature: The Emergence of a New Ecological Civilization", Scott Slovic speaks highly of the pre-modern Chinese culture:

> What is unique in China are the core elements of environmental reverence that were articulated many centuries ago by Chinese philosophers and poets and are remembered even today in the twenty-first century. When we speak today of the emergence of an ecological civilization in China, we are, in a sense, referring to a re-assertion of traditional Chinese values rather than the creation of entirely new concepts, vocabularies, or attitudes. ②

One of the "concepts" he mentioned in this paper is "tian ren he yi" (the harmonious oneness of the universe and man), which has been attributed to the Song Dynasty thinker Chang Tsai. From the view of most contemporary Chinese Confucianism, as well as some western scholars influenced by the former, "tian ren he yi" is an ecological principle expressed by the ancient sage, which shows the superiority of east holism to western dualism, anthropocentrism and individualism. But, this is a highly problematic hypothesis. Firstly, we should not overlook the difference and even

---

① Lu Shuyuan, "Tao Yuan ming and the Existential Dilemma of Contemporary Man," *Wenhui Daily*, September 18, 2010.

② Scott Slovic, "Landmarks in Chinese Ecocriticism and Environmental Literature: The Emergence of a New Ecological Civilization," *Chinese Social Sciences Today*, October 26, 2012.

contradiction between ecological concepts and pre-modern ideas. In the view of ecology, each organism is the agent of interaction. Contrary to this, there are a set of hierarchical discourses in the pre-modern culture, which form a system that legalizes the domination. For example, the concept of "tian ren he yi" (unity of Heaven and man) does not mean that every organism is the equal subject of life: "The Confucian's Sincerity (Cheng) is actualized through *enlightenmen*t (Ming), enlightenment *through* Sincerity, therefore he can coincide with the Heaven and man, become the Sage by studying, serving both the Heaven and man."(Chang Tsai, *Correcting the Youthful Ignorance*) The "Confucian scholar" could insight the Way (Dao), the movement of Yin and Yang, essence of the cosmic. United with Heaven and Earth, he is qualified and legalized to be the conscience of the universe, the protector and rescuer of the common people: To ordain conscience for Heaven and Earth; To secure life and fortune for the people; To continue lost teachings for past sages; To establish peace for all future generations. As the "heart" of society, they are superior to the common people, especially the "xiao ren" (small man): "The Superior Man actualizes the mean, the inferior man goes against it. The Superior Man actualizes the mean because he is always with it; the inferior man's contrariety is *do to his heedlessness.*" (*The Doctrine of the Mean*) Although the distinction of Superior Man and inferior man is not essential, it still legalizes the hierarchy system. Further, the validity of domination is rooted in the relation of Heaven-Man-Earth: "Heaven is lofty; earth is below. As their symbols, Qian and Kun were determined in accordance with this. Things low and high displayed in a similar relation, the noble and mean had their places assigned accordingly."(Yi Jing, *The Great Treatise*, Section I) In the discourse of *Yi Jing*, we can find such dichotomy:

heaven(Qian)/earth(Kun);
Yang/yin;
High/low;
Jun(ruler)/Chen(the ruled);
Male/female;
Mind(heart)/body;
Ruler/the ruled.

In this holism model of universe, such dichotomy forms the basis of domination. Apparently, the unity of Heaven-Man-Earth as one body does not mean all of the living beings are equal. Just as the head, the heart, mind is superior to the five sense organs and the torso, "the Big man" has the rights to rule the small man. By saying so, the philosophers naturalize, legalize and reinforce the system of domination. In one word, where there is the dichotomy of the upper/below, great/small, lofty/humble, there is the domination of the former over the latter. Even in the animistic culture, we can find such logics. The Na-xi Nationality of China worships the god Su who is conceived of having the supreme power over the rest living things. ① In the Taoism, the Gnome ("Tu Di Gong") is the deputy of the living things in one area. So, the most efficient way of communicating is not to speak to every organism but to pray to the gods directly. For example, when Sun Wu Kong, the monkey king, wanted to go through a mountain, he called the name of Gnome, just as the others asked the help of Maheo or Su. Gradually, the lower living beings, delegated by the higher subjects, were deprived of the rights to speak for themselves, both in nature and human society. The priest and gods became the protagonist of the cosmic drama. The Indian Cheyenne tale, for example, distinguishes the most powerful soul from the common souls:

> "How beautiful their wings are in the light," Maheo said to his Powers, as the birds wheeled and turned, and became the living patterns against sky.
>
> The Loon was the first to drop back to the surface of the lake. "Maheo," he said, looking around, for he knew that Maheo was all about him, "you have made us sky and lights to fly in, and you have made us water to swim in. It sounds ungrateful to want something else, yet we still do. When we are tired of swimming and tired of flying, we would like a dry solid place where we could walk and rest. Give us a place to build our nests, please, Maheo."
>
> "So be it," answered Maheo, "but to make such a place I must have your help, all of you. By myself, I have made four things... Now I must have help if I am to create more, for my Power will only let me make four things by myself."②

---

① Paula Gunn Allen, *The Sacred Hoop*, Boston: Beacon Press, 1986, p. 80.

② Paula Gunn Allen, *The Sacred Hoop*, p. 87.

Instead of speaking to his/her fellow creature, the "loon" asked the help of Maheo. This is a process of deprivation and oppression. The deprived and oppressed have the same fate. In the ancient Greek, the slave-owning system had been legalized by the logics of hegemony. In the view of Aristotle, the domination is "natural and expedient": "And it is clear that the rule of the soul over body, and of mind and the rational elements over the passionate is natural and expedient; whereas the equality of the two or the rule of the inferior is always hurtful. The same holds good of animals in relation to men; for tame animals have a better nature than wild, and all tame animals are better off when they are ruled by man; for then they are preserved. Again, the male is nature superior, and the female inferior; and the one rules, and the other is ruled; this principle, of necessity, extends to all mankind."[①] Where then there is such a difference as that between body and soul, or between men and animals (as in the case of those business is to use their body), "the lower sort are by nature slaves", "it is better for them as for all the inferior that they should be under the rule of master". Simply put, the living things can be divided into two groups:

Subject	Object
soul	body
intellect	appetite(or sensational)
rational	passionate
master	slave
man	animal
male	female

The slave does not have the rational principle; the lower animal even cannot apprehend it. So, the uses of slave and animal are essentially the same activity. So, "the men exploit animals in much the same way as the rich exploit the proletariat."[②] The domination of nature is the part of hegemonic system as a whole.

---

① Aristotle, *Politics*, New York: Barnes & Noble, 2005, p. 7.

② Graham Huggan & Helen Tiffin, *Postcolonial Ecocriticism*, London and New York: Routledge, 2010, p. 161.

As we have mentioned, long before Rene Descartes encapsulated the western division of mind and body in his "Cogito ergo sum," the dichotomy of man/animal, male/female, the adult/child has been constructed and legalized. As we have mentioned, there is tension—even conflict—between the pre-modern culture and ecology. Within many pre-modern cultures, anthropocentrism is the core of poem, prose, and stories. For example, some ancient poets took the natural scenery as symbol of the inner emotion of man. In "On Drinking," a poem of Tao Yuanming who has been viewed as eco-poet in ancient China, we read the following lines:

> I have built my cottage among the throng of men,
> And yet there is no noise of horse and of carriage.
> You ask me, how can it be? And I reply:
> When my heart is far away the place itself is remote;
> For I pick chrysanthemums under the eastern hedge,
> And far away to the south I can see the mountains,
> And the mountains mists are lovely at morning and evening,
> While birds keep flying across and back again.
> In all these things there lies a profound meaning.
> I was going to explain... but now I forget what it was.

"When my heart is far away", then, "the place itself is remote." Clearly, the most important thing is "my heart" which determines the psychological distance. What the poet cared about were not the flowers, mountains, birds but his own ambition, feeling, personality, and spiritual destination. To some extent, the nature was only an asylum for the frustrated intellectuals. As the symbol of the inner experience, the interest and rights of the natural beings were ignored by the poet. Making use of objects to express the poet's ideal or ambition, "On Drinking" belongs to Yongwu Poetry, an important genre of traditional Chinese literature which dates back to the pre-Qin period. It is similar to "Ode to Orange," the poem of Qu Yuan who was the ancestor of Yongwu Poetry, in which the flora and fauna, river and mountain, earth and sky are regarded as the metaphor of certain human qualities:

> So deeply rooted, to nowhere else you could be driven,

> You are constantly firm in your determination
> Your leaves green and flowers clean,
> So delightful is the riotous profusion.

In "Ode to Orange," the tree is a symbol of "steadfastness". No matter how arduous the situation is, "I" shall be constantly firm in my determination. The word "orange," pronounced as "ju" in Chinese, is phonetically reminiscent of the word "zhù", which means "to wish or pray for", as in the phrase "zhù fú", "to wish or pray for good luck", thus the orange is symbolically a "harbinger of good luck". From Qu Yuan to Tao Yuanming, the natural organism in Yongwu Poetry is not thing-in-itself or thing-for-itself but thing-for-us. It hints that man is in a superior situation, compared with the natural organism. So, the proposition that "Yongwu Poetry is ecological" is highly suspicious.

There is a hierarchic system in the pre-modern culture, both east and west. It means domination. Crucial to the logic of domination is the assumption that X is superior to Y in the nature and society. Only when the hierarchic system itself, which justifies the subordination, is challenged, weakened, deconstructed, the slave and non-human organism can regain their deprived rights. As we shall see, this can only happen in the modern and post-modern context. So, the ecological movement is a modern and post-modern phenomenon. For the ecocritics, this is a crucial fact.

II. Concept of Eco-citizen and the Enlargement of the Inter-subjectivity

In his seminal book, *A Sand County Almanac and Sketches Here and There*, Aldo Leopold puts forward "the Land Ethic": "The land ethic simply enlarges the boundaries of the community to include soils, waters, plants and animals, or collectively: the sand."[①] For all the organisms belong to one community, the non-human living being should be included in the moral

---

① Aldo Leopold, *A Sand County Almanac and Sketches Here and There*, London and New York and Oxford: Oxford University Press, 1968, p. 204.

concerning: "In short, a land ethic changes the rule of Home Sapiens to plain members and citizen of it." "Most historical events were actually biotic interaction between people and sand," he said, "man is only a member of a biotic team shown by an ecological interpretation of the history."① Man, animals, plants are citizen of the ecological community, and none of them is superior/inferior to the others. In the context of him, the "citizen" is not a mere metaphor. Rather, it signifies the subject role of the organism, human and non-human in the whole system. In the ancient Greek, the citizens "think that they should hold office by turn."② Or, "he should know how to govern like a freeman, and how to obey like a freeman."③ From the very beginning, the citizen is the subject of rights, interests, and duty. If the non-human organism is the eco-citizen, we should admit the relation between them and us is inter-subjective. Just as the citizen of human society, the other bio-citizen has the equal rights to live and blossom. Although Leopold did not develop this dimension, he still provided an important clue to the subsequent ecologists: to love a tree or bird does not mean to protect them from a vantage ground but to recognize and respect their rights. In his text, the boundary of ethics and politics has been enlarged from human society to eco-sphere. This idea is the result of the development of rights of man/women. In the 1940s, the "progress" came first to the "cow country" where he wrote the book:

> One was the first transcontinental automobilist. The cow-boys understood this breaker of roads; he talked the same breezy bravado as any breaker of broncos.
>
> They did not understand, but they listened to and looked at, the pretty lady in black velvet hat came to enlighten them, in a Boston accent, about suffrage.④

In the eyes of the cow-boy, the right of women is a new thing among the many others. For Leopold, it is one of the emissaries of progress. The social movement, for example, the rising of feminist, had great impact on Leopold. He was enlightened, inspired by it.

---

① Aldo Leopold, *A Sand County Almanac and Sketches Here and There*, p. 205.

② Aristotle, *Politics*, p. 66.

③ Aristotle, *Politics*, p. 62.

④ Aldo Leopold, *A Sand County Almanac and Sketches Here and There*, p. 135.

The "suffrage" belongs to the democracy system. Although the west democracy system was Greek in origin, its modern form is the result of revolution. In the 18th century, inspired by the Enlightenment, the rights of man are held to be universal: "Men are born and remain free and equal in rights." Wordsworth, the pioneer of the green literature, is enlightened and inspired by the French Revolution. Visiting France in 1790, he was deeply affected by the new atmosphere of the country after revolution of 1779. In France, he saw the "Dances of liberty," received "the highest promises," and hailed "the government of equal rights."① For him, France was "standing on the top of golden hours," and "human nature was born again."② Soon, he became "a Patriot": "My heart was all/Given to the People, and my love was theirs."③ Here, "People" means the most citizens in the country, including the poor, the lower-class, the oppressed. Over the next few years, he returned to England and joined the radical circles in London, worked "for liberty against deluded Men."④ In *The Prelude* (1805), he exposed his "hatred of absolute rule":

> And on these spot with many gleams I looked
> Of chivalrous delight. Yet not less,
> Hatred of absolute power, where will of One
> Is law for all, and of the barren pride
> In them who, by immunities unjust,
> Betwixt the Sovereign and the People stand,
> His helper and not theirs, laid stronger hold.
> Daily upon me, mixed with pity too
> And love; for Where is there love will be
> For the abject multitude.
>
> (The Prelude, Book Nine 503-511)⑤

---

① Stephen Gill (ed.), *William Wordsworth*, Oxford: Oxford University Press, 2010, pp. 368-411.

② Stephen Gill (ed.), *William Wordsworth*, p. 385.

③ Stephen Gill (ed.), *William Wordsworth*, p. 438.

④ Stephen Gill (ed.), *William Wordsworth*, p. 445.

⑤ Stephen Gill (ed.), *William Wordsworth*, p. 446.

In this process, he acted as "a child of Nature."[①] One day, agitated by the miserable condition of "a hunger bitten Girl," his friend said that "It is against that which we are fighting." They believed that the spirit of equality was abroad which could not be withstood, and the poverty like this would in a little time be found no more. "And finally," he wrote, "shall see the People having strong hand/in making their own Laws, whence better days/to all mankind."[②] For him, this would be the victory of "Nature" because "Nature" is the guarantee of freedom and liberty, both for man and the other living being. "Come forth into the light of things,/Let Nature be your teacher," he appealed in *The Tables Turned* (1798).[③] So, his "love of nature" leads to love of Man/women and vice versa. On the other hand, he extended his love, sympathy, respect of man to the natural life. From this viewpoint, his romanticism was not a simplistic nostalgia for a lost unity with nature. Rather, the modern politics was developed into the eco-poetics by him. There was close connection between his romantic poetry and revolutionary politics. In the preface of *Lyrical Ballads*, he told us that the poet "considers man and the objects that surround him as acting and re-acting upon each other, so as to produce an infinite complexity of pain and pleasure..."[④] So, he "visited" the sparrow's nest, "seeming to espy the home and sheltered bed"(*The Sparrow's Nest*). For him, to live, to sing, to enjoy life is every creature's right. (*By Their Floating Mill*) As human, we should be "never to blend our pleasure or our pride with sorrow of the meanest thing that feels" (*Hart-Leap Well*). Each living being in the world can only co-exist with the other. Their relationship is intersubjective. None of them, including human, has the privilege over his fellow creature. There is "Wordsworthian centre" in which both "nature" and "humanity" are thought of as one. (John F. Danby)[⑤] From this viewpoint, the poetry of Wordsworth is the song of eco-intersubjectivity. He is not only a "nature poet", but also the poet of all living beings. Indeed,

---

① Stephen Gill (ed.), *William Wordsworth*, p. 447.

② Stephen Gill (ed.), *William Wordsworth*, p. 448.

③ Stephen Gill (ed.), *William Wordsworth*, p. 49.

④ Stephen Gill (ed.), *William Wordsworth*, p. 68.

⑤ Stephen Gill (ed.), *William Wordsworth*, p. 49.

"Wordsworth talks to mountains... to trees, seas, clouds, birds, stones, stars—person to person."[①] Just as he cherishes the rights, dignity and inner value of individual human being, he listens to the appeal of the trees, birds, stones, and stars. There is true conversation between him and the latter—the eco-citizens and their *oikos*. By doing so, he sets an example for all of us. As a pioneer of ecological writing, his spiritual trajectory shows how a human individual enlarges the circle of love—from "red" to "green", from human society to the natural world, from citizen to all organism. The dichotomy between man/nature has been overcome and replaced by the principle of inter-subjectivity.

The extension of ethics and politics, from human society to the natural world, is crucial to the ecological movement. It is the result of the enlargement of citizenship from ancient Greek to the 20th century. In the ancient Greek, the citizenship is a changing concept:

> Since there are many forms of government there must be many varieties of citizens, and especially of citizens who are subjects; so that under some governments the mechanic and the laborer will be citizens, but not in others, as, for example, in aristocracy of the so-called government of the best, in which honors are given according to virtue and merits; for no man can practice virtue and merit who is living the life of a mechanic or laborer. In oligarchies the qualification for office is high, and therefore no labor can be a citizen; but a mechanic may, for an actual majority of them are rich.[②]

Aristotle's definition "is best adapted to the citizen of a democracy."[③] Even in the democracy period of Athens, "the slave is excluded from the realm of citizenship," and the children, old men, women didn't own complete citizen rights. If the circle of citizenship and rights were in a fix state, the ecology should have no chance to emerge. Fortunately, the boundary of citizenship was in constant changing. In the west, the Renaissance paved the way for the liberation of life paradoxically: by the "discovery of men", it restored the strength and power of the individual person, and enlarged the citizenship

① Laurence Coupe (ed.), *The Green Studies Reader*, p. 111.

② Joseph R. Des Jardins, *Environmental Ethics*, p. 64.

③ Joseph R. Des Jardins, *Environmental Ethics*, p. 57.

gradually; on the other hand, it developed a man-centered humanism which led to the environmental crisis. For natural world, the spread of modernity is a double-bladed sword: in this two-fold process, the destructive and constructive exist as different aspects of modernity. It does not turn "nature into mere objectivity", as Theodor W. Adorno and Max Horkkheimer has asserted. ① When the citizenship has extended to the lower classes, for example, the serf, whose position was similar to the animal, the liberation of the latter has been put on the agenda of general emancipation movement. In the late 18th century, the National Assembly declared that "men are born, and always, continuous, free and equal in respect of their rights". Inspired by such ideas, in the 19th century, Jeremy Bentham suggests that

> The day may come, when the rest of animals may require their rights which could never be withheld from them by the hand of tyranny. The French has discovered that the blackness is not the reason why a human being should be abandoned without redress to the caprice of a tormentor. It may come one day to be recognized that the number of legs, the villosity of skin, or the termination of the *os sacrum* are reasons equally insufficient for abandoning a sensitive being to the same fate. What else is it that could trace the insuperable line? Is it the faculty of reason, or that the faculty of discourse? But a full-grown horse or dog is beyond the comparison a moral rational, as well as more conversable animal, than that infant of a day, or a week, or even a month old. But suppose they were otherwise, what would it avail? The question is not "Can they reason?" Nor "Can they talk?" But "Can they suffer?" ②

Here, the "blackness" is the synonym of the oppressed people, especially of the slaves from Africa. During the process of liberation, the slaves have been included in the citizen system, and their rights as member of human society were recognized progressively. Along with the liberation of the black, whose status was closer to that of animals, the rights of animal were raised in the agenda of general movement. Although animals cannot participate in natural law, Rousseau argued in the preface to the second *Discourse* that they must participate in natural rights, "and man is subject to some kind of duties toward

① Laurence Coupe (ed.), *The Green Studies Reader*, p. 77.

② Joseph R. Des Jardins, *Environmental Ethics*, p. 112.

them, because they have sensations."[1] Sensation means to sense actively. The existence of sensation proves that all animals are "subjects of life". Exactly as the citizens of human society, they have the justice demand that we treat them with respect. Clearly, this concept of subject would undermine the foundation of domination which forms a system that allows some individuals to view the others as mere object. William Wilberforce, among the most celebrated of anti-slavery campaigners, reveals the enlarged circle of rights: first the emancipation of the poor, then that of women and children, next of slaves, and so to animals.[2] Patrick Corbett, professor of philosophy at University of Sussex, captures the spirit of the animal liberation movement: "... we require now to extend the great principles of liberty, equality and fraternity over the lives of animals. Let animal slavery join human slavery in the graveyard of the past."[3] Since "our exclusion of animals from moral consideration is on a par with the early exclusion of blacks and women", Peter Singer insisted that the liberation of life should abolish the racism, sexism, and speciesism. "It is a demand for a complete change in our attitude to nonhumans", he said.[4] That is to say, one of its final goals is to replace the human-centered subjectivity by the inter-subjectivity. From the ecological view, each organism is the subject of life with whom we should cooperate. No individual organism is at the center. Anthropocentrism is nothing but a mistake of an arrogant species. For example, to some extent, the most important thing is not how we see animals, but how they see us.[5]

Inspired by the idea of inter-subjectivity, the eco-critics have challenged the human-centered definition of literature. For example, the poem is the imitation of the action of men, given by Aristotle in his seminal books *Poetics*, which has influenced the western literary criticism for more than 2,000 years. In 1972, Joseph W. Meeker assumed that only in a simpleminded way does

---

① Jonathan Bate, *The Song of the Earth*, London: Picador, 2000, p. 177.

② Jonathan Bate, *The Song of the Earth*, p. 177.

③ Robert Garner (ed.), *Animal Rights*, Hampshire and London: The Macmillan Press Ltd., 1996, p. 7.

④ Robert Garner (ed.), *Animal Rights*, p. 7.

⑤ Graham Huggan & Helen Tiffin, *Postcolonial Ecocriticism*, p. 201.

literature imitate human actions. [1] For him, the definition of Aristotle belongs to his tragic view that "man is a creature of suffering and greatness." [2] "The tragic man... feels compelled to affirm his mastery and his greatness in the face of destruction," Meeker points out, "he is a triumphant image of what man can be." [3] But, the tragic view of man is only "an invention of western culture," and "it is conspicuous absent... in oriental, Middle Eastern, and primitive cultures." [4] To contrast the limitation of it, comedy, which appears wherever human culture exists and where it doesn't, is very nearly universal. [5] Why? Because the comic view of man is essentially biological: "Comic imitates the action of men who are subnormal or inferior to the social norm." It doesn't hold that man is the center, is the sole subject of the world; instead, he/she is nothing but a member of eco-system: "Man is a part of nature and subject to all natural limitations and flaws," so "morality is a matter of getting along with one's fellow creatures as well as possible." [6] In short, the principle of life is inter-subjectivity to which we must respond. If we listen to the call of *oikos*, the image of human will be transferred from conquer to partner. Concerning the literary criticism, a basic turn should happen: from the human-center study to ecologically oriented one. As the respond, William Rueckert coined the term ecocriticism in 1978. According to his elucidation, the experiment of ecocriticism meant "the application of ecology and ecological concepts to the study of literature." [7] The term represents the endeavor to find the grounds upon which the two communities—the human, the natural—can coexist, cooperate, and flourish in biosphere. In the process of the experiment, the boundary of literary study has been enlarged. At the end of the 20th century, Cheryll Glotfelty, in the Introduction to *The Eco-criticism Reader*, argues that "eco- implies

---

① Cheryll Glotfelty & Harold Fromm (eds.), *The Ecocriticism Reader*, p. 155.
② Cheryll Glotfelty & Harold Fromm (eds.), *The Ecocriticism Reader*, p. 157.
③ Cheryll Glotfelty & Harold Fromm (eds.), *The Ecocriticism Reader*, p. 157.
④ Cheryll Glotfelty & Harold Fromm (eds), *The Ecocriticism Reader*, p. 157.
⑤ Cheryll Glotfelty & Harold Fromm (eds), *The Ecocriticism Reader*, p. 158.
⑥ Cheryll Glotfelty & Harold Fromm (eds.), *The Ecocriticism Reader*, p. 167.
⑦ Cheryll Glotfelty & Harold Fromm (eds.), *The Ecocriticism Reader*, p. 107.

interdependent communities, integrated systems, and strong connections among constituent parts."① In contrast, "enviro- is anthropocentric and dualistic, implying that we humans are at center, surrounding by everything that is not us, the environment." So, the term "ecocriticism" has been favored by some scholars. In her analysis, an important principle has been promulgated: inter-subjectivity. Essentially, the task of ecocritics is to disclose this principle. It does not mean the core of ecology is naturalism, instead, the ecologists lay emphasis on the welfare of all living beings, including non-humans and humans. Furthermore, the speciesists, racists, colonialists and gender bias are intertwined, mingled, and entangled, belonging to "hegemonic centralism." The liberation of life is a general process in which humans and animals, men and women, male and female, adults and children, the white and the colored should have the chance to gain or regain their rights as subject of life. So, we must have the courage to imagine a new way that human societies "can be creatively transformed" so that we can protect, cherish, car for all kinds of organisms.② In this sense, I agree with William Howarth who defines the eco-critic as follows: "A person who judges the merits and faults of writings that depict the effects of culture upon nature, with a view toward celebrating nature, berating its despoilers, and reversing their harm through political action."③ In one word, an eco-critic is a protector of inter-subjectivity of individual life.

III. The Principle of Eco-intersubjectivity and the Deconstruction of Dualism: Take the Body/mind Dichotomy as an Example

From the very beginning, as we shall see, the ecologists have tried to deconstruct the dualism which belongs to the hierarchy. Limited by the length of this paper, I just do not want to discuss this topic in the metaphysical level

---

① Cheryll Glotfelty & Harold Fromm (eds.), *The Ecocriticism Reader*, p. xx.

② Graham Huggan & Helen Tiffin, *Postcolonial Ecocriticism*, p. 215.

③ Laurence Coupe (ed.), *The Green Studies Reader*, p. 163.

but to disclose a fact: the ecological movement is connected with the rediscovery of body and the deconstruction of body/mind dichotomy.

In the Introduction to *The Ecocriticism Reader*, Cheryll Glotfelty points out that "the dualism prevalent in Western thought... separate(s) meaning from matter, sever(s) mind from body, divide(s) men from women, and wrench(es) humanity from nature."① One of the prevailing dichotomies is the body/mind. According to Val Plumwood, nature and the human members who are similar to the natural organisms, have been systematically subordinated to the "master subject" since the time of Plato in the western world.②"The master story" sets up a contrast between the culture/nature, male/female, mind/body, and privileges the former over the latter. Apparently, the mind/body dichotomy belongs to the system of domination. So, one of the task of ecologists is to challenge, weaken and deconstruct the mind/body dichotomy. Fortunately, this work has been undertaken by the first generation of ecologists. In the paper "Our Monism. The Principles of a Consistent, Unitary World-view," Ernst Haeckel, one of the founders of ecology, challenged the "mythology of soul": "Mental existence, 'spirit' outside nature, or in opposition to nature, does not exist. What are commonly termed 'mental science', for example, philology, history and philosophy, — are in reality simply a part of *physical philosophy*, *of Natur-philosophie*."③ "So consciousness, as the highest psychical action and the one most difficult to be explained," he said, "is in my views simply a higher stage of brain activity..."④For Haeckel, all the animals are corporeal beings which have the nerve system and sense organs, with the ability to touch, to feel, to suffer. So, we should not mistreat them. The nerve system and sense organs are a part of body. Given this basic assumption, we can make an inference that all animals are bodily existence. So, the most important question is whether we

---

① Cheryll Glotfelty & Harold Fromm (eds.), *The Ecocriticism Reader*, p. xxiv.

② Laurence Coupe (ed.), *The Green Studies Reader*, p. 119.

③ Ernst Haeckel, "Our Monism. The Principles of a Consistent, Unitary World-view," *Monist*, vol. 2, no. 4, July 1892, p. 482.

④ Ernst Haeckel, "Our Monism. The Principles of a Consistent, Unitary World-view," *Monist*, vol. 2, no. 4, July 1892, p. 486.

are corporeal. If the answer is "yes", then, the reason that excludes the animals from moral consideration is ridiculous, and we should overcome the tradition which has identified the man with the sphere of intelligence and animals with the realm of distinct. All animals are corporeal beings. The man is not exceptive. As the organism, the man should not "maltreat his kind", Julien Offray de La Mettrie said.[①] In his *Man a Machine* (1748), he insisted that "the form and structure of the brains of quadrupeds are almost the same as those of the brain of man."[②] "Following the natural law given to all animals," he continued, man "will not wish to do to others what he would not wish to do to him."[③] For Bentham, a pioneer of animal liberation movement, the most important question concerning animals is not "Can they reason?" but "Can they suffer?" Further, all organisms are dependent on their fellow creatures. The nourishment of the food, which is organism too, keeps up the movement of human body. Without the support of the other organisms, we have no chance to survive. In one word, all corporeal beings are organisms which interact with their environment. "There is no body without an environment, no body without ongoing flow of organism-environment interaction that defines our realities."[④] The gradual awareness of this fact is the very root of ecological consciousness. The primitive body is ecological body. If we were souls that can exist apart from nature, if the true life is not to be found on earth but the heavenly regions, there would be no need to cherish the ecosystem. For Plato and some ancient Egyptians, the body is the tomb of the soul, and the salvation consists of the freedom of the soul from the material impediments, from the earthly life.[⑤] In his works, Plato introduces the allegory of the charioteer and the winged steeds: one horse is of noble origin who strives to mount up to the heavenly regions which are

---

① Julien Offray de La Mettrie, *Man a Machine*, Memphis: General Books, 2011, p. 38.

② Julien Offray de La Mettrie, *Man a Machine*, p. 35.

③ Julien Offray de La Mettrie, *Man a Machine*, p. 38.

④ Mark Johnson, *The Meaning of the Body*, Chicago and London: The University of Chicago Press, 1999, p. 276.

⑤ George G. M. James, *Stolen Legacy*, African American Image, 2001, p. 56.

suitable to its nature. [1] "To sum up, then, the kinds of things which tend to the body are less true and less real than the kinds of things which tend to mind," he said. [2] Apparently, such belief is contrary to the ecological ideas. We could not revalue the eco-system until we take the bodily existence seriously. There is strong connection between the Somatics and ecology, which is still overlooked by most eco-critics. Further, the concept of inter-subjectivity is connected with the body. For Edmund Husserl, who coined the word intersubjectivity, body is involved in all perception as sense organ, as freely moved totality of sense organs. [3] A sense organ can sense the world. It is the agent of sense, and the center of orientation. The body as sense organ is the experiencing of subject-body. So, "the apprehension of the body plays a special role for the intersubjectivity." [4] Although the body is only secondary subject, compared with Ego, their relations are inter-subjective: each body has a unique position in the universe; if a body is "here", another body can only be "there"; when one body meets another, they are both subject and object; the seer is seen, the touching is touched, the perceiving is the perceived. "My body is passive-active," Maurice Merleau-Ponty announced in his *The Visible and Invisible*. [5] There is reciprocal relationship between two bodies in which the subject is objective and the object is subjective. As subject, the human body interacts with the environment, say, the organism of the other species. Similar to our human beings, all organisms are corporeal beings which occupy a unique position in the world and can interact with their environment. They are subjects of their life. From this perspective, the relation between human body and the other organisms is inter-subjective. The eco-field is an inter-subjective reality, a reality not just for me and my

---

① George G. M. James, *Stolen Legacy*, p. 59.

② Plato, *The Republic*, New York: Oxford University Press, 1993, p. 334.

③ Edmund Husserl, *Ideas Pertaining to a Pure Phenomenology and to a Phenomenological Philosophy*, second book, Dordrecht: Kluwer Academic Publishers, 1985, p. 61.

④ Edmund Husserl, *Ideas Pertaining to a Pure Phenomenology and to a Phenomenological Philosophy*, second book, p. 86.

⑤ Maurice Merleau-Ponty, *The Visible and Invisible*, Evanston: Northwestern University Press, 1968, p. 271.

companions of the moment but for every organism. All organisms dwell communally, sharing the common surrounding world. The environment is not an "other" to us, rather, it is part of our being: "This is the bodily mechanism by which we participate in nature, not just as hikers or climbers or swimmers, but as part of nature itself, part of a larger, all-encompassing whole."① To some extent, the eco-consciousness is the consciousness of bodily existence. "Our selves only inhabit the universe in particular bodies, particular place and in the company of other species," Jonathan Bate insisted in his *The Song of the Earth*.② Meanwhile, to forget our bodily existence is the source of the ecological crisis: if human beings are essentially spiritual beings which do not need eat, drink, breath, why should we protect the natural world? For Plato, who regards the body as the tomb of the soul, to live in heaven means liberation because we belong to the "denaturalized, anti-natural" world. The overlook of body leads to the overlook of nature. When Descartes concludes that "my essence consists only in the fact that I am a thinking thing" in the prelude of modernization, "man" has become the center of the world, where "the thinking thing" is legalized to rule over the unthinking beings, the nature (including animal, vegetable and human body):

> ... I do not remark that any other thing necessarily pertains to my nature or essence, excepting that I am a thinking thing, I rightly conclude my essence solely in the fact that I am a thinking thing [or a substance whose whole essence or nature is to think]. And although possibly I possess a body with which I am very intimately conjoined, yet because, on the other side, I have a clear and distinct idea of myself inasmuch as I am only a thinking and unextended thing, and as, on the other, I possess a distinct idea of body, inasmuch as it is only an extended and unthinking thing, it is certain that this I [this is to say, my soul by which I am what I am], is entirely and absolutely distinct from my body, and can exist without it.③

---

① George Lakoff & Mark Johnson, *Philosophy in the Flesh*, New York: Basic Books, 1999, p. 366.

② Jonathan Bate, *The Song of the Earth*, p. 188.

③ Rene Descartes, *Key Philosophical Writings*, Hertfordshire: Wordsworth Editions Limited, 1997, p. 181.

Just as the unextended and thinking soul controls the extended and unthinking body, man, whose essence is to think, has the rights to control the nature. "Corollary to this is the assumption that man is essentially superior to animal, vegetable, and mineral nature and is destined to exercise mastery over all natural processes, including those of his own body."[①] From this viewpoint, ecologic crisis is rooted in the dualism of body-mind, man-nature, etc. Only when such dualism is overcome can human's arrogance toward the natural organism be substituted by the respect for life. In this sense, to admit that we are corporeal beings is an ecological turn itself: there is no chasm between human and the other life forms; each human body lives in the web of organisms; all organisms, including human body, are subjects of life; the only acceptable principle of eco-system is intersubjective, as we have mentioned. For an ecologist, it is important to have "a sensation... of being a body with limbs that have extension in space, of being alive to the world."[②]

Unfortunately, the meaning of body has not been acknowledged fully by most eco-critics. In "Ecology as Discourse of the Secluded", reprinted in *The Green Studies Reader*, Jean-Francois Lyotard argues that "nobody can be said to be the owner of this body as a whole."[③] Such expression as the "owner of the body" insinuates that something is superior to the material existence. What is it? If it is spiritual substance, the dichotomy of body/mind that supports the logic of domination, would be legal. Apparently, it is paradoxical for eco-critics, who want to deconstruct the mind/body dichotomy, to use such an expression. In the actual fact, Lyotard is not an exception in the western eco-critics circle. What interests the most eco-critics, including the eco-feminists, is the body-object—the body dominated by the social, political, economic, cultural power—rather than body-subject. As a result, the subjectivity of body has not been unconcealed completely in the text of eco-criticism. If the subjectivity of body is ignored, the subjectivity of animals will be ignored too. Then, how can we undermine the bases of eco-crisis? From

---

① Cheryll Glotfelty & Harold Fromm (eds.), *The Ecocriticism Reader*, p. 167.

② Graham Huggan & Helen Tiffin, *Postcolonial Ecocriticism*, p. 167.

③ Laurence Coupe (ed.), *The Green Studies Reader*, p. 177.

this point on, there is still much room left for the eco-critics to explore.

Ⅳ. Conclusion: Inter-subjectivity and the Future of Eco-criticism

"As political and moral visions change, so literary criticism will change too."① Essentially, the eco-criticism is not only a respond to environmental crisis, but also the effort to enlarge the boundary of literary study. So, as Jonathan Bate points out, "Literary criticism has never been a pure discipline."② Influenced by the modern and contemporary politics, sociology, ethics and even metaphysics, the eco-criticism has originated in the modernity and post-modernity from which the critics absorb the concept group concerning inter-subjectivity. It is still an unfinished task to explore the multiple spiritual resource of eco-criticism, especially its political and moral background. So, one of the missions of eco-criticism is to develop a multi-dimensional study in the perspective of inter-subjectivity.

主体间性与生态批评的原则

王晓华

摘要:在历史上,生态运动与个体权利概念的兴起具有因果关系。它源自并属于被压迫者——妇女、儿童、奴隶等——的解放运动,而后者是现代和后现代现象。从一开始,生态学就将有机体当作能参与"家事管理"的主体,譬如,可以与其他有机体和物质环境互动。在这种语境中,人、动物、植物都是生态共同体的公民,没有谁低于/高于他者。因为每个有机体都是主体,因而它们之间的关系就是主体和主体的关系。简言之,生态批评的"硬核"是主体间性,后者则并无前现代的对应物。事实上,对于生态运动来说,相应的伦理学和政治学观

---

① Laurence Coupe (ed.), *The Green Studies Reader*, p. 160.

② Laurence Coupe (ed.), *The Green Studies Reader*, p. 167.

念从人类社会向自然世界的扩展乃是关键性的。它是公民身份持续扩展的结果。在文化领域,如果作家和诗人不将自己的同情和爱由人类扩展到自然生命上,生态文学就不会获得诞生的机缘。进而言之,生态批评本身也深受当代政治学、社会学、伦理学乃至形而上学的影响,并从中找到了可以支撑生态主体间性的思想资源。挖掘生态批评多向度的思想资源是个尚未完成的工作。生态批评的一个使命就是在主体间性的视域中开展多向度的研究。

关键词:公民;解放;主体;主体间性;生态批评

“生态美学与生态批评的空间”国际研讨会综述

程相占*

2015年10月25～26日，由国际美学学会、中国山东大学文艺美学研究中心、韩国成均馆大学东洋哲学系BK21PLUS事业团联合主办的“生态美学与生态批评的空间”国际研讨会在山东大学中心校区成功召开。研讨会在山东大学文艺美学研究中心主任谭好哲教授的主持下开幕，来自美国、德国、芬兰、日本、韩国、中国等九个国家与地区的近百名代表，围绕着“生态哲学与生态文明”、“生态美学与环境美学”、“生态批评与生态文学”等三个议题展开了热烈讨论，现择要综述如下。

一、生态哲学与生态文明

韩国成均馆大学东洋哲学系教授、BK21PLUS事业团团长辛正根阐述了中国哲学与生态学的关系。他认为，中国哲学尽管形成于前工业时代，但也包含着生态学的特征，能够为拯救当代生态危机提供思想资源。儒家学说既重视自然的人化，同时又重视人类的自然化，人与自然能够互相交流、互相补充。与此相反，道家则否认自然的人化而倡导人类的自然化，认为人类应该成为世界的一部分。简言之，中国哲学是一种“天下生态学”。

黄河科技学院生态文化研究中心鲁枢元教授着眼于人类纪、精神圈与宗教文化的关系，从生态视野出发考察了梵净山弥勒道场与傩信仰。他认为，人类社会如今面临的种种足以置自己于死地的生态困境，正是由于人类自己营造的这个“精神圈”出了问题。营造人类纪的生态社会，修补地球生态系统的精神

* 程相占：山东大学文艺美学研究中心副主任、教授。

圈，梵净山佛教文化中的“弥勒道场”与流行于梵净山周边的原始宗教“傩文化”，恰好可以作为具体的案例。

北京大学马克思主义学院郇庆治教授认为，生态文明及其建设在当今中国已经发展成为一个至少包含四重意蕴的概念：其一，生态文明在哲学理论层面上是一种弱(准)生态中心主义(合生态或环境友好)的自然/生态关系价值和伦理道德；其二，生态文明在政治意识形态层面上是一种有别于当今世界资本主义主导性范式的替代性经济与社会选择；其三，生态文明建设或实践则是指社会主义文明整体及其创建实践中的适当自然/生态关系部分，也就是我们通常所指的广义的生态环境保护工作；其四，生态文明建设或实践在现代化或发展语境下，则是指社会主义现代化或经济社会发展的绿色向度。作为一种生态文化理论的生态文明理论，可依据环境政治分析的不同视角而划分为三个亚向度或层面：一种“绿色左翼”的政党意识形态话语、一种综合性的环境政治社会理论、一种明显带有中国传统或古典色彩的有机性思维方式与哲学。

山东建筑大学法政学院刘海霞教授分析了生态文明阐释与建设中的环境正义向度。她认为，生态文明是指保持自然环境及生物多样性的一种人为努力，其核心内容是协调人与自然的关系；环境正义主要是指在环境利益的分配、环境负担和环境风险的承担等方面的公平，其核心内容是协调人与人之间的关系。环境正义在生态文明阐释和建设进程中具有极为重要的基础性作用。从学理层面来看，环境正义是生态文明建设的必要前提；从制度层面来看，环境正义是生态文明制度构建的价值追求；从实践层面来看，环境正义是生态文明建设的当务之急。

山东大学文艺美学研究中心讲师李飞试图从目的论角度解读朱熹的“仁”概念。他认为，朱熹的将“仁”由一个纯粹的伦理概念改造为一个贯通宇宙界与人生界、本体界与现象界的本体概念，成为一个以“天地生物之心”为最终原因、以人为最后目的的目的论系统。如果以康德的反思判断力为视角来解读这一概念，或能为一种人文生态主义的建立提供理论参考。

二、生态美学与环境美学

这个议题是本次会议的中心，受到了与会学者最多的关注。

山东大学文艺美学研究中心名誉主任曾繁仁教授将“天人合一”这种思想观念称为中国古代的“生态—生命美学”，他认为，“天人合一”为中国古代具有根本性的文化传统，涵盖了儒、释、道各家，包含着上古时期祭祀文化内容；阴阳相生说明中国古代原始哲学是一种“生生为易”的“生态—生命哲学”，以“气本论”作为其哲学基础；而“太极图示”则是儒道相融的产物，概括了中国古代一切文化艺术现象；中国古代艺术又是一种以“感物说”为其基础的线性的时间艺术，区别于西方古代以“模仿说”为其基础的团块艺术。他提出，我们正在研究的生态美学有两个支点：一个是西方的现象学，另一个就是中国古代的以“天人合一”为标志的中国传统生命论哲学与美学。“天人合一”是在前现代神性氛围中人类对人与自然和谐的一种追求，是一种中国传统的生态智慧，体现为中国人的一种观念、生存方式与艺术的呈现方式。它尽管是前现代时期的产物，未经工业革命的洗礼，但它作为一种人的生存方式与艺术呈现方式仍然活在现代，是建设当代美学特别是生态美学的重要资源。

国际美学学会前主席、美国马凯特大学哲学系柯蒂斯·卡特教授考察了自然在西方与艺术中的不断变化的角色。他指出，自然在中国与西方传统美学与艺术实践中一直有着重要功能，然而西方自19世纪中期开始、中国自20世纪中期开始流行的艺术实践中的自然之位置一直被各种审美理论与不断变化的艺术实践所质疑。记住艺术照艺术中的存在非常重要：艺术中的自然存在可以提醒作为人类的我们与其他生命形式继续参与到自然之中。我们作为自然的智能形式，有责任保护自然、警惕滥用自然的风险。从生态的视野来看，我们不能忽视我们作为自然的其他部分之看护者的各种责任。自然在艺术中的持续存在是一种微弱的方式，这种方式使得我们能够体验自然之美，从而加强人类生命与自然其他生命力量之间的联系。对于中国人而言，艺术中的自然依然是将他们的丰富文化代代相传到现在必不可少的核心主题之一。

东芬兰大学约·瑟帕玛教授的发言题目是《审美生态系统服务：自然造福于人类与人类造福于自然》，他提出，“生态系统服务”这一术语指的是我们从大自然也即广义上的各种环境中获取的物质与精神福祉。这种各种形式的福祉已开始被称作“服务”。大自然是通过为人类提供生命赖以存在的物质和知识的先决条件为人们服务的，这也是我们审美幸福的基础。我们看到大自然或蒙难或繁荣，也就观察到我们对自然状态的影响。正如我们的福祉要仰仗自然的服务，自然的福祉也越来越依赖于我们和我们的文化。对环境的审美本身就是人类福利的一部分，而同时又是保持和创造人类福利的途径和办法。从环境角度来看，文化可分为正文化和负文化。友好的环境关系以及环境文明是积极正向的，它意味着对待环境的友好行为是责任、关爱与尊重，与此同时维护对方的尊严。环境智慧或生态哲学是基于这种知识和情感的正向文化。在享用大自然供给的福祉时不过度开发大自然,并能维持和发展自然提供福祉的能力,这就是智慧。

韩国成均馆大学东洋哲学系郑锡道教授试图以老子的思维解读石涛的《庐山观瀑图》,然后把《庐山观瀑图》作为典型例子阐释了东亚传统绘画所蕴含的道家生态美学思想。他认为,“画”本身作为一个完整的整体,是我们观看的对象而不是解读诠释的对象,换句话说,画是用来欣赏的,不是用来解读的。不过在东亚传统绘画中,尤其是采用山水素材的绘画,我们对此类画的解读并不陌生。因为从素材到表现形式,此类绘画和当代哲学思维都有着很深的渊源。可以说,东亚传统山水画就是“视觉性思维空间”。包括老子的道家哲学思维对传统山水画有很大影响,因为从特定绘画中能窥伺可称为道家情趣的诗情画意。所以从整体来讲,道家思维和山水精神很容易结合。但这些不单单是情趣问题,这些以老子的思维作为诗意基础的东亚绘画蕴含着画家们希望融入自然韵律的东亚固有的生态美学。

德国、希腊双重国籍的艺术家瓦西里·雷攀拓的发言讨论了将生态艺术视为“自然的女儿”这个问题。他认为,风景画并不只是对身边自然的一种感知,而是一种精神的产物。在史无前例的工业化和资本积累的快速发展中,自然作为唾手可得的资源成为最快最有利可图的牺牲品。与此对应的现代绘画主题不是艺术家感知到的真实世界,不是自然的对应物,而是支离破碎的片段,是对自然的断章取义。艺术对于我们现在身处的糟糕环境难辞其咎。整个世界甚至对我们的心灵而言都是一种难以名状的对话。整个宇宙充满了意义,充斥着各种表象。只有强烈地感知一切事物的存在、接触事物的本质、沉浸到事物的内在,我们才能真正到达彼岸,了解那些未知的、无形的宇宙的昭示。他认为,他的生态绘画是按照自然的内在规律构建的文化景观,是生态的而非独断妄为的,是他对主流艺术即抽象主义和形式主义的一种反驳,也是对破坏自然的一种反击。

武汉大学城市设计学院、哲学学院陈望衡教授在发言中提出,当代的环境观念是在环境与资源的冲突中产生的,是工业社会对资源的掠夺造成自然环境特别是其中的生态平衡的破坏,促使了环境概念从资源概念中的脱离与独立。资源与环境关系观是人类文明观的集中体现。生态文明作为生态与文明共生的新文明,建构着新的环境价值观和环境审美观。就人类利益的总体言之,人类既要绿水青山又要金山银山;但在资源与环境严重冲突的情况下,人类宁要绿水青山也不要金山银山。资源与环境关系的正确处理，根本原则是：绿水青山就是金山银山，保住绿水青山，才建金山银山。

香港浸会大学研究院行政副院长、人文及创作系文洁华教授对美国美学家阿诺德·伯林特收录在其2012年著作《超越艺术的美学：近期杂文集》中的一篇文章《中国庭园的自然与栖居》进行分析，在回顾了伯林特关于主客体关系、身体反应、审美体验以及中国庭园环境等方面的思想之后，她还对伯林特基于中国庭园的自然以及扬州个园的真实案例的阅读心得，与当代儒家学者唐君毅先生的中国建筑美学研究进行比较研究。她认为，唐君毅在其颇具影响力的著作《中国文化之精神价值》中，提出了传统中国建筑与庭园设计的形而上学表征，以及人与自然或道之间的互动关系。对上述两本著作的比较研究显示，伯林特关于主体解读的特点与唐先生关于中国庭园的"具身化"(embodiment)观念，如"藏"、"息"、"修"、"游"等，十分接近。这两部著作的对应性也使得我们可以借此检视比较美学及其回响。

美国纽约市立大学布鲁克林学院现代语言文学系张嘉如副教授的发言题目是《舌尖上的道德：走向"关怀"饮食美学》，她指出，每日不断重复的活动像吃这一日常生活件事将把生物、美学与道德的三个冲突和紧张性凸显出来。吃是一个生物冲动、感官上很愉悦但同时也是暴力的一件事。在21世纪，美食主义盛世的世纪，不仅仅只是隐藏此吃"庸俗的必须性以及强迫性"，而且美食主义隐藏自由经济主义背后的贪婪和罪恶。她将以道德为取向、关怀心出发的美食主义称为"关怀饮食美学"。繁缛的餐桌摆设、饮食仪式反映出结构主义二元思维里根深蒂固的一个对生物性，不管是个人还是有机世界的一种厌恶，所谓的文明就是将此原始的、有机的生物学加以转化。

上海政法学院研究院国学所所长祁志祥教授的发言从批判如下观念开始：美只为"人"而存在，只有"人"才有审美能力，这是西方美学的传统观念。他认为，站在万物平等、物物有美、美美与共的生态美学立场上重新加以观照和反思，就会发现动物也有自己的美和美感能力。人类依据快感将相应的对象视为"美"，按照同一逻辑，就不能不承认动物也有自己的快感对象，也有自己能够感受的"美"。不同物种的生理结构阈值可能存在交叉状态，这便会产生不同物种都感到快适的共同美；但不同物种的生命本性和生理结构本身是不同的，因而感到愉快的对象也不尽相同，天下所有动物都认可的统一的美是不存在的。动物与人类共同认可的美一般而言只能发生在引起感官快感的形式美领域。在动物美问题上，庄子、刘昼、达尔文、黄海澄、汪济生等人曾作出过有益的探索，我们应在新的美学视野下将这种研究加以进一步深化。

南京大学艺术研究院赵奎英教授尝试从海德格尔的现象学存在论看卡尔松自然环境模式的根本症结。她认为,卡尔松的自然环境模式是在对西方传统的自然审美中的艺术化模式亦即"对象模式"和"景观模式"的批判分析中提出来的,但它本身仍然具有艺术化和对象性特征。造成这一矛盾的根本症结在于其认识论对象性的思维方式。要想克服这一根本症结,只有换一种看待自然、看待环境的方式。海德格尔的现象学存在论正可以为这种思维方式的更新提供途径。根据海德格尔现象学存在论之思,环境不是科学研究和审美欣赏的对象,而是与人的整个生命进程交织在一起的住所。现象学存在论意义上的自然并非现成的自然物,并非对象领域,而是自行涌现着、绽开着的强力,是自然的"存在者"与自然的"存在"的同一。它是不能凭借认识论意义上的审美,也是不能凭借对象性的科学达到的。只有以诗意栖居的态度体验自然、觉知自然,自然的丰富性与完满性、自然的纯朴和圣美才能得以显现。海德格尔的这种现象学存在论自然环境观可以看作是对卡尔松的科学认知主义的自然环境模式的诗性超越,也可以说是自然审美模式问题在更高层面上的解决。

广西民族大学文学院袁鼎生教授提出了自己的生态美学构想:在整生与美生的自然化和旋中,形成了生态存在与诗意栖居的统一体,是曰"审美生态"。审美生态的一一旋生,展现了生态美学形成、升级与完形的机制。审美生态的共生化旋升,形成生态美学;审美生态的整生化旋升,提升生态美学;审美生态的天生化旋升,完形生态美学。

上海交通大学人文学院中文系汪济生教授讨论了生态美学与动物美感研究之关系。他认为,动物是生物大类的一半,而人类仍然也还是动物的组成部分之一;人类是从动物进化而来的,今天人类的生理构造和神经构造与动物有极大的相似性;迄今的科学,几乎不能将人类和动物从学理上清晰、断然地区别开来。现代科学的实验研究证实,动物有初级的有计划、有意识的行为能力,有初级自我意识,有初级的制造工具的能力。我们既然连动物和人类的区别在学理上都还不能断然划分,那么我们传统美学的学说断然地否认动物有产生美感的能力,无疑太粗暴了。所以,对动物美感问题的研究,是非狭义的、视野广阔的、严谨而科学的生态美学研究的基础之一,它有助于生态平衡美中的伦理学问题的探索。

济宁学院中文系主任王钦鸿教授与其同事张颖慧讲师讨论了伽达默尔"教化"理论中的生态美育智慧问题。他们认为,生态美育以生态的视野思考美育的发展，是生态文明背景下审美教育发展的新形式。传统的艺术教育因其认识论的哲学基础、以人为中心的思维模式等，已不能完全适应当前的现实发展。为了获得更广阔的发展空间，并充分发挥其效能，审美教育需要向生态美育转化。但当前生态美育的发展还不成熟，迫切需要从中西方的哲学思想中寻求理论资源。伽达默尔的“教化”理论蕴含着丰富的生态美育智慧，可以为当前生态美育的发展提供一定的理论支撑。“教化”本体论的哲学基础是生态整体观所需要的，而且它本身的教育性、平等性、对话性都能对我们进行生态式审美教育提供一定的指导。

山东财经大学文学与新闻传播学院孙丽君教授以现象学为基点，讨论了审美经验对构建生态意识的作用。她认为，在现象学的视野中，审美经验的本质是对自我构成的经验，也是对自我有限性的经验。这一经验是生态意识的一部分，与生态意识构成了部分与整体的循环关系。在个人意识领域，审美经验构成了反思认识论传统的冲力，也是形成生态真理观、生态价值观的基础。在公共文化视域中，审美经验是形成对话的动力。审美经验对个人有限性的反思，也有助于反思人类语言的边界，促进人与自然之间的对话。

绍兴文理学院人文学院刘毅青教授以《美学的批判与批判的美学》为题发言，讨论了生态美学的当代意义。他提出，作为美学的生态美学必然要对美学的内涵重新定位，不能以传统的认识论美学来理解生态美学。生态美学首先是一种存在论的美学，也是一种以生存实践为核心的美学，强调审美与生活世界之间的统一性。生态美学不能在传统的认识论美学的架构中进行研究，生态美学本身就要突破传统的认识论美学。生态美学与其说是传统美学下面的一个分支，不如说生态美学本身就是一种对美学的重新定义，对美学研究方向的校正，是美学走向一种与生存实践相结合的美学形态，是当下最具与生活实践相结合的美学，是美学发展的最前沿方向。生态美学的意义在于如何切入到审美批评的实践中，如何以生态美学作为批评理论介入到对艺术创作乃至生活美学的批判中。生态美学对传统美学的批判就在于对传统的美学观念进行批判，对建立在启蒙现代性思想传统上的人类中心的美学观进行反思。生态美学必然是一种批判性的美学，生态美学的批判意义在于以一种超越人类中心的价值观引导人们进行以合目的性与合规律性的方式进行审美。生态美学具有文化批判的功能、艺术的批判功能，对现代艺术的以个体的创造为核心的艺术观念进行批判。

武汉大学城市设计学院朱洁副教授探讨了环境美学视野下的产品设计原

则。她提出,产品以及产品设计自人类工业革命以来以迅猛发展,如今人们的四周已经被产品包围,可以说产品已经成为人类环境的重要组成部分,或者说人类就生活在产品环境之中。但是产品发展到今天出现了严重的问题,包括资源问题、环境问题以及人们对产品审美的扭曲。作为产品创造者的设计师将重新思考产品设计问题。在环境美学视野下,产品设计应该遵循四大原则:生态原则、自然原则、艺术原则和生活原则。在四大原则的指导下产品将会发生巨大的变化,我们的环境也将会改变,这种改变将更有益于人类的可持续发展。

山东大学文艺美学研究中心副主任程相占教授的发言讨论了康德美学对于当代环境美学的影响,认为这主要体现为如下四方面:(1)康德的自然审美理论(包括自然美与自然崇高)为环境美学构建提供了理论原型,环境美学家伯林特与卡尔森都曾认真讨论构建美学的范式究竟应该是自然还是艺术,其相关论述恢复了自然审美较之于艺术审美的优先地位,甚至促成了卡尔森"自然全好"(又称"自然全美")这样极度重视自然审美的理论命题;(2)康德美学的"自然审美—艺术审美"二元结构为当地环境美学提供了基本思路,启发环境美学家们通过对比自然欣赏与艺术欣赏的异同来展开理论论证;(3)康德美学的核心概念"无利害性"激发了伯林特环境美学的"交融模式",后者正是在批判前者的基础上提出并论证的,从而丰富了环境美学对于审美模式的探讨;(4)康德哲学的"物自身"概念激发环境美学家哥德维奇、齐藤百合子等提出了"如其本然地欣赏自然"这样的命题,从而加强了环境美学的伦理维度,为环境美学走向以生态伦理为基础的生态美学奠定了坚实的基础。康德美学无疑代表着现代美学的高峰,而环境美学则是后现代美学格局中学术成就最为丰硕的新兴美学。认真总结康德美学对于环境美学的影响,有助于我们切实地思考现代美学与后现代美学乃至现代性与后现代性之间的辩证关系,从而为我们真切地把握西方美学自其正式诞生以来的理论演变过程提供可靠的理论线索。

国际美学学会主席、中国社会科学院文学所高建平研究员讨论了"城市美之源"问题,日本同志社大学文学、美学与艺术理论系冈林洋教授分析了日本与中国两个文化传统区域对于加快生态美学发展的要求,温州大学人文学院胡友峰教授分析了康德与自然美问题,郑州大学文学院美学研究所张敏副教授探讨了河南省"美丽乡村"建设问题。

三、生态批评与生态文学

澳门大学中文系朱寿桐教授认为,汉语文学有条件成为世界文学中卓有成效的一支生态文学，其原因是：天人合一的生态理论是我们汉语文化的优良传统，古代天人合一文学的生态伦理为汉语新文学的生态型提供了借鉴。当代社会我们所面临的生态建设的任务至为艰巨，而发达国家率先进行的生态破坏使得我们拥有相对的批判权力。从生态建设的时代命题上，我们的汉语文学可以因此建立伟大的批判视野，直至建立批判的功勋。

深圳大学文学院王晓华教授认为，生态运动与个体权利概念的兴起在历史上具有因果关系，它源自并属于被压迫者——妇女、儿童、奴隶等——的解放运动，而后者是现代和后现代现象。生态学从一开始就将有机体当作能参与"家事管理"的主体，譬如，可以与其他有机体和物质环境互动。在这种语境中，人、动物、植物都是生态共同体的公民，没有谁低于或高于他者的问题。因为每个有机体都是主体，因而他们之间的关系就是主体和主体的关系。简言之，生态批评的"硬核"是主体间性，后者则并无前现代的对应物。对于生态运动来说，相应的伦理学和政治学观念从人类社会向自然世界的扩展乃是关键性的，它是公民身份持续扩展的结果。在文化领域，如果作家和诗人不将自己的同情和爱由人类扩展到自然生命上，生态文学就不会获得诞生的机缘。进而言之，生态批评本身也深受当代政治学、社会学、伦理学乃至形而上学的影响，并从中找到了可以支撑生态主体间性的思想资源。挖掘生态批评多向度的思想资源是个尚未完成的工作。生态批评的一个使命就是在主体间性的视域中开展多向度的研究。

台湾淡江大学英文系黄逸民教授从美学与伦理学之关系的角度讨论了台湾生态诗歌；台湾淡江大学英文系爱丽丝·拉尔夫副教授考察了《林中烟雨》这部作品与亚洲—太平洋树之间的关系。

山东理工大学文学与新闻传播学院盖光教授讨论了生态批评与中国文学传统对接、交融的学理特性等问题。他认为，生态批评尽管初创于欧美国家，但其作为跨文化的世界性传播与交流策略，不仅深潜着文学的内向性与情感体验性，而且又满怀希望地由内走向外。生态批评所建立的基本理论视域不仅仍然是寻求，或者是旨在深层次挖掘人与自然有机关系的内涵，而且也在深度探求人类的共通性，这也使其体现了社会性、历史性及文化性的批评特性。生态批评与中国文学传统对接、交融不仅是可能的，更是必需的。二者不是简单合成，而是会不断地创生新的理论视域、学理方法且融入实践境域。生态批评与中国文学传统在构建机制、学科视野、理论思维的方法、情感表达方式、审美体验程度以及对生存问题的特别关注、对自然体悟的"元"状态的认知及审美表达方面等都有着契合的机缘，二者之间不仅可以进行多方位、多层次的理论对接及交融，在自然意象、爱意表达及诗意体验方面汇聚共通性，而且相互间在方法论、话语表达及跨文化交流方面也能够共铸学理特性。

华东师范大学对外汉语学院王茜副教授分析了科幻文学中的"换位思考"及其对于反思生态整体主义的意义。她认为，科幻文学是基于科学理论以及技术发展的可能性对未来世界的想象，但是它同样也是人类当下社会生活中的渴望与恐惧的投射，是对现实世界的理解在未来时空中的投影。对于生态批评来说，科幻文学最大的启发性在于它提供了一种"换位思考"的视角。科幻文学中所描绘的宇宙生态关系折射着人类社会中不同文化群体、种族、国家之间的关系。生态整体主义代表了世界上一部分人的文化价值观，但并不意味它是一个客观真理和至高法则，足以用来指导和支配不同文化群体和国家的实践行动。正如科幻文学所描绘的，一个能够代表终极价值的最高宇宙真理并不存在或者不可认知，星球文明的自我保存就是宇宙生态中最简洁有力的基本法则，当今世界的各种政治文化经济冲突、国际争端似乎也已经证明着生存权的优先性，而不同国家基于生态问题达成的共识主要是在自我保存这个基本法则受到威胁时彼此协调妥协的结果。所以，生态整体主义不应该成为一种具有价值优先性和强制性的行动法则，它也不是绝对真理，对于地球上的不同文化群体来说，以生态整体主义作为其行动的强制性要求不恰当，它只有当作为某文化群体在基于基本生存权得以充分维护基础上的主动选择时，才是有价值的。

江西农业大学外国语学院卢普庭教授以H.D.梭罗的代表作《瓦尔登湖》为研究样本，主要从清教思想、浪漫主义和超验主义三大哲学思想的内涵论述其对梭罗生态意识的形成和发展过程的影响；阐述了梭罗生态思想的主要内涵，旨在从文学的角度反映当今世界生态危机日益严重，人们应该反思其对待自然的态度。

山东大学文艺美学研究中心杨建刚副教授分析了消费时代的文化状况、精神困境与艺术使命。他提出，消费时代的文化是一种世俗化的享乐主义文化，这种文化的过度膨胀造成了诸如身份认同危机、精神焦虑以及意义世界的困惑等精神困境，而无节制的消费欲望和消费主义意识形态的泛滥也成为生态破坏与危机的重要原因之一。消费时代的艺术承担着重要使命，消费时代文学艺术的理想境界需要从人文精神取向、审美的维度以及生态学的视野等几个方面展开。